全国科学技术名词审定委员会

公　布

# 草学名词

## CHINESE TERMS IN AGROSTOLOGY

2022

草学名词审定委员会

国家自然科学基金资助出版

科 学 出 版 社

北　京

## 内 容 简 介

本书是全国科学技术名词审定委员会审定公布的草学名词。内容包括：总论、草地生态与草地培育、草地资源与利用、种子和育种、草业生物技术、饲草生产与加工、草原灾害与保护、草原文化8个部分，共3559条名词。这些名词是科研、教学、生产、经营以及新闻出版等部门应遵照使用的草学规范名词。


**图书在版编目(CIP)数据**

草学名词/草学名词审定委员会审定. —北京：科学出版社，2022.10

全国科学技术名词审定委员会公布

ISBN 978-7-03-073407-5

Ⅰ. ①草…　Ⅱ. ①草…　Ⅲ. ①草原学-名词术语　Ⅳ. ①S812-61

中国版本图书馆CIP数据核字(2022)第188521号

责任编辑：王小辉　杜振雷　李　迪/责任校对：郑金红

责任印制：吴兆东/封面设计：刘新新

科学出版社出版

北京东黄城根北街16号

邮政编码：100717

http://www.sciencep.com

北京虎彩文化传播有限公司印刷

科学出版社发行　各地新华书店经销

*

2022年10月第　一　版　开本：787×1092 1/16

2022年10月第一次印刷　印张：14

字数：330 000

**定价：198.00 元**

(如有印装质量问题，我社负责调换)

# 全国科学技术名词审定委员会
# 第七届委员会委员名单

# 草学名词审定委员会委员名单

顾　　问：马启智　云锦凤　胡自治　周　禾

主　　任：任继周

副 主 任：南志标　王　堃　张英俊

委　　员（以姓氏笔画为序）：

王明玖　王宗礼　王德成　王德利　毛培胜　邓　波　龙瑞军

卢欣石　师文贵　师尚礼　朱进忠　刘公社　刘永志　刘国道

米福贵　孙　彦　李向林　李拥军　杨振海　杨富裕　沈禹颖

沈益新　张泽华　张继权　邵新庆　呼天明　侯向阳　侯扶江

贾玉山　徐安凯　高洪文　崔国文　韩国栋　韩烈保　樊江文

# 草学名词审定委员会编写组名单

组　长:周　禾

副组长:王　堃　卢欣石　李向林　张英俊　龙瑞军　侯扶江

秘书组:邓　波　邵新庆　刘国庆　陈力玉

01. 总论:张英俊　王明玖

02. 草地生态与草地培育

　02.01　草地生态:沈禹颖　侯扶江

　02.02　草地培育与利用:韩国栋　戎郁萍

03. 草地资源与利用:樊江文　钟华平

04. 种子和育种

　04.01　草种子学:毛培胜

　04.02　草类植物育种:米福贵　石凤翎　张蕴薇

　04.03　能源草:杨富裕

　04.04　牧草种质资源:师文贵

　04.05　草坪学:周禾　孙彦

05. 草业生物技术:刘公社　吴燕民

06. 饲草生产与加工

　06.01　饲草生产:沈益新　徐安凯　崔国文　万里强

　06.02　饲草加工与利用:贾玉山　葛根图

　06.03　草业机械:王德成　王光辉

07. 草原灾害与保护

　07.01　草原灾害:张继权

　07.02　草地保护:张泽华　王广君

08. 草原文化:王明玖

# 白春礼序

科技名词伴随科技发展而生,是概念的名称,承载着知识和信息。如果说语言是记录文明的符号,那么科技名词就是记录科技概念的符号,是科技知识得以传承的载体。我国古代科技成果的传承,即得益于此。《山海经》记录了山、川、陵、台及几十种矿物名;《尔雅》19篇中,有16篇解释名物词,可谓是我国最早的术语词典;《梦溪笔谈》第一次给“石油”命名并一直沿用至今;《农政全书》创造了大量农业、土壤及水利工程名词;《本草纲目》使用了数百种植物和矿物岩石名称。延传至今的古代科技术语,体现着圣哲们对科技概念定名的深入思考,在文化传承、科技交流的历史长河中做出了不可磨灭的贡献。

科技名词规范工作是一项基础性工作。我们知道,一个学科的概念体系是由若干个科技名词搭建起来的,所有学科概念体系整合起来,就构成了人类完整的科学知识架构。如果说概念体系构成了一个学科的“大厦”,那么科技名词就是其中的“砖瓦”。科技名词审定和公布,就是为了生产出标准、优质的“砖瓦”。

科技名词规范工作是一项需要重视的基础性工作。科技名词的审定就是依照一定的程序、原则、方法对科技名词进行规范化、标准化,在厘清概念的基础上恰当定名。其中,对概念的把握和厘清至关重要,因为如果概念不清晰、名称不规范,那么势必会影响科学研究工作的顺利开展,甚至会影响对事物的认知和决策。举个例子,我们在讨论科技成果转化问题时,经常会有“科技与经济‘两张皮’”“科技对经济发展贡献太少”等说法,尽管在通常的语境中会把科学和技术连在一起表述,但严格说起来,这会导致在认知上没有厘清科学与技术之间的差异,而简单把技术研发和生产实际之间脱节的问题理解为科学研究与生产实际之间的脱节。一般认为,科学主要揭示自然的本质和内在规律,回答“是什么”和“为什么”的问题;技术以改造自然为目的,回答“做什么”和“怎么做”的问题。科学主要表现为知识形态,是创造知识的研究;技术则具有物化形态,是综合利用知识于需求的研究。科学、技术是不同类型的创新活动,有着不同的发展规律,体现不同的价值,需要形成对不同性质的研发活动进行分类支持、分类评价的科学管理体系。从这个角度来看,科技名词规范工作是一项必不可少的基础性工作。我非常同意老一辈专家叶笃正的观点,他认为:“科技名词规范化工作的作用比我们想象的还要大,是一项事关我国科技事业发展的基础设施建设工作!”

科技名词规范工作是一项需要长期坚持的基础性工作。我国科技名词规范工作已经有110年的历史。1909年清政府成立编订名词馆,1932年南京国民政府成立国立编译馆,都是为了学习、引进、吸收西方科学技术,对译名和学术名词进行规范统一。中华人民共和国成立后,“学术名词统一工作委员会”随即成立。1985年,为了更好地促进我国科学技术的发展,推动我国从科技弱国向科技大国迈进,国家成立了“全国自然科学名词审定委员会”,主要对自然科学领域的名词进行规范统一。1996年,国家批准将“全国自然科学名词审定委员会”改为“全国科学技术名词审定委员会”,是为了响应科教兴国战略,促进我国由科技大国向科技强国迈进,而将工作范围由自然科学技术领域扩展到工程技术、人文社会科学等领域。科学技术发展到今天,信息技术和互联网技术在不断突进,前沿科技在不断取得突破,新的科学领域在不断产生,新概念、新名词在不断涌现,科技名词规范工作仍然任重道远。

110年的科技名词规范工作,在推动我国科技发展的同时,也在促进我国科学文化的传承。科技名词承载着科学和文化,一个学科的名词,能够勾勒出学科的面貌、历史、现状和发展趋势。我们不断地对学科名词进行审定、公布、入库,形成规模并提供使用,从这个角度来看,这项工作又有几分盛世修典的意味,可谓“功在当代,利在千秋”。

在党和国家的重视下,我们依靠数千位专家学者,已经审定公布了65个学科领域的近50万条科技名词,基本建成了科技名词体系,推动了科技名词规范化事业协调可持续发展。同时,在全国科学技术名词审定委员会的组织和推动下,海峡两岸科技名词的交流对照统一工作也取得了显著成果。两岸专家已在30多个学科领域开展了名词交流对照活动,出版了20多种两岸科学名词对照本和多部工具书,为两岸和平发展做出了贡献。

作为全国科学技术名词审定委员会现任主任委员,我要感谢历届委员会所付出的努力。同时,我也深感责任重大。

十九大的胜利召开具有划时代意义,标志着我们进入了新时代。新时代,创新成为引领发展的第一动力。习近平总书记在十九大报告中,从战略高度强调了创新,指出创新是建设现代化经济体系的战略支撑,创新处于国家发展全局的核心位置。在深入实施创新驱动发展战略中,科技名词规范工作是其基本组成部分,因为科技的交流与传播、知识的协同与管理、信息的传输与共享,都需要一个基于科学的、规范统一的科技名词体系和科技名词服务平台作为支撑。

我们要把握好新时代的战略定位，适应新时代新形势的要求，加强与科技的协同发展。一方面，要继续发扬科学民主、严谨求实的精神，保证审定公布成果的权威性和规范性。科技名词审定是一项既具规范性又有研究性，既具协调性又有长期性的综合性工作。在长期的科技名词审定工作实践中，全国科学技术名词审定委员会积累了丰富的经验，形成了一套完整的组织和审定流程。这一流程，有利于确立公布名词的权威性，有利于保证公布名词的规范性。但是，我们仍然要创新审定机制，高质高效地完成科技名词审定公布任务。另一方面，在做好科技名词审定公布工作的同时，我们要瞄准世界科技前沿，服务于前瞻性基础研究。习近平总书记在党的十九大报告中特别提到天宫、蛟龙、天眼、悟空、墨子、大飞机等重大科技成果，这些都是随着我国科技发展诞生的新概念、新名词，是科技名词规范工作需要关注的热点。围绕新时代中国特色社会主义发展的重大课题，服务于前瞻性基础研究、新的科学领域、新的科学理论体系，应该是新时代科技名词规范工作所关注的重点。

未来，我们要大力提升服务能力，为科技创新提供坚强有力的基础保障。全国科学技术名词审定委员会第七届委员会成立以来，在创新科学传播模式、推动成果转化应用等方面做了很多努力。例如，及时为 113 号、115 号、117 号、118 号元素确定中文名称，联合中国科学院、国家语言文字工作委员会召开四个新元素中文名称发布会，与媒体合作开展推广普及，引起社会关注。利用大数据统计、机器学习、自然语言处理等技术，开发面向全球华语圈的术语知识服务平台和基于用户实际需求的应用软件，受到使用者的好评。今后，全国科学技术名词审定委员会还要进一步加强战略前瞻，积极应对信息技术与经济社会交汇融合的趋势，探索知识服务、成果转化的新模式、新手段，从支撑创新发展战略的高度，提升服务能力，切实发挥科技名词规范工作的价值和作用。

使命呼唤担当，使命引领未来，新时代赋予我们新使命。全国科学技术名词审定委员会只有准确把握科技名词规范工作的战略定位，创新思路，扎实推进，才能在新时代有所作为。

是为序。

白春礼

2018 年春

# 路甬祥序

我国是一个人口众多、历史悠久的文明古国,自古以来就十分重视语言文字的统一,主张“书同文、车同轨”,把语言文字的统一作为民族团结、国家统一和强盛的重要基础和象征。我国古代科学技术十分发达,以四大发明为代表的古代文明,曾使我国居于世界之巅,成为世界科技发展史上的光辉篇章。伴随科学技术产生、传播的科技名词,从古代起就已成为中华文化的重要组成部分,在促进国家科技进步、社会发展和维护国家统一方面发挥着重要作用。

我国的科技名词规范统一活动有着十分悠久的历史。古代科学著作记载的大量科技名词术语,标志着我国古代科技之发达及科技名词之活跃与丰富。然而,建立正式的名词审定组织机构则是在清朝末年。1909 年,我国成立了编订名词馆,专门从事科学名词的审定、规范工作。中华人民共和国成立后,由于国家的高度重视,这项工作得以更加系统地、大规模地开展。1950 年政务院设立的学术名词统一工作委员会,以及 1985 年国务院批准成立的全国自然科学名词审定委员会(现更名为全国科学技术名词审定委员会,简称全国科技名词委),都是政府授权代表国家审定和公布规范科技名词的权威性机构和专业队伍。他们肩负着国家和民族赋予的光荣使命,秉承着振兴中华的神圣职责,为科技名词规范统一事业默默耕耘,为我国科学技术的发展做出了基础性的贡献。

规范和统一科技名词,不仅在消除社会上的名词混乱现象、保障民族语言的纯洁与健康发展等方面极为重要,而且在保障和促进科技进步、支撑学科发展方面也具有重要意义。一个学科的名词术语的准确定名及推广,对这个学科的建立与发展极为重要。任何一门学科(或科学),都必须有自己的一套系统完善的名词来支撑,否则这门学科就立不起来,就不能成为独立的学科。郭沫若先生曾将科技名词的规范与统一称为“乃是一个独立自主国家在学术工作上所必须具备的条件,也是实现学术中国化的最起码的条件”,精辟地指出了这项基础性、支撑性工作的本质。

在长期的社会实践中,人们认识到科技名词的规范和统一工作对一个国家的科技发展和文化传承非常重要，是实现科技现代化的一项支撑性的系统工程。没有这样一个系统的规范化的支撑条件，不仅现代科技的协调发展将遇到极大困难，而且在科技日益渗透到人们生活各方面、各环节的今天，还将给教育、传播、交流、经贸等多方面带来困难和损害。

全国科技名词委自成立以来，已走过近20年的历程，前两任主任钱三强院士和卢嘉锡院士为我国的科技名词统一事业倾注了大量的心血和精力，在他们的正确领导和广大专家的共同努力下，取得了卓著的成就。2002年，我接任此工作，时逢国家科技、经济飞速发展之际，因而倍感责任的重大；及至今日，全国科技名词委已组建了60个学科名词审定分委员会，公布了50多个学科的63种科技名词，在自然科学、工程技术与社会科学方面均取得了协调发展，科技名词蔚然成体系。而且，海峡两岸科技名词对照统一工作也取得了可喜的成绩。对此，我实感欣慰。这些成就无不凝聚着专家学者们的心血与汗水，无不闪烁着专家学者们的集体智慧。历史将会永远铭刻广大专家学者孜孜以求、精益求精的艰辛劳作和为祖国科技发展做出的奠基性贡献。宋健院士曾在1990年全国科技名词委的大会上说过："历史将表明，这个委员会的工作将对中华民族的进步起到奠基性的推动作用。"这个预见性的评价是毫不为过的。

科技名词的规范和统一工作不仅是科技发展的基础，也是现代社会信息交流、教育和科学普及的基础，因此，它是一项具有广泛社会意义的建设工作。当今，我国的科学技术已取得突飞猛进的发展，许多学科领域已接近或达到国际前沿水平。与此同时，自然科学、工程技术与社会科学之间交叉融合的趋势越来越显著，科学技术迅速普及至社会各个层面，科学技术同社会进步、经济发展已紧密地融为一体，并带动着各项事业的发展。所以，不仅科学技术发展本身产生的许多新概念、新名词需要规范和统一，而且由于科学技术的社会化，社会各领域也需要科技名词有一个更好的规范。另外，随着香港、澳门的回归，海峡两岸科技、文化、经贸交流不断扩大，祖国实现完全统一更加迫近，两岸科技名词对照统一任务也十分迫切。因而，我们的名词工作不仅对科技发展具有重要的价值和意义，而且在经济发展、社会进步、政治稳定、民族团结、国家统一和繁荣等方面都具有不可替代的特殊价值和意义。

最近，中央提出树立和落实科学发展观，这对科技名词工作提出了更高的要求。我们要按照科学发展观的要求，求真务实，开拓创新。科学发展观的本质与核心是以人为本，我们要建设一支优秀的名词工作队伍，既要保持和发扬老一辈科技名词工作者的优良传统，坚持真理、实事求是、甘于寂寞、淡泊名利，又要根据新形势的要求，面向未来、协调发展、与时俱进、锐意创新。此外，我们要充分利用网络等现代科技手段，使规范科技名词得到更好的传播和应用，为迅速提高全民文化素质做出更大贡献。科学发展观的基本要求是坚持以人为本，全面、协调、可持续发展，因此，科技名词工作既要紧密围绕当前国民经济建设形势，着重开展好科技领域的学科名词审定工作，同时又要在强调经济社会及人与自然协调发展的思想指导下，开展好社会科学、文化教育和资源、生态、环境领域的科学名词审定工作，促进各个学科领域的相互融合和共同繁荣。科学发展观非常注重可持续发展的理念，因此，我们在不断丰富和发展已建立的科技名词体系的同时，还要进一步研究具有中国特色的术语学理论，以创建中国的术语学派。研究和建立中国特色的术语学理论，也是一种知识创新，是实现科技名词工作可持续发展的必由之路，我们应当为此付出更大的努力。

当前国际社会已处于以知识经济为走向的全球经济时代，科学技术发展的步伐将会越来越快。我国已加入世界贸易组织，我国的经济也正在迅速融入世界经济主流，因而国内外科技、文化、经贸的交流将越来越广泛和深入。可以预言，21 世纪中国的经济和中国的语言文字都将对国际社会产生空前的影响。因此，在今后 10 年到 20 年之间，科技名词工作将变得更具现实意义，也更加迫切。“路漫漫其修远兮，吾将上下而求索”，我们应当在今后的工作中，进一步解放思想，务实创新，不断前进。不仅要及时地总结这些年来取得的工作经验，更要从本质上认识这项工作的内在规律，不断地开创科技名词工作新局面，做出我们这代人应当做出的历史性贡献。

路甬祥

2004 年深秋

# 卢嘉锡序

科技名词伴随科学技术而生，犹如人之诞生其名也随之产生一样。科技名词反映着科学研究的成果，带有时代的信息，铭刻着文化观念，是人类科学知识在语言中的结晶。作为科技交流和知识传播的载体，科技名词在科技发展和社会进步中起着重要作用。

在长期的社会实践中，人们认识到科技名词的统一和规范化是一个国家和民族发展科学技术的重要的基础性工作，是实现科技现代化的一项支撑性的系统工程。没有这样一个系统的规范化的支撑条件，科学技术的协调发展将遇到极大的困难。试想，假如在天文学领域没有关于各类天体的统一命名，那么，人们在浩瀚的宇宙中，看到的只能是无序的混乱，很难找到科学的规律。如是，天文学就很难发展。其他学科也是这样。

古往今来，名词工作一直受到人们的重视。严济慈先生60多年前说过，“凡百工作，首重定名；每举其名，即知其事”。这句话反映了我国学术界长期以来对名词统一工作的认识和做法。古代的孔子曾说“名不正则言不顺”，指出了名实相副的必要性。荀子也曾说“名有固善，径易而不拂，谓之善名”，意为名有完善之名，平易好懂而不被人误解之名，可以说是好名。他的“正名篇”即是专门论述名词术语命名问题的。近代的严复则有“一名之立，旬月踟蹰”之说。可见在这些有学问的人眼里，“定名”不是一件随便的事情。任何一门科学都包含很多事实、思想和专业名词，科学思想是由科学事实和专业名词构成的。如果表达科学思想的专业名词不正确，那么科学事实也就难以令人相信了。

科技名词的统一和规范化标志着一个国家科技发展的水平。我国历来重视名词的统一与规范工作。从清朝末年的编订名词馆，到1932年成立的国立编译馆，以及中华人民共和国成立之初的学术名词统一工作委员会，直至1985年成立的全国自然科学名词审定委员会(现已改名为全国科学技术名词审定委员会，简称全国科技名词委)，其使命和职责都是相同的，都是审定和公布规范名词的权威性机构。现在，参与全国科技名词委领导工作的单位有中国科学院、科学技术部、教育部、中国科学技术协会、国家自然科学基金委员会、新闻出版署、国家质量技术监督局、国家广播电影电视总局、国家知识产权局和国家语言文字工作委员会，这些部委各自选派了有关领导干部担任全国科技名词委的领导，有力地推动了科技名词的统一和推广应用工作。

全国科技名词委成立以后，我国的科技名词统一工作进入了一个新的阶段。在第一任主任委员钱三强同志的组织带领下，经过广大专家的艰苦努力，名词规范和统一工作取得了显著的成绩。1992 年钱三强同志不幸谢世。我接任后，继续推动和开展这项工作。在国家和有关部门的支持及广大专家学者的努力下，全国科技名词委 15 年来按学科共组建了 50 多个学科的名词审定分委员会，有 1 800 多位专家、学者参加名词审定工作，还有更多的专家、学者参加书面审查和座谈讨论等，形成的科技名词工作队伍规模之大、水平层次之高前所未有。15 年间共审定公布了包括理、工、农、医及交叉学科等各学科领域的名词共计 50 多种。而且，对名词加注定义的工作经试点后业已逐渐展开。另外，遵照术语学理论，根据汉语汉字特点，结合科技名词审定工作实践，全国科技名词委制定并逐步完善了一套名词审定工作的原则与方法。可以说，在 20 世纪的最后 15 年中，我国基本上建立起了比较完整的科技名词体系，为我国科技名词的规范和统一奠定了良好的基础，对我国科研、教学和学术交流起到了很好的作用。

在科技名词审定工作中，全国科技名词委密切结合科技发展和国民经济建设的需要，及时调整工作方针和任务，拓展新的学科领域开展名词审定工作，以更好地为社会服务、为国民经济建设服务。近年来，又对科技新词的定名和海峡两岸科技名词对照统一工作给予了特别的重视。科技新词的审定和发布试用工作已取得了初步成效，显示了名词统一工作的活力，跟上了科技发展的步伐，起到了引导社会的作用。两岸科技名词对照统一工作是一项有利于祖国统一大业的基础性工作。全国科技名词委作为我国专门从事科技名词统一的机构，始终把此项工作视为自己责无旁贷的历史性任务。通过这些年的积极努力，我们已经取得了可喜的成绩。做好这项工作，必将对弘扬民族文化，促进两岸科教、文化、经贸的交流与发展做出历史性的贡献。

科技名词浩如烟海，门类繁多，规范和统一科技名词是一项相当繁重且复杂的长期工作。在科技名词审定工作中既要注意同国际上的名词命名原则与方法相衔接，又要依据和发挥博大精深的汉语文化，按照科技的概念和内涵，创造和规范出符合科技规律和汉语文字结构特点的科技名词。因而，这又是一项艰苦细致的工作。广大专家学者字斟句酌，精益求精，以高度的社会责任感和敬业精神投身于这项事业。可以说，全国科技名词委公布的名词是广大专家学者心血的结晶。这里，我代表全国科技名词委，向所有参与这项工作的专家学者致以崇高的敬意和衷心的感谢！

审定和统一科技名词是为了推广应用。要使全国科技名词委众多专家多年的劳动成果——规范名词，成为社会各界及每位公民自觉遵守的规范，需要全社会的理解和支持。国务院和4个有关部委［国家科学技术委员会（今科学技术部）、中国科学院、国家教育委员会（今教育部）和新闻出版署］已分别于1987年和1990年行文全国，要求全国各科研、教学、生产、经营及新闻出版等单位遵照使用全国科技名词委审定公布的名词。希望社会各界自觉认真地执行，共同做好这项对科技发展、社会进步和国家统一极为重要的基础工作，为振兴中华而努力。

值此全国科技名词委成立15周年、科技名词书改装之际，写了以上这些话。是为序。

卢嘉锡

2000年夏

# 钱三强序

科技名词术语是科学概念的语言符号。人类在推动科学技术向前发展的历史长河中,同时产生和发展了各种科技名词术语,作为思想和认识交流的工具,进而推动科学技术的发展。

我国是一个历史悠久的文明古国,在科技史上谱写过光辉篇章。中国科技名词术语,以汉语为主导,经过了几千年的演化和发展,在语言形式和结构上体现了我国语言文字的特点和规律,简明扼要,寓意深切。我国古代的科学著作,如已被译为英、德、法、俄、日等文字的《本草纲目》《天工开物》等,包含大量科技名词术语。从元、明以后,国人开始翻译西方科技著作,创译了大批科技名词术语,为传播科学知识,发展我国的科学技术起到了积极作用。

统一科技名词术语是一个国家发展科学技术所必须具备的基础条件之一。世界经济发达国家都十分关心和重视科技名词术语的统一。我国早在1909年就成立了编订名词馆,后又于1919年中国科学社成立了科学名词审定委员会,1928年大学院成立了译名统一委员会。1932年成立了国立编译馆,在当时教育部的主持下先后拟订和审查了各学科的名词草案。

中华人民共和国成立后,国家决定在政务院文化教育委员会下,设立学术名词统一工作委员会,郭沫若任主任委员。委员会分设自然科学、社会科学、医药卫生、艺术科学和时事名词五大组,聘任了各专业著名科学家、专家,审定和出版了一批科学名词,为中华人民共和国成立后科学技术的交流和发展起到了重要作用。后来,由于历史的原因,这一重要工作陷于停顿。

当今,世界科学技术迅速发展,新学科、新概念、新理论、新方法不断涌现,相应地出现了大批新的科技名词术语。统一科技名词术语,对科学知识的传播,新学科的开拓,新理论的建立,国内外科技交流,学科和行业之间的沟通,科技成果的推广、应用和生产技术的发展,科技图书文献的编纂、出版和检索,科技情报的传递等方面,都是不可缺少的。特别是计算机技术的推广使用,对统一科技名词术语提出了更紧迫的要求。

为适应这种新形势的需要,经国务院批准,1985年4月正式成立了全国自然科学名词审定委员会。委员会的任务是确定工作方针，拟定科技名词术语审定工作计划、实施方案和步骤，组织审定自然科学各学科名词术语，并予以公布。根据国务院授权，委员会审定公布的名词术语，科研、教学、生产、经营及新闻出版等各部门，均应遵照使用。

全国自然科学名词审定委员会由中国科学院、国家科学技术委员会、国家教育委员会、中国科学技术协会、国家技术监督局、国家新闻出版署、国家自然科学基金委员会分别委派了正、副主任担任领导工作。在中国科协各专业学会密切配合下，逐步建立各专业审定分委员会，并已建立起一支由各学科著名专家、学者组成的近千人的审定队伍，负责审定本学科的名词术语。我国的名词审定工作进入了一个新的阶段。

这次名词术语审定工作是对科学概念进行汉语订名，同时附以相应的英文名称，既有我国语言特色，又方便国内外科技交流。通过实践，初步探索了具有我国特色的科技名词术语审定的原则与方法，以及名词术语的学科分类、相关概念等问题，并开始探讨当代术语学的理论和方法，以期逐步建立起符合我国语言规律的自然科学名词术语体系。

统一我国的科技名词术语，是一项繁重的任务，因为它既是一项专业性很强的学术性工作，又涉及亿万人使用习惯的问题。审定工作中我们要认真处理好科学性、系统性和通俗性之间的关系，主科与副科间的关系，学科间交叉名词术语的协调一致，专家集中审定与广泛听取意见等问题。

汉语是世界五分之一人口使用的语言，也是联合国的工作语言之一。除我国外，世界上还有一些国家和地区使用汉语，或使用与汉语关系密切的语言。做好我国的科技名词术语统一工作，为今后对外科技交流创造了更好的条件，使我中华儿女，在世界科技进步中发挥更大的作用，做出重要的贡献。

统一我国科技名词术语需要较长的时间和过程，随着科学技术的不断发展，科技名词术语的审定工作，需要不断地发展、补充和完善。我们将本着实事求是的原则、严谨的科学态度做好审定工作，成熟一批公布一批，供各界使用。我们特别希望得到科技界、教育界、经济界、文化界、新闻出版界等各方面同志的关心、支持和帮助，共同为早日实现我国科技名词术语的统一和规范化而努力。

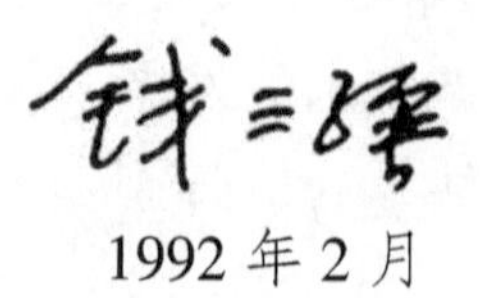

1992年2月

# 前　言

草学是以草地农业系统及其组分为研究对象的综合性、交叉性学科，通过多学科交叉和草业科学理论与技术的创新，形成了具有鲜明特色的学科理论与方法论体系。随着国家统筹山水林田湖草沙生命共同体的协调发展和“绿水青山就是金山银山”理念践行的深入，草地生态系统的地位和作用愈显重要，被赋予了时代的重任。我国草学学科从基础理论发展到产业技术研发上均处于历史发展最快的阶段，未来学科将更加强调多学科的交叉融合。随着学科新理论、新技术的不断发展，大量新的草学名词不断涌现，给社会在对其的理解、应用和交流等方面带来问题，急需将草学名词加以规范，以便形成草学实践中的共同语言。因此，草学名词审定和公布对于推动我国草业的健康发展、促进内外部交流、使草学更好服务于我国农业及生命科学的发展，无疑具有十分重要的意义。

中国草学会受全国科学技术名词审定委员会的委托，在广泛征求我会会员及相关高校、科研院所等专家、学者的意见基础上，经学会常务理事会讨论通过，成立了“草学名词审定委员会”和“草学名词审定委员会编写组”。草学名词审定委员会由马启智、云锦凤、胡自治、周禾担任顾问，任继周院士担任主任，南志标、王堃、张英俊担任副主任，以及35名国内知名专家担任委员；词条编写组由周禾担任组长，王堃、卢欣石、李向林、张英俊、龙瑞军、侯扶江等担任副组长，学会各专业委员会负责人30人担任各类词条编写负责人。2014年12月10日草学名词审定工作启动会在中国工程院220会议室召开，2015年7月15日“草学名词审定委员会”和“草学名词审定委员会编写组”得到了全国科技名词委批准。

2016年7月5日，由于本次草学名词编写是在全国科技名词委指导下第一次开展草学领域的名词审定工作，所以侧重于基础名词和常用名词，为了避免和相邻学科有过多的交叉词汇，一些不够成熟或有争议的名词不列入此次审定工作。同时为了使编辑的词条具有草业整体性的特点，在主编任继周院士的提议下，将各组编写的词条初稿委托甘肃农业大学草学院胡自治教授进行了初步审定。

2017年6月，依据2016年初步审定的版本，编写组完成总论、草地生态、饲草生产等16个部分词条的编写和审定，提交全国科技名词委审稿进行查重和审稿。经讨论，把16个部分根据内容归为总论、草地生态与草地培育、草地资源与利用、种子和育种、草业生物技术、饲草生产与加工、草原灾害与保护、草原文化8个部分。与此同时，委员们按照审稿意见对稿件进行了修改，并返回全国科技名词委进行第 2 次审稿。

2019 年 11 月,在草学年会上委员们根据第 2 次审稿意见进行逐条讨论和修改,并在会后对部分内容进行了补充和完善。

2021 年 3 月,经学会推荐,全国科技名词委委托刘琳、武建双、孙盛楠 3 位专家进行全文审稿,审稿意见和修改建议由全国科技名词委汇总后返回委员会各位专家,并于 7 月完成最后的修改。

由于草业学科为交叉学科,词条与相关学科交叉内容多,同时又经历学会的换届和领导的更替,所以编写过程历经了 7 年的反复修改和审定,编委会秘书处做了艰苦细致的工作。在全国名词委领导的指导、支持下,我们终于完成了草学技术领域名词词条编审工作,做了一件有益于社会、有益于草业行业发展的事情,审定委员会全体成员以及参与编写的每一位工作者都为此感到欣慰。在编写过程中,学会各部门精诚团结,努力工作,也得到了业内许多单位和个人的热情帮助,在此一并致谢。真诚希望大家在使用本书过程中不断提出宝贵意见和建议,以便今后研究修订,使其更趋科学和完整。

草学名词审定委员会

2022 年 3 月

# 编排说明

一、本书公布的是草学名词,共 3559 条。

二、本书名词分为 8 个部分:总论、草地生态与草地培育、草地资源与利用、种子和育种、草业生物技术、饲草生产与加工、草原灾害与保护、草原文化。

三、词条按汉文名所属学科的相关知识系统、概念体系排列。汉文名后列出与之相对应的英文名。为检索方便,书末附有英汉和汉英索引。

四、一个汉文名对应几个英文同义词时,英文词之间用“,”分开。

五、英文名的首字母大写、小写均可时,一律小写;英文名除必须用复数的,一般用单数形式。

六、“[ ]”中的字为可省略的部分。

七、对于常用、熟悉的外国人名,在不引起混淆的情况下,一般采用惯用的名或姓来表示。

八、“简称”“全称”“又称”可以继续使用,“俗称”在学术文章中不宜使用,“曾称”为被淘汰的旧名。

九、正文后所附的英汉索引按英文字母顺序排列;汉英索引按汉语拼音顺序排列。所示号码为该词在正文中的序码。索引中带“*”者为规范名的异名。

# 目　　录

# 01. 总　　论

| 序　号 | 汉　文　名 | 英　文　名 | 注　　释 |
|---|---|---|---|
| 01.0001 | 草 | grass, herb | |
| 01.0002 | 草学 | agrostology | 又称“草业科学(pratacultural science)”“草原科学(grassland science)”。 |
| 01.0003 | 草地学 | range science | 又称“草原学”。 |
| 01.0004 | 草原生态学 | rangeland ecology | 又称“草地生态学”。 |
| 01.0005 | 草原管理学 | rangeland management | 又称“草地管理学(grassland management)”。 |
| 01.0006 | 草原资源学 | rangeland resources science | |
| 01.0007 | 牧草学 | forage science | |
| 01.0008 | 牧草遗传育种学 | forage genetics and breeding science | |
| 01.0009 | 牧草种质资源学 | forage germplasm resources science | |
| 01.0010 | 牧草栽培学 | forage cultivation science | |
| 01.0011 | 饲草加工学 | forage processing science | |
| 01.0012 | 草地保护学 | grassland pest management | |
| 01.0013 | 草坪学 | turf science | |
| 01.0014 | 草坪土壤营养学 | turf soil nutrition science | |
| 01.0015 | 草坪有害生物防治学 | turf integrated pest management | |
| 01.0016 | 草坪工程学 | turf engineering science | |
| 01.0017 | 草业经营 | pratacultural management | 又称“草业管理”。 |
| 01.0018 | 草地农业经济与管理 | grassland agriculture economics and management | |
| 01.0019 | 草地利用 | grassland utilization | |
| 01.0020 | 草地可利用性 | grassland availability | |
| 01.0021 | 草地适宜利用率 | sustainable utilization rate of grassland | |
| 01.0022 | 临界贮草量 | critical pasturage | |
| 01.0023 | 畜产品 | livestock product | |
| 01.0024 | 畜产品单位 | livestock product unit | |
| 01.0025 | 羊单位 | sheep unit | |
| 01.0026 | 牛单位 | cattle unit | |

| 序　号 | 汉　文　名 | 英　文　名 | 注　　释 |
|---|---|---|---|
| 01.0027 | 家畜单位当量 | livestock unit equivalent | |
| 01.0028 | 牧场 | pasture | |
| 01.0029 | 季节牧场 | seasonal pasture | |
| 01.0030 | 春季牧场 | spring pasture | |
| 01.0031 | 春秋季牧场 | spring and autumn pasture | |
| 01.0032 | 秋季牧场 | autumn pasture | |
| 01.0033 | 冬季牧场 | winter pasture | |
| 01.0034 | 围封牧场 | fenced pasture | |
| 01.0035 | 牧民 | herder | 又称“牧人”。 |
| 01.0036 | 牧场使用者 | pasture user | |
| 01.0037 | 牧工 | hired herdsman | |
| 01.0038 | 牧场主 | rancher | |
| 01.0039 | 适应性管理 | adaptive management | |
| 01.0040 | 草原 | rangeland | 又称“天然草地(nature grassland)”。 |
| 01.0041 | 欧亚大陆草原 | steppe | 又称“斯太普”。 |
| 01.0042 | 北美草原 | prairie | 又称“普雷里”。 |
| 01.0043 | 南美草原 | pampas | 又称“潘帕斯”。 |
| 01.0044 | 南非草原 | veld | 又称“费尔德”。 |
| 01.0045 | 澳洲草原 | spinifex | |
| 01.0046 | 冬季保留草地 | winter saved pasture | |
| 01.0047 | 现存量 | standing crop | |
| 01.0048 | 放牧地 | grazing land, pasture | |
| 01.0049 | 牧道 | stock driveway | |
| 01.0050 | 放牧地管理 | grazing land management | |
| 01.0051 | 放牧地类型 | grazing land type | |
| 01.0052 | 放牧地轮换 | rotation of seasonal pasture | 又称“放牧场轮换”。 |
| 01.0053 | 放牧单元 | grazing unit | |
| 01.0054 | 永久草地 | permenant grassland | |
| 01.0055 | 封闭放牧地 | enclosed grazing land | |
| 01.0056 | 天然放牧地 | natural grazing land | |
| 01.0057 | 公共放牧地 | common pasture | |
| 01.0058 | 饮水点 | water point | |
| 01.0059 | 围栏 | fence | |
| 01.0060 | 电围栏 | electric fence | |
| 01.0061 | 家畜宿营法 | animal night penning | |
| 01.0062 | 放牧小区 | grazing paddock | |
| 01.0063 | 自由放牧地 | free range | |

| 序　号 | 汉　文　名 | 英　文　名 | 注　　释 |
| --- | --- | --- | --- |
| 01.0064 | 牧草供给 | forage supply | |
| 01.0065 | 草地赢供 | grassland over-supply | |
| 01.0066 | 草地亏供 | grassland under-supply | |
| 01.0067 | 尿斑 | urine patch | |
| 01.0068 | 牧草供给量 | forage allowance | |
| 01.0069 | 饲草积累 | forage accumulation | |
| 01.0070 | 饲草利用 | forage utilization | |
| 01.0071 | 放牧 | grazing | |
| 01.0072 | 饲草生产 | forage production | |
| 01.0073 | 畜牧业 | animal husbandry | |
| 01.0074 | 草地畜牧业 | grassland animal industry | |
| 01.0075 | 存栏量 | livestock stock | |
| 01.0076 | 出栏量 | livestock sold | |
| 01.0077 | 季节畜牧业 | seasonal animal industry | |
| 01.0078 | 草食畜牧业 | herbivorial animal industry | |

# 02. 草地生态与草地培育

## 02.01　草 地 生 态

| 序　号 | 汉　文　名 | 英　文　名 | 注　　释 |
| --- | --- | --- | --- |
| 02.0001 | 伴生作物 | companion crop | |
| 02.0002 | 伴生植物 | companion plant | |
| 02.0003 | 伴生种 | companion species | |
| 02.0004 | 饱和种群 | asymptotic population | |
| 02.0005 | 补偿点 | compensation point | |
| 02.0006 | 补偿死亡率假说 | compensatory mortality hypothesis | |
| 02.0007 | 补偿因子 | compensation factor | |
| 02.0008 | 采食 | intake,foraging | |
| 02.0009 | 采食牧草 | forage harvesting | |
| 02.0010 | 采食量 | feed intake | |
| 02.0011 | 草本草原 | heraceous grassland | |
| 02.0012 | 草本群落 | herbosa | 又称“草本植被”。 |
| 02.0013 | 草畜平衡 | balance between forage supply and livestock demand | |
| 02.0014 | 草地 | grassland | |
| 02.0015 | 草地管理 | grassland management | |

| 序　号 | 汉　文　名 | 英　文　名 | 注　　释 |
| --- | --- | --- | --- |
| 02.0016 | 草地培育 | grassland cultivation | |
| 02.0017 | 草地生态系统 | grassland ecosystem | |
| 02.0018 | 草地植被 | grassland vegetation | |
| 02.0019 | 草甸 | meadow | |
| 02.0020 | 草甸草原 | meadow steppe | |
| 02.0021 | 典型草原 | typical steppe | |
| 02.0022 | 荒漠草原 | desert steppe | |
| 02.0023 | 高寒草原 | alpine steppe | |
| 02.0024 | 草业资源 | pratacultural resources | |
| 02.0025 | 草业自然资源 | pratacultural natural resources | |
| 02.0026 | 持久性 | persistence | |
| 02.0027 | 初级生产者 | primary producer | |
| 02.0028 | 初级消费者 | primary consumer | |
| 02.0029 | 单一群落 | mono-community | |
| 02.0030 | 单优群落 | monodominant community, consocion | |
| 02.0031 | 单优种演替群落 | consocies | |
| 02.0032 | 弹性 | resilience | |
| 02.0033 | 等级分工 | hierarchy | |
| 02.0034 | 顶极 | climax | |
| 02.0035 | 顶极格局假说 | climax pattern hypothesis | |
| 02.0036 | 顶极群落 | climax community | |
| 02.0037 | 顶极群落区 | climax area | |
| 02.0038 | 顶极群系 | climax biome | |
| 02.0039 | 顶极物种 | climax species | |
| 02.0040 | 顶极优势种 | climax dominant species | |
| 02.0041 | 顶极植被 | climax vegetation | |
| 02.0042 | 定向选择 | directional selection | |
| 02.0043 | 定向演替 | directional succession | |
| 02.0044 | 动态平衡 | dynamic equilibrium | |
| 02.0045 | 动态稳态 | dynamic steady | |
| 02.0046 | 对抗共生 | antagonistic symbiosis | |
| 02.0047 | 丰度 | abundance | |
| 02.0048 | 多功能牧草 | multifunctional forage | |
| 02.0049 | 多样性分布 | diversity distribution | |
| 02.0050 | 返祖[现象] | atavism | |
| 02.0051 | 放牧率 | grazing rate | |
| 02.0052 | 放牧生态学 | grazing ecology | |
| 02.0053 | 非对称竞争 | asymmetric competition | |

| 序 号 | 汉 文 名 | 英 文 名 | 注 释 |
|---|---|---|---|
| 02.0054 | 非密度制约 | density independence | |
| 02.0055 | 非密度制约因子 | density independent factor | |
| 02.0056 | 非生物因子 | abiotic factor | |
| 02.0057 | 分布格局 | distribution pattern | |
| 02.0058 | 分布型 | distribution type | |
| 02.0059 | 分化 | differentiation | |
| 02.0060 | 分解者 | decomposer | |
| 02.0061 | 分形理论 | fractal theory | |
| 02.0062 | 覆盖类型 | cover type | |
| 02.0063 | 覆盖植物 | cover plant | |
| 02.0064 | 干扰 | disturbance | |
| 02.0065 | 干扰顶极 | disturbance climax | |
| 02.0066 | 功能规律 | functional law | |
| 02.0067 | 互利共生 | mutualism | |
| 02.0068 | 共栖生态型 | commensalism ecotype | |
| 02.0069 | 共优势 | codominance | |
| 02.0070 | 共优种 | codominant species | |
| 02.0071 | 共优种群落 | codominant community | |
| 02.0072 | 关键互利共生者 | keystone mutualist | |
| 02.0073 | 关键竞争者 | keystone competitor | |
| 02.0074 | 关键种 | key species | |
| 02.0075 | 过轻放牧 | under grazing | |
| 02.0076 | 过度放牧 | over grazing | |
| 02.0077 | 行为可塑性 | behavioral plasticity | |
| 02.0078 | 行为调节 | behavioral regulation | |
| 02.0079 | 行为选择 | behavioral selection | |
| 02.0080 | 耗散结构理论 | dissipative structure theory | |
| 02.0081 | 环境变量 | environment variable | |
| 02.0082 | 回弹性 | resilience | |
| 02.0083 | 火管理 | fire management | |
| 02.0084 | 机能正常 | properly functioning | |
| 02.0085 | 集合种群 | metapopulation | 又称“异质种群”。 |
| 02.0086 | 季节演替 | seasonal succession | |
| 02.0087 | 季相演替 | aspection succession | |
| 02.0088 | 家畜 | livestock | |
| 02.0089 | 家畜行为 | livestock behavior | |
| 02.0090 | 间断分布 | discontinuous distribution, disjunctive distribution | |

| 序　号 | 汉 文 名 | 英 文 名 | 注　　释 |
|---|---|---|---|
| 02.0091 | 间断共生 | disjunctive symbiosis | |
| 02.0092 | 建群种 | constructive species | |
| 02.0093 | 进化 | evolution | |
| 02.0094 | 进化稳定性 | evolutionary stability | |
| 02.0095 | 竞争 | competition | |
| 02.0096 | 竞争共存 | competitive coexistence | |
| 02.0097 | 竞争排斥 | competitive exclusion | |
| 02.0098 | 竞争排斥原理 | competitive exclusion principle | |
| 02.0099 | 竞争平衡 | competition equilibrium | |
| 02.0100 | 竞争替代 | competitive displacement | |
| 02.0101 | 竞争系数 | competition coefficient | |
| 02.0102 | 竞争学说 | competition theory | |
| 02.0103 | 竞争种 | competitive species | |
| 02.0104 | 距离效应 | distance effect | |
| 02.0105 | 绝对出生率 | absolute natality | |
| 02.0106 | 绝对多度 | absolute abundance | |
| 02.0107 | 绝对密度 | absolute density | |
| 02.0108 | 绝对生长率 | absolute growth rate | |
| 02.0109 | 绝对死亡率 | absolute mortality | |
| 02.0110 | 开放牧场 | open range | |
| 02.0111 | 空间尺度 | spatial scale | |
| 02.0112 | 空间缀块性 | spatial patchiness | |
| 02.0113 | 控制放牧 | controlled grazing | |
| 02.0114 | 控制论系统 | cybernetic system | |
| 02.0115 | 扩散竞争 | diffuse competition | |
| 02.0116 | 扩散协同进化 | diffuse coevolution | |
| 02.0117 | 扩散性干扰 | diffuse disturbance | |
| 02.0118 | 老化草地 | aged grassland, old grassland | |
| 02.0119 | 离散世代 | discrete generation | |
| 02.0120 | 离散型干扰 | discrete disturbance | |
| 02.0121 | 龄组 | age group | |
| 02.0122 | 觅食理论 | foraging theory | |
| 02.0123 | 密度比 | density ratio | |
| 02.0124 | 密度补偿 | density compensation | |
| 02.0125 | 密度测度 | density measure | |
| 02.0126 | 密度效应 | density effect | |
| 02.0127 | 密度制约 | density dependence | |
| 02.0128 | 密度制约因子 | density dependent factor | |

| 序　号 | 汉　文　名 | 英　文　名 | 注　　释 |
| --- | --- | --- | --- |
| 02.0129 | 牧草退化 | forage degeneration | |
| 02.0130 | 牧草再生 | forage reproducibility | |
| 02.0131 | 耐牧 | grazing tolerance | |
| 02.0132 | 耐牧型 | type of resistance to grazing | |
| 02.0133 | 年龄分布 | age distribution | |
| 02.0134 | 年龄结构 | age structure | |
| 02.0135 | 年龄组成 | age composition | |
| 02.0136 | 偶见种 | accidental species | |
| 02.0137 | 偏害共生 | amensalism | |
| 02.0138 | 偏利共生 | commensalism | 又称“共栖”。 |
| 02.0139 | 偏利共生生物 | commensal | |
| 02.0140 | 偏途顶极 | deflected climax | |
| 02.0141 | 偏途性波动 | deflected fluctuation | |
| 02.0142 | 偏途演替 | deflected succession | |
| 02.0143 | 气候驯化 | climatic domestication | |
| 02.0144 | 侵害 | disoperation | |
| 02.0145 | 区别种 | differential species | |
| 02.0146 | 趋同适应 | convergent adaptation | |
| 02.0147 | 趋异 | divergence | |
| 02.0148 | 趋异进化 | divergent evolution | |
| 02.0149 | 趋异适应 | divergent adaptation | |
| 02.0150 | 群落 | community | |
| 02.0151 | 群落动态 | community dynamics | |
| 02.0152 | 群落分类 | community classification | |
| 02.0153 | 群落复合体 | community complex | |
| 02.0154 | 群落交错区 | ecotone | |
| 02.0155 | 群落结构 | community structure | |
| 02.0156 | 群落类型 | community type | |
| 02.0157 | 群落平衡 | community equilibrium | |
| 02.0158 | 群落趋同 | community convergence | |
| 02.0159 | 群落生境 | biotope | 又称“生态单元”“生物小区”。 |
| 02.0160 | 群落生态学 | community ecology | |
| 02.0161 | 群落稳定性 | community stability | |
| 02.0162 | 群落演替 | community succession | |
| 02.0163 | 群落组成 | community composition | |
| 02.0164 | 热带草地 | tropical grassland | |
| 02.0165 | 热带牧草 | tropic herbage | |

| 序　号 | 汉 文 名 | 英 文 名 | 注　　释 |
| --- | --- | --- | --- |
| 02.0166 | 热带荒漠 | hot desert | |
| 02.0167 | 亚热带荒漠草地 | subtropical desert grassland | |
| 02.0168 | 热增耗 | heat increment | |
| 02.0169 | 热值 | calorific value | |
| 02.0170 | 日牧草给量 | daily herbage allowance | |
| 02.0171 | 日增重 | daily gain | |
| 02.0172 | 萨瓦纳 | savanna | 又称“稀树草原”。 |
| 02.0173 | 萨瓦纳草地类组 | super-classe of savanna | |
| 02.0174 | 塞沃里放牧 | savory grazing | |
| 02.0175 | 散布 | dispersal | |
| 02.0176 | 散布障碍 | dispersal barrier | |
| 02.0177 | 森林草原 | forest steppe, sylvosteppe | |
| 02.0178 | 沙地草原 | sand steppe | |
| 02.0179 | 荒漠草地 | desert grassland | |
| 02.0180 | 山地草地 | mountain grassland | |
| 02.0181 | 山地草甸 | mountain meadow | |
| 02.0182 | 山地草甸草原土 | mountain meadow-steppe soil | |
| 02.0183 | 山地草甸土 | mountain meadow soil | |
| 02.0184 | 山地草原 | mountain steppe | |
| 02.0185 | 山地畜牧业 | animal husbandry in the mountainous region | |
| 02.0186 | 山地放牧地 | mountain pasture | |
| 02.0187 | 上层放牧 | top grazing | |
| 02.0188 | 烧草 | burning | |
| 02.0189 | 烧草地 | burned-over land | |
| 02.0190 | 赦免家畜 | exempt stock | |
| 02.0191 | 生草表层 | plaggen epipedon | |
| 02.0192 | 生草黑土 | black turfy soil | |
| 02.0193 | 生草灰化土 | soddy podzolic soil | |
| 02.0194 | 生草土 | soddy soil, turfy soil | |
| 02.0195 | 生产力与多样性关系 | productivity-diversity relationship | |
| 02.0196 | 生产者 | producer | |
| 02.0197 | 存活因子 | survival factor | |
| 02.0198 | 存活值 | survival value | |
| 02.0199 | 生境 | habitat | |
| 02.0200 | 生境隔离 | habitat segregation, habitat separation | |
| 02.0201 | 生境型 | habitat type | |
| 02.0202 | 生态表型 | ecophenotype | |

| 序　号 | 汉　文　名 | 英　文　名 | 注　　释 |
| --- | --- | --- | --- |
| 02.0203 | 生态参照区 | ecological reference area, ERA | |
| 02.0204 | 生态草业 | ecological grass industry | |
| 02.0205 | 生态场 | ecological field | |
| 02.0206 | 生态地境 | ecological site | |
| 02.0207 | 生态动力学 | eco-dynamics, eco-kinetics | |
| 02.0208 | 生态对策 | ecological strategy | |
| 02.0209 | 生态反馈 | ecological feedback | |
| 02.0210 | 生态防治 | ecological prevention and treatment | |
| 02.0211 | 生态分布 | ecological distribution | |
| 02.0212 | 生态分类 | ecological classification | |
| 02.0213 | 生态幅 | ecological amplitude | |
| 02.0214 | 生态隔离 | ecological isolation | |
| 02.0215 | 生态过程 | ecological process | |
| 02.0216 | 生态环境 | ecological environment | |
| 02.0217 | 生态恢复 | ecological restoration | |
| 02.0218 | 生态价 | ecovalue | |
| 02.0219 | 生态景观 | ecoscape, eco-landscape | |
| 02.0220 | 生态流 | ecological flow | |
| 02.0221 | 生态模拟 | ecological simulation | |
| 02.0222 | 生态耐性 | ecological tolerance | |
| 02.0223 | 生态年龄 | ecological age | |
| 02.0224 | 生态气候 | ecoclimate | |
| 02.0225 | 生态群 | ecological group | |
| 02.0226 | 生态入侵 | ecological invasion | |
| 02.0227 | 生态适应性 | ecological adaptability | |
| 02.0228 | 生态特性 | ecotype character | |
| 02.0229 | 生态位 | niche | |
| 02.0230 | 生态位分离 | niche separation | |
| 02.0231 | 生态位重叠 | niche overlap | |
| 02.0232 | 生态系统 | ecosystem | |
| 02.0233 | 生态系统发育 | ecosystem development | |
| 02.0234 | 生态系统功能 | ecosystem function | |
| 02.0235 | 生态系统环境 | ecosystem environment | |
| 02.0236 | 生态系统结构 | ecosystem structure | |
| 02.0237 | 生态系统稳定性 | ecosystem stability | |
| 02.0238 | 生态型选择 | ecotype selection | |
| 02.0239 | 生态学家 | ecologist | |
| 02.0240 | 生物多样性 | biological diversity | |

| 序　号 | 汉　文　名 | 英　文　名 | 注　　释 |
|---|---|---|---|
| 02.0241 | 生物隔离 | biological isolation | |
| 02.0242 | 生物量 | biomass | 在一定时间内，生态系统中某些特定组分在单位面积上所生产物质的总量。 |
| 02.0243 | 生物量动态 | biomass dynamic | |
| 02.0244 | 生物能 | biotic energy | |
| 02.0245 | 生物群落 | biotic community, biocoenosium | |
| 02.0246 | 生物入侵 | biological invasion | |
| 02.0247 | 生物生产力 | biological productivity | |
| 02.0248 | 生物网 | biological network | |
| 02.0249 | 生物型 | biotype | |
| 02.0250 | 生物因子 | biotic factor | |
| 02.0251 | 生育期 | growth and development period | |
| 02.0252 | 生长大周期 | grand period of growth | |
| 02.0253 | 生长季 | growing season | |
| 02.0254 | 生长率 | growth rate | |
| 02.0255 | 生长型 | growth form | |
| 02.0256 | 生长指数 | growth index, GI | |
| 02.0257 | 生殖期 | breeding period | |
| 02.0258 | 湿地 | wet land | |
| 02.0259 | 湿草地群落 | telmathium | |
| 02.0260 | 湿草甸 | wet meadow, moist meadow | |
| 02.0261 | 实际生态位 | realized niche | |
| 02.0262 | 食物当量 | food equivalent unit, FEU | |
| 02.0263 | 食物链 | food chain | |
| 02.0264 | 食物网 | food web | |
| 02.0265 | 始牧期 | initial grazing | |
| 02.0266 | 世纪演替 | centenary succession | |
| 02.0267 | 似然竞争 | apparent competition | |
| 02.0268 | 适当放牧 | proper grazing | |
| 02.0269 | 适度放牧量 | proper stocking rate | |
| 02.0270 | 适度利用指数 | proper utilization index | |
| 02.0271 | 适宜性 | suitability | |
| 02.0272 | 适宜性评价标准 | suitability evaluation criteria | |
| 02.0273 | 适应[性]转变 | adaptive shift | |
| 02.0274 | 适应反应 | adaptive reaction, adaptive response | |
| 02.0275 | 适应分化 | adaptive differentiation | |

| 序号 | 汉文名 | 英文名 | 注释 |
| --- | --- | --- | --- |
| 02. 0276 | 适应行为 | adaptive behavior | |
| 02. 0277 | 适应力 | adaptive capacity | 又称“适应幅度”。 |
| 02. 0278 | 适应趋同 | adaptive convergence | |
| 02. 0279 | 适应趋异 | adaptive divergence | |
| 02. 0280 | 适应性 | adaptability | |
| 02. 0281 | 适应性选择 | adaptive selection | |
| 02. 0282 | 适应主义 | adaptationism | |
| 02. 0283 | 嗜食性分级 | preference ranking | |
| 02. 0284 | 受损生态系统 | damaged ecosystem | |
| 02. 0285 | 疏林草地 | woodland grassland | |
| 02. 0286 | 斯太普草地类组 | classification of steppe | |
| 02. 0287 | 饲草品质 | forage quality | 又称“饲草质量”。 |
| 02. 0288 | 饲草生物量 | forage mass | |
| 02. 0289 | 随意采食量 | voluntary feed intake | |
| 02. 0290 | 薹草冻原 | carex tundra | |
| 02. 0291 | 薹草荒地草甸 | carex layland meadow | |
| 02. 0292 | 碳储量 | carbon reserve | |
| 02. 0293 | 碳平衡 | carbon balance | |
| 02. 0294 | 碳同化 | carbon assimilation | |
| 02. 0295 | 碳循环 | carbon cycle | |
| 02. 0296 | 特殊生态位植被 | special niche vegetation | |
| 02. 0297 | 特征种 | characteristic species | |
| 02. 0298 | 梯度 | gradient | |
| 02. 0299 | 梯度分析 | gradient analysis | |
| 02. 0300 | 体型分化 | body-size differentiation | |
| 02. 0301 | 天然牧草 | native forage | |
| 02. 0302 | 天然植被 | native vegetation | |
| 02. 0303 | 条区轮牧 | strip grazing | |
| 02. 0304 | 同化作用 | assimilation | |
| 02. 0305 | 同生群 | cohort | |
| 02. 0306 | 土壤带 | soil belt, soil zone | |
| 02. 0307 | 土壤顶极群落 | edaphic climax community | |
| 02. 0308 | 囤积放牧 | stockpile grazing | |
| 02. 0309 | 囤积牧草 | stockpiling forage | |
| 02. 0310 | 外来种 | adventitious species, exotic species | |
| 02. 0311 | 外来种群落 | allochthonous flora | |
| 02. 0312 | 围栏草地 | enclosed grassland | |
| 02. 0313 | 维持 | maintenance | |

| 序　号 | 汉 文 名 | 英 文 名 | 注　　释 |
|---|---|---|---|
| 02.0314 | 维持净能 | net energy for maintenance | |
| 02.0315 | 温带草地 | temperate grassland | |
| 02.0316 | 温带草地动物群 | temperate grassland fauna | |
| 02.0317 | 温带稀树草原 | temperate savanna | |
| 02.0318 | 温室气体 | greenhouse gas | |
| 02.0319 | 物质良性循环 | element beneficial cycle | |
| 02.0320 | 物质流通率 | ratio of material flow | |
| 02.0321 | 物质循环 | matter cycle, material cycle | |
| 02.0322 | 物种多样性 | species diversity | |
| 02.0323 | 物种丰富度 | species richness | |
| 02.0324 | 物种均匀度 | species evenness | |
| 02.0325 | 物种组成 | species composition | |
| 02.0326 | 吸引域 | domain of attraction | |
| 02.0327 | 系统弹性 | system resilience | |
| 02.0328 | 系统耦合 | system coupling | |
| 02.0329 | 系统相悖 | system discordance | |
| 02.0330 | 下行控制 | top-down control | |
| 02.0331 | 区域性群落 | zonal community | 又称“显域群落”。 |
| 02.0332 | 现存植被 | actual vegetation | |
| 02.0333 | 现实演替 | actual succession | |
| 02.0334 | 限制时间放牧 | on-off grazing | |
| 02.0335 | 限制因素 | limiting factor | |
| 02.0336 | 相关资源 | related resources | |
| 02.0337 | 相应优势 | relatvie dominant | |
| 02.0338 | 消费效率 | consumption effeciency, CE | |
| 02.0339 | 消费者 | consumer | |
| 02.0340 | 消化能 | digested energy | |
| 02.0341 | 小群落 | assembly, microcommunity, microcoenose | |
| 02.0342 | 小生境 | microhabitat | |
| 02.0343 | 协同学 | synergetics | |
| 02.0344 | 信息流 | information flow | |
| 02.0345 | 选择优势 | selective advantage | |
| 02.0346 | 亚单位 | subunit | |
| 02.0347 | 亚顶极群落 | subclimax community | |
| 02.0348 | 亚高山草甸 | subalpine meadow, subalpine altoherbiprata | |
| 02.0349 | 演替 | succession | |

| 序　号 | 汉　文　名 | 英　文　名 | 注　　释 |
|---|---|---|---|
| 02.0350 | 演替群丛 | associes | |
| 02.0351 | 演替系列 | successional series | |
| 02.0352 | 演替早期物种 | early successional species | |
| 02.0353 | 养分流 | nutrient flow | |
| 02.0354 | 养分循环 | nutrient cycle | |
| 02.0355 | 隐存种 | cryptic species | |
| 02.0356 | 营养互利共生 | trophic mutualism | |
| 02.0357 | 营养结构 | trophic structure | |
| 02.0358 | 营养联系 | trophic linkage | |
| 02.0359 | 营养位 | trophic niche | |
| 02.0360 | 永久性 | constancy | |
| 02.0361 | 优势度 | dominance | |
| 02.0362 | 优势度指数 | dominance index | |
| 02.0363 | 优势年龄组 | dominant age class | |
| 02.0364 | 优势型 | dominance type | |
| 02.0365 | 优先放牧 | forward grazing, leader-follower grazing, preferred grazing | |
| 02.0366 | 源-汇理论 | source-sink theory | |
| 02.0367 | 栽培草地 | tamed grassland, sown grassland, cultivated grassland | |
| 02.0368 | 草地利用单元 | range utilization unit | |
| 02.0369 | 直接干涉 | direct interference | |
| 02.0370 | 直接竞争 | direct competition | |
| 02.0371 | 植被 | vegetation | |
| 02.0372 | 植被动态 | vegetation dynamics | |
| 02.0373 | 植被结构 | vegetation structure | |
| 02.0374 | 植被类型 | vegetation form, vegetation type | |
| 02.0375 | 植被群落 | vegetation community | |
| 02.0376 | 中生群落 | mesophytia | |
| 02.0377 | 冗余种 | species redundancy | |
| 02.0378 | 种间竞争 | interspecific competition | |
| 02.0379 | 种内关系 | intraspecific relationship | |
| 02.0380 | 种内竞争 | intraspecific competition | |
| 02.0381 | 种群动态 | population dynamics | |
| 02.0382 | 种群密度 | population density | |
| 02.0383 | 种群数量 | population number | |
| 02.0384 | 种群周转 | population turnover | |
| 02.0385 | 主要群落 | major community | |

| 序　号 | 汉　文　名 | 英　文　名 | 注　　释 |
| --- | --- | --- | --- |
| 02.0386 | 资源 | resources | |
| 02.0387 | 资源分割 | resources partition | |
| 02.0388 | 资源利用性竞争 | competition of resources utilization | |
| 02.0389 | 自发演替 | autogenic succession | |
| 02.0390 | 自由采食 | leisurely grazing | |
| 02.0391 | 总初级生产量 | gross primary production | |
| 02.0392 | 总次级生产量 | gross secondary production | |
| 02.0393 | 总年产量 | total annual yield | |
| 02.0394 | 总生产量 | gross production | |
| 02.0395 | 阻抗 | resistence | |

## 02.02　草地培育与利用

| 序　号 | 汉　文　名 | 英　文　名 | 注　　释 |
| --- | --- | --- | --- |
| 02.0396 | 划区轮牧 | rotational grazing | |
| 02.0397 | 载畜率 | stocking rate | |
| 02.0398 | 放牧时间 | grazing time | |
| 02.0399 | 放牧期 | grazing period | |
| 02.0400 | 轮牧周期 | rotational grazing cycle | |
| 02.0401 | 临时草地 | temporary pasture | |
| 02.0402 | 木本植物嫩枝叶 | woody plant browse | |
| 02.0403 | 割草 | mowing | 又称“刈割”。 |
| 02.0404 | 禾本科植物 | Gramineae plant, grass | |
| 02.0405 | 莎草科植物 | Cyperaceae plant, sedge | |
| 02.0406 | 灌木 | shrub | |
| 02.0407 | 丛生禾草 | bunch grass | |
| 02.0408 | 根茎禾草 | rhizomatous grass | |
| 02.0409 | 半灌木 | subshrub | |
| 02.0410 | 减少者 | decreaser | |
| 02.0411 | 侵入者 | invader | |
| 02.0412 | 草丛 | tussock | |
| 02.0413 | 松土 | loosening soil | |
| 02.0414 | 补播 | reseeding | |
| 02.0415 | 浅耕翻 | shallow tillage | |
| 02.0416 | 切根 | root cutting | |
| 02.0417 | 飞播 | air seeding | |
| 02.0418 | 潜水 | phreatic water | |

| 序号 | 汉文名 | 英文名 | 注释 |
|---|---|---|---|
| 02.0419 | 浅层水 | superficial groundwater | |
| 02.0420 | 喷灌 | spray irrigation | |
| 02.0421 | 滴灌 | drip irrigation | |
| 02.0422 | 截伏流 | intercepting current | |
| 02.0423 | 类禾草 | grasslike | |
| 02.0424 | 有害植物 | harmful plant | |
| 02.0425 | 草本植物 | herbaceous plant | |
| 02.0426 | 木本植物 | woody plant | |
| 02.0427 | 嗜食性 | preference | |
| 02.0428 | 放牧密度 | grazing density | |
| 02.0429 | 放牧压 | grazing pressure | |
| 02.0430 | 采食时间 | feeding time | |
| 02.0431 | 游走时间 | idling time | |
| 02.0432 | 反刍时间 | ruminant time | |
| 02.0433 | 卧息时间 | rest time | |
| 02.0434 | 采食速率 | feeding rate | |
| 02.0435 | 单口采食量 | intake per bite | |
| 02.0436 | 消化率 | digestibility | |
| 02.0437 | 生产力 | productivity | |
| 02.0438 | 再生速度 | regeneration rate | |
| 02.0439 | 再生强度 | regeneration intesity | |
| 02.0440 | 再生次数 | regeneration times | |
| 02.0441 | 再生草产量 | herbage yield of regeneration | |
| 02.0442 | 剩余量 | remainder | |
| 02.0443 | 排除放牧 | exclusion of grazing | |
| 02.0444 | 禁牧 | banned grazing | |
| 02.0445 | 日粮放牧 | ration grazing | |
| 02.0446 | 残茬 | stubble | |
| 02.0447 | 枯萎 | withered | |
| 02.0448 | 分解 | decomposition | |
| 02.0449 | 消费 | consumption | |
| 02.0450 | 落叶 | defoliation | |
| 02.0451 | 休牧 | rest grazing | |
| 02.0452 | 轻度放牧 | light grazing | |
| 02.0453 | 重度放牧 | heavy grazing | |
| 02.0454 | 极度放牧 | extreme grazing | |
| 02.0455 | 中度放牧 | moderate grazing | |
| 02.0456 | 零牧 | zero grazing | |

| 序　号 | 汉　文　名 | 英　文　名 | 注　　释 |
| --- | --- | --- | --- |
| 02.0457 | 代谢能 | metabolizable energy | |
| 02.0458 | 总能 | total energy | |
| 02.0459 | 家畜采食当量 | livestock feeding equivalent | |
| 02.0460 | 营养价值 | nutritional value | |
| 02.0461 | 净能 | net energy | |
| 02.0462 | 相对饲料价值 | relative feed value | 又称“相对饲用价值”。 |
| 02.0463 | 上繁草 | top leaf grass | |
| 02.0464 | 下繁草 | bottom leaf grass | |
| 02.0465 | 相对饲草质量 | relative forage quality | |
| 02.0466 | 泌乳净能 | lactation net energy | |
| 02.0467 | 干物质 | dry matter | |
| 02.0468 | 有机质 | organic matter | |
| 02.0469 | 自由采食量 | voluntary intake | |
| 02.0470 | 选择性采食 | selective feeding | |
| 02.0471 | 草地基况 | range condition | |
| 02.0472 | 草地健康 | grassland health | |
| 02.0473 | 草地多功能性 | grassland multifunctionality | |
| 02.0474 | 草地多营养级 | grassland multiple trophic level | |
| 02.0475 | 采食行为 | foraging behavior | |
| 02.0476 | 放牧管理 | grazing management | |
| 02.0477 | 草地经营 | grassland management | |
| 02.0478 | 集约放牧管理 | intensive grazing management | |
| 02.0479 | 粗放放牧管理 | extensive grazing management | |
| 02.0480 | 草地改良 | grassland improvement | |
| 02.0481 | 家畜单位年 | livestock unit-year | |
| 02.0482 | 利用单元 | utilization unit | |
| 02.0483 | 状态转换模型 | state transition model | |
| 02.0484 | 专家系统 | expert system | |
| 02.0485 | 信息管理 | information management | |
| 02.0486 | 放牧管理单元 | grazing management unit | |
| 02.0487 | 轮牧小区 | paddock | |
| 02.0488 | 定牧 | set stocking | |
| 02.0489 | 采食站 | foraging station | |
| 02.0490 | 放牧季 | grazing season | |
| 02.0491 | 放牧压指数 | grazing pressure index | |
| 02.0492 | 嗜食性指数 | preference index | |
| 02.0493 | 交替放牧 | alternate grazing | |

| 序 号 | 汉 文 名 | 英 文 名 | 注 释 |
|---|---|---|---|
| 02.0494 | 混合放牧 | mixed grazing | |
| 02.0495 | 连续放牧 | continuous grazing | |
| 02.0496 | 高强度低频率放牧 | high intesity and low frequency grazing | |
| 02.0497 | 一条鞭放牧 | whip grazing | |
| 02.0498 | 满天星放牧 | whole area grazing | |
| 02.0499 | 前进式放牧 | advancing grazing | |
| 02.0500 | 先后放牧 | successively grazing | |
| 02.0501 | 风暴式放牧 | mop grazing | |
| 02.0502 | 非选择放牧 | non-selective grazing | |
| 02.0503 | 季节放牧 | seasonal grazing | |
| 02.0504 | 顺序放牧 | order grazing | |
| 02.0505 | 固定放牧 | fixed grazing | |
| 02.0506 | 条带放牧 | belt grazing | |
| 02.0507 | 带状补播 | belt reseeding | |
| 02.0508 | 补偿性生长 | compensatory growth | |
| 02.0509 | 等补偿 | equal compensation | |
| 02.0510 | 欠补偿 | under-compensation | |
| 02.0511 | 超补偿 | over-compensation | |
| 02.0512 | 可变载畜率 | variable stocking rate | |
| 02.0513 | 固定载畜率 | fixed stocking rate | |
| 02.0514 | 可疑有毒植物 | suspicious poisonous plant | |
| 02.0515 | 阈值 | threshold | |
| 02.0516 | 短期放牧 | short-term grazing | |
| 02.0517 | 刈割时间 | cutting time | |
| 02.0518 | 割草场轮刈 | rotation of mowing pasture | |
| 02.0519 | 家庭牧场 | family ranch | |
| 02.0520 | 草原管理 | range management | |
| 02.0521 | 草地生态 | grassland ecology | |
| 02.0522 | 半人工草地 | semi-artificial pasture | |
| 02.0523 | 割草草地 | mowing meadow | |
| 02.0524 | 兼用草地 | dual-purpose pasture | |
| 02.0525 | 补充草地 | supplementary pasture | |
| 02.0526 | 草山 | mountain with grass | |
| 02.0527 | 草坡 | grass slope | |
| 02.0528 | 定居放牧 | sedentary grazing | |
| 02.0529 | 定居定牧 | settlement fixed grazing | |
| 02.0530 | 延迟放牧 | defferred grazing | |
| 02.0531 | 春季分蘖 | spring tillering | |

| 序　号 | 汉　文　名 | 英　文　名 | 注　　释 |
| --- | --- | --- | --- |
| 02.0532 | 杂类草 | forbs | |
| 02.0533 | 夏秋分蘖 | summer and fall tillering | |
| 02.0534 | 长营养枝 | long vegetative branch | |
| 02.0535 | 短营养枝 | short vegetative branch | |
| 02.0536 | 营养更新 | vegetative regeneration | |
| 02.0537 | 克隆生长 | clonal growth | |
| 02.0538 | 再生 | regeneration | |
| 02.0539 | 贮藏营养物质 | stored nutrient | |
| 02.0540 | 多年生草类产量动态 | perennial grasses dynamic of production | |
| 02.0541 | 营养价值动态 | nutritional value dynamic | |
| 02.0542 | 非蛋白质含氮物 | non-protein nitrogen content | |
| 02.0543 | 粗纤维 | crude fiber | |
| 02.0544 | 粗灰分 | crude ash | |
| 02.0545 | 无氮浸出物 | nitrogen-free extract | |
| 02.0546 | 生产价值 | productive value | |
| 02.0547 | 经济价值 | economic value | |
| 02.0548 | 饲用价值 | feeding value | |
| 02.0549 | 可食性 | edibility | |
| 02.0550 | 草地植物出现率 | grassland plant appearing rate | |
| 02.0551 | 丰富度 | richness | |
| 02.0552 | 草地演替 | grassland succession | |
| 02.0553 | 初级生产 | primary production | |
| 02.0554 | 次级生产 | secondary production | |
| 02.0555 | 物质与能量转化 | material and energy conversion | |
| 02.0556 | 半定居放牧 | half settled grazing | |
| 02.0557 | 羁绊放牧 | fetter grazing | |
| 02.0558 | 系留放牧 | tie grazing | |
| 02.0559 | 特殊放牧制度 | special grazing system | |
| 02.0560 | 延迟轮牧 | deffered rotational grazing | |
| 02.0561 | 休闲轮牧 | rest rotational grazing | |
| 02.0562 | 季节适宜性放牧 | grazing for season suitability | |
| 02.0563 | 最佳放牧场放牧 | best pasture grazing | |
| 02.0564 | 短周期放牧 | short period grazing | |
| 02.0565 | 硬性轮牧 | rigid rotational grazing | |
| 02.0566 | 灵活性轮牧 | flexible rotational grazing | |
| 02.0567 | 刈割方法 | mowing method | |
| 02.0568 | 普通青贮 | ordinary silage | |

| 序　号 | 汉　文　名 | 英　文　名 | 注　　释 |
|---|---|---|---|
| 02.0569 | 固定割草地 | fixed mowing pasture | |
| 02.0570 | 不固定割草地 | unfixed mowing pasture | |
| 02.0571 | 临时割草地 | temporary mowing pasture | |
| 02.0572 | 单位面积营养物质总收获量 | total nutrient yield per unit area | |
| 02.0573 | 切割压扁机 | cutting and flattening machine | |
| 02.0574 | 秋草 | autumn grass | |
| 02.0575 | 霜黄草 | frost yellow grass | |
| 02.0576 | 牧草凋萎期 | grass wilting period | 又称“饥饿代谢阶段(starvation metabolism phage)”。 |
| 02.0577 | 牧草干燥后期 | late period of hay drying | 又称“自体溶解阶段(autolysis phase)”。 |
| 02.0578 | 侧向搂草机 | lateral rake | |
| 02.0579 | 拣拾压捆机 | picker-baler | |
| 02.0580 | 自然干燥 | natural drying | |
| 02.0581 | 人工干燥 | artificial drying | |
| 02.0582 | 轻度退化 | light degradation | |
| 02.0583 | 中度退化 | moderate degradation | |
| 02.0584 | 重度退化 | severe degradation | |
| 02.0585 | 划破草皮 | sod cutting | |
| 02.0586 | 水平沟 | level trench | |
| 02.0587 | 鱼鳞坑 | fish scale pit | |
| 02.0588 | 水窖 | water cellar | |
| 02.0589 | 坎儿井 | karez | |
| 02.0590 | 漏割带 | cutting with leakage | |
| 02.0591 | 灌溉定额 | irrigation quota | |
| 02.0592 | 厩肥 | barnyard manure | |
| 02.0593 | 畜群自然施肥 | herds natural fertilizing | |
| 02.0594 | 草地封育 | grassland closing | |
| 02.0595 | 生物围栏 | biological fence | |
| 02.0596 | 丸衣种子 | coated seed | |
| 02.0597 | 有毒植物 | poisonous plant | |
| 02.0598 | 内吸选择性除莠剂 | internal selective herbicide | |
| 02.0599 | 触杀灭生 | killing by touch | |
| 02.0600 | 杂草生物防治 | biological control of weed | |
| 02.0601 | 矮草草原 | short grass prairie | |
| 02.0602 | 高草草原 | tall grass prairie | |

| 序 号 | 汉 文 名 | 英 文 名 | 注 释 |
| --- | --- | --- | --- |
| 02.0603 | 混合草原 | mixed grass prairie | |
| 02.0604 | 灌木草原 | shrub grassland | |
| 02.0605 | 中度干扰理论 | moderate interference theory | |
| 02.0606 | 冗余理论 | redundancy theory | |
| 02.0607 | 放牧优化假说 | grazing optimization hypothesis | |
| 02.0608 | 游牧 | nomadic grazing | |
| 02.0609 | 舍饲 | barn feeding | |
| 02.0610 | 放牧系统 | grazing system | 又称"放牧制度"。 |
| 02.0611 | 采食食谱 | foraging diet | |
| 02.0612 | 放牧效率 | grazing efficiency | |
| 02.0613 | 互补放牧 | complementary grazing | |
| 02.0614 | 隔栏放牧 | grille grazing | |
| 02.0615 | 补饲策略 | supplementary feeding strategy | |
| 02.0616 | 粗饲料 | roughage | |
| 02.0617 | 精饲料 | concentrated feed | |
| 02.0618 | 间断放牧 | intermittent grazing | |
| 02.0619 | 立枯物 | standing litter | |
| 02.0620 | 生态旅游 | ecotourism | |
| 02.0621 | 保护性利用 | conservative use | |
| 02.0622 | 物种入侵 | species invasion | |
| 02.0623 | 草地多重利用 | grassland multiple use | |
| 02.0624 | 根际 | rhizosphere | |
| 02.0625 | 根际微生物 | rhizospheric microorganism | |

## 03. 草地资源与利用

| 序 号 | 汉 文 名 | 英 文 名 | 注 释 |
| --- | --- | --- | --- |
| 03.0001 | 草地资源 | rangeland resources | |
| 03.0002 | 草地资源学 | rangeland resources science | |
| 03.0003 | 草地资源功能 | rangeland resources function | |
| 03.0004 | 草地植物资源 | rangeland plant resources | |
| 03.0005 | 草地植物种质资源 | germplasm resources of rangeland plant | |
| 03.0006 | 草地资源承载力 | supporting capacity of rangeland | |
| 03.0007 | 草地野生动物 | wildlife of rangeland | |
| 03.0008 | 草地资源生物多样性 | biodiversity of rangeland resources | |
| 03.0009 | 草地景观资源 | landscape resources of rangeland | |
| 03.0010 | 草地资源生态系统 | ecosystem of rangeland resources | |

| 序　号 | 汉 文 名 | 英 文 名 | 注　　释 |
|---|---|---|---|
| 03.0011 | 草地资源生态学 | ecology of rangeland resources | |
| 03.0012 | 草地碳循环 | carbon cycle on rangeland | |
| 03.0013 | 草地生态系统服务 | ecosystem service of rangeland | |
| 03.0014 | 草地水源涵养 | conserve water in rangeland | |
| 03.0015 | 草地游憩 | rangeland recreation | |
| 03.0016 | 原生草地 | primary rangeland | |
| 03.0017 | 次生草地 | secondary rangeland | |
| 03.0018 | 短期草地 | temporary grassland | |
| 03.0019 | 改良草地 | improved grassland | |
| 03.0020 | 基本草原 | basic rangeland | |
| 03.0021 | 附属草地 | supplementary grassland | |
| 03.0022 | 草地饲用植物资源 | forage plant resources of rangeland | |
| 03.0023 | 草地野生经济植物资源 | economic plant resources of natural rangeland | |
| 03.0024 | 干草 | hay | |
| 03.0025 | 天然草地标准干草 | standard hay of nature grassland | |
| 03.0026 | 人工草地标准干草 | standard hay of artificial grassland | |
| 03.0027 | 草地植物经济类群 | economic group of rangeland plant | |
| 03.0028 | 栽培牧草资源 | tame forage resources for cultivation | |
| 03.0029 | 优质牧草 | excellent forage | |
| 03.0030 | 良质牧草 | good forage | |
| 03.0031 | 中质牧草 | fair forage | |
| 03.0032 | 低质牧草 | inferior forage | |
| 03.0033 | 劣质牧草 | poor forage | |
| 03.0034 | 两年生牧草 | biennial forage | |
| 03.0035 | 多年生牧草 | perennial forage | |
| 03.0036 | 牧草栽培 | forage cultivation | |
| 03.0037 | $C_3$ 植物 | $C_3$ plant | |
| 03.0038 | $C_4$ 植物 | $C_4$ plant | |
| 03.0039 | 牧草适口性 | forage palatability | |
| 03.0040 | 草地分类 | grassland classification | |
| 03.0041 | 中国草地分类系统 | range classification system of China | |
| 03.0042 | 草地类型 | rangeland type | |
| 03.0043 | 温性草甸 | temperate meadow | |
| 03.0044 | 温性草原 | temperate steppe | |
| 03.0045 | 温性典型草原 | temperate typical steppe | |
| 03.0046 | 温性草甸草原 | temperate meadow steppe | |
| 03.0047 | 温性荒漠草原 | temperate desert steppe | |

| 序　号 | 汉 文 名 | 英 文 名 | 注　　释 |
| --- | --- | --- | --- |
| 03.0048 | 高寒草甸草原 | alpine meadow steppe | |
| 03.0049 | 高寒典型草原 | alpine typical steppe | |
| 03.0050 | 高寒荒漠草原 | alpine desert steppe | |
| 03.0051 | 高寒荒漠 | alpine desert | |
| 03.0052 | 温性草原化荒漠 | temperate steppe-desert | |
| 03.0053 | 温性荒漠 | temperate desert | |
| 03.0054 | 暖性草丛 | warm tussock | |
| 03.0055 | 暖性灌草丛 | warm shrub tussock | |
| 03.0056 | 热性草丛 | tropical tussock | |
| 03.0057 | 热性灌草丛 | tropical shrub tussock | |
| 03.0058 | 干热稀树灌草丛 | arid-tropical shrub tussock scattered with tree | |
| 03.0059 | 低地草甸 | azonal lowland meadow | |
| 03.0060 | 温性山地草甸 | temperate montane meadow | |
| 03.0061 | 高寒草甸 | alpine meadow | |
| 03.0062 | 沼泽草地 | marsh type rangeland | |
| 03.0063 | 高禾草草地 | tall grass rangeland | |
| 03.0064 | 中禾草草地 | medium grass rangeland | |
| 03.0065 | 矮禾草草地 | short grass rangeland | |
| 03.0066 | 豆科草草地 | legume rangeland | |
| 03.0067 | 大莎草草地 | tall sedge rangeland | |
| 03.0068 | 小莎草草地 | short sedge rangeland | |
| 03.0069 | 杂类草草地 | forb rangeland | |
| 03.0070 | 蒿类半灌木草地 | sage semi-bush rangeland | |
| 03.0071 | 半灌木草地 | semi-bush rangeland | |
| 03.0072 | 灌木草地 | shrub rangeland | |
| 03.0073 | 小乔木草地 | small tree rangeland | |
| 03.0074 | 地带性草地 | zonal rangeland | |
| 03.0075 | 非地带性草地 | azonal rangeland | |
| 03.0076 | 垂直带草地 | vertical zone grassland | |
| 03.0077 | 草地演替类型 | successional type of rangeland | |
| 03.0078 | 多年生草地 | perennial rangeland | |
| 03.0079 | 一年生草地 | annual rangeland | |
| 03.0080 | 育肥草地 | fattening grassland | |
| 03.0081 | 封闭草地 | closed grassland | |
| 03.0082 | 草地资源调查 | survey of rangeland resources | |
| 03.0083 | 草地资源常规调查 | routine survey of rangeland resources | |
| 03.0084 | 草地资源遥感调查 | remote sensing survey of rangeland | |

| 序　号 | 汉　文　名 | 英　文　名 | 注　　释 |
| --- | --- | --- | --- |
| | | resources | |
| 03.0085 | 草地资源详查 | detailed survey of rangeland resources | |
| 03.0086 | 草地资源概查 | general survey of rangeland resources | |
| 03.0087 | 草地资源调查3S技术 | 3S technology for survey of rangeland resources | |
| 03.0088 | 草地资源图 | map of grassland resources | |
| 03.0089 | 草地资源系列地图 | serial map of rangeland resources | |
| 03.0090 | 草地资源遥感系列制图 | serial mapping by remote sensing of rangeland resources | |
| 03.0091 | 大比例尺精度草地资源调查 | large-scale survey of rangeland resources | |
| 03.0092 | 中比例尺精度草地资源调查 | medium-scale survey of rangeland resources | |
| 03.0093 | 小比例尺精度草地资源调查 | small-scale survey of rangeland resources | |
| 03.0094 | 草地资源地理信息系统 | geographical information system of rangeland resources | |
| 03.0095 | 草地资源数据库 | rangeland resources database | |
| 03.0096 | 草地资源区划 | grassland resources division | |
| 03.0097 | 草地地上部生物量 | overground biomass of rangeland | |
| 03.0098 | 草地地下部生物量 | underground biomass of rangeland | |
| 03.0099 | 草地年产草量 | annual yield of grassland | |
| 03.0100 | 草地年可食草产量 | annual yield of forage | |
| 03.0101 | 草地年产草量动态 | dynamics of annual forage yield | |
| 03.0102 | 土壤相对湿度 | relative soil moisture | |
| 03.0103 | 田间持水量 | field moisture capacity | |
| 03.0104 | 产草量年变率 | annual variation rate of forage yield | |
| 03.0105 | 标准干草折算系数 | conversion coefficient for calculation of standard hay | |
| 03.0106 | 草地牧草经济产量 | utilizable yield of grassland | |
| 03.0107 | 草地地上部产草量 | aboveground forage yield of grassland | |
| 03.0108 | 草地立枯产草量 | standing dead yield | |
| 03.0109 | 牧草风干重 | air-dried weight | |
| 03.0110 | 牧草烘干重 | oven-dried weight | |
| 03.0111 | 牧草营养价值 | nutritive value of forage | |
| 03.0112 | 草地资源营养评价 | nutritive evaluation of grassland resources | |
| 03.0113 | 草地营养物质总量 | nutritional gross of rangeland | |

| 序号 | 汉文名 | 英文名 | 注释 |
|---|---|---|---|
| 03.0114 | 草地营养比 | nutritional ratio of rangeland | |
| 03.0115 | 草地等 | grassland class | |
| 03.0116 | 草地级 | grassland grade | |
| 03.0117 | 草地可利用面积 | available area of rangeland | |
| 03.0118 | 指示植物 | indicator plant | |
| 03.0119 | 优势种 | dominant species | |
| 03.0120 | 综合算术优势度 | summed dominance ratio, SDR | |
| 03.0121 | 基盖度 | basal coverage | |
| 03.0122 | 冠盖度 | canopy coverage | |
| 03.0123 | 总覆盖度 | total coverage | |
| 03.0124 | 植物种盖度 | plant coverage | |
| 03.0125 | 叶面积指数 | leaf area index, LAI | |
| 03.0126 | 密度 | density | |
| 03.0127 | 凋落物 | litter | 又称"枯枝落叶"。 |
| 03.0128 | 枯草保存率 | remaining rate of withered grass | |
| 03.0129 | 描述样方 | descriptive quadrat | |
| 03.0130 | 测产样方 | yield-test quadrat | |
| 03.0131 | 频度样方 | frequency quadrat | |
| 03.0132 | 草地利用率 | grassland utilization ratio | |
| 03.0133 | 割草放牧兼用草地 | grassland for cutting and grazing | |
| 03.0134 | 放牧草地 | grazing grassland | |
| 03.0135 | 临时放牧地 | temporary grazing grassland | |
| 03.0136 | 草地生产力 | grassland productivity | |
| 03.0137 | 草地资源开发 | exploitation of grassland resources | |
| 03.0138 | 草地资源合理利用 | rational utilization of grassland resources | |
| 03.0139 | 草地放牧利用 | grazing use of grassland | |
| 03.0140 | 放牧强度 | grazing intensity | |
| 03.0141 | 放牧周期 | grazing cycle | |
| 03.0142 | 放牧频度 | grazing frequency | |
| 03.0143 | 草地资源的动物生产 | wildlife production of rangeland resources | |
| 03.0144 | 草地资源的植物生产 | plant production of rangeland resources | |
| 03.0145 | 草地初级生产 | primary production of rangeland | |
| 03.0146 | 草地初级生产力 | primary productivity of rangeland | |
| 03.0147 | 草地次级生产 | secondary production of rangeland | |
| 03.0148 | 草地次级生产力 | secondary productivity of rangeland | |
| 03.0149 | 缺水草地 | water deficit rangeland | |

| 序 号 | 汉 文 名 | 英 文 名 | 注 释 |
|---|---|---|---|
| 03.0150 | 草地围栏 | grassland fencing | |
| 03.0151 | 草原产权 | grassland property right | |
| 03.0152 | 草地有偿家庭承包制 | family contract system of public grassland | |
| 03.0153 | 冷季放牧草地 | grazing rangeland for cold season | |
| 03.0154 | 全年放牧草地 | all-year grazing rangeland | |
| 03.0155 | 暖季放牧草地 | grazing rangeland for warm season | |
| 03.0156 | 难利用草地 | hard-to-use rangeland | |
| 03.0157 | 禁用草地 | forbidden rangeland | |
| 03.0158 | 开放日期 | opening date | |
| 03.0159 | 草地资源评价 | grassland resources evaluation | |
| 03.0160 | 载畜量 | stock capacity | |
| 03.0161 | 合理载畜量 | proper stock capacity | |
| 03.0162 | 合理载畜量家畜单位 | livestock unit with proper stock capacity | |
| 03.0163 | 合理载畜量时间单位 | time unit with proper stock capacity | |
| 03.0164 | 合理载畜量草地面积单位 | rangeland area unit with proper stock capacity | |
| 03.0165 | 现存载畜量 | standing carrying capacity | |
| 03.0166 | 现实载畜量 | reality grazing capacity | |
| 03.0167 | 家畜日食量 | daily intake for livestock | |
| 03.0168 | 家畜单位日 | livestock unit-day | |
| 03.0169 | 家畜单位月 | livestock unit-month | |
| 03.0170 | 羊单位日食量 | daily intake per sheep unit | |
| 03.0171 | 草地沙化 | rangeland sandification | |
| 03.0172 | 草地盐渍化 | rangeland salification | |
| 03.0173 | 草地资源监测 | grassland resources monitoring | |
| 03.0174 | 草地自然保护区 | natural rangeland-conservation area | |
| 03.0175 | 草原防火 | fire control of grassland | |
| 03.0176 | 草地牧草病害防治 | disease control of rangeland plant | |
| 03.0177 | 草地自然灾害防治 | prevention and control of grassland natural disaster | |
| 03.0178 | 草地有毒植物防治 | prevention and control of poisonous plant in grassland | |
| 03.0179 | 草地化学除莠 | chemical control of rangeland weed | |
| 03.0180 | 鼠害防治 | rodent control | |
| 03.0181 | 草地水土流失 | rangeland soil and water erosion | |
| 03.0182 | 草地资源经济 | economy of grassland resources | |

| 序号 | 汉文名 | 英文名 | 注释 |
|---|---|---|---|
| 03.0183 | 草业 | pratacultural industry | |
| 03.0184 | 草地资源可持续利用 | sustainable use of rangeland resources | |
| 03.0185 | 草地退化 | grassland degeneration | |
| 03.0186 | 草地遥感调查 | grassland remote sensing survey | |
| 03.0187 | 草地资源保护 | grassland resources protection | |
| 03.0188 | 草地生态评估 | grassland ecological assessment | |
| 03.0189 | 草地资源生态系统结构 | ecosystem structure of grassland resources | |
| 03.0190 | 草地资源生态系统功能 | ecosystem function of grassland resources | |
| 03.0191 | 草地资源生态系统动态 | ecosystem dynamic of grassland resources | |
| 03.0192 | 草地生态系统管理 | management of grassland ecosystem | |
| 03.0193 | 生物地球化学循环 | biogeochemical cycle | |
| 03.0194 | 草地碳源 | grassland carbon source | |
| 03.0195 | 草地碳汇 | grassland carbon sink | |
| 03.0196 | 草地碳库 | grassland carbon pool | |
| 03.0197 | 草地碳贮量 | grassland carbon storage | 又称“草地碳储量”。 |
| 03.0198 | 草地碳固定 | grassland carbon fixation | |
| 03.0199 | 草地碳排放 | grassland carbon emission | |
| 03.0200 | 草地碳通量 | grassland carbon flux | |
| 03.0201 | 草地碳平衡 | grassland carbon balance | |
| 03.0202 | 氮循环 | nitrogen cycle | |
| 03.0203 | 碳氮耦合 | carbon and nitrogen coupling | |
| 03.0204 | 营养级 | trophic level | |
| 03.0205 | 凋萎湿度 | wilting moisture | |
| 03.0206 | 饱和持水量 | saturation moisture capacity | |
| 03.0207 | 生态演替 | ecological succession | |
| 03.0208 | 生态对策矛盾 | contradiction between ecological strategy | |
| 03.0209 | 生态效率 | ecological efficiency | |
| 03.0210 | 生态平衡 | ecological balance | |
| 03.0211 | 生态系统稳态机制 | stabilization mechanism of ecosystem | |
| 03.0212 | 生态胁迫 | ecological stress | |
| 03.0213 | 生态系统服务 | ecosystem service | |
| 03.0214 | 生态足迹 | ecological footprint | |
| 03.0215 | 生态承载力 | ecological capacity | |
| 03.0216 | 生态赤字 | ecological deficit | |
| 03.0217 | 生态盈余 | ecological remainder | |

| 序号 | 汉文名 | 英文名 | 注释 |
|---|---|---|---|
| 03.0218 | 最大持续产量 | maximum sustainable yield, MSY | |
| 03.0219 | 生态灾害 | ecological disaster | |
| 03.0220 | 自然保护 | nature conservation | |
| 03.0221 | 自然保护区 | nature reserve | |
| 03.0222 | 自然保护区分类 | classification of natural conservation area | |
| 03.0223 | 世界遗产地 | world heritage site | |
| 03.0224 | 中华人民共和国自然保护区条例 | Regulations of the People's Republic of China on Nature Reserves | |
| 03.0225 | 生态系统多样性 | ecosystem diversity | |
| 03.0226 | 景观多样性 | landscape diversity | |
| 03.0227 | 生物多样性保护 | biodiversity conservation | |
| 03.0228 | 生态系统服务价值 | ecosystem service value | |
| 03.0229 | 世界自然资源保护大纲 | World Conservation Strategy | |
| 03.0230 | 中国自然保护纲要 | Chinese Programme for Natural Protection | |
| 03.0231 | 就地保护 | *in situ* conservation | |
| 03.0232 | 易地保护 | *ex situ* conservation | |
| 03.0233 | 生物安全 | bio-safety | |
| 03.0234 | 最小可生存种群 | minimum viable population, MVP | |
| 03.0235 | 保护生物学 | conservation biology | |
| 03.0236 | 国家公园 | national park | |
| 03.0237 | 生物圈保护区 | biosphere reserve | |
| 03.0238 | 生物多样性保护策略 | strategy for biodiversity protection | |
| 03.0239 | 生物多样性编目 | biodiversity inventory | |
| 03.0240 | 生态保护 | ecological conservation | |
| 03.0241 | 恢复生态学 | restoration ecology | |
| 03.0242 | 生态规划 | ecological planning | |
| 03.0243 | 生态工程 | ecological engineering | |
| 03.0244 | 生态农业 | ecological agriculture | |
| 03.0245 | 生态畜牧业 | ecological animal husbandry | |
| 03.0246 | 复合农林业 | agroforestry | |
| 03.0247 | 退耕还林还草 | return farmland to forestland or grassland | |
| 03.0248 | 天然林保护 | natural forest conservation | |
| 03.0249 | 小流域治理 | minor drainage basin management | |
| 03.0250 | 矿区复垦 | reclamation of mining area | |
| 03.0251 | 生态补偿 | ecological compensation | |

| 序　号 | 汉　文　名 | 英　文　名 | 注　　释 |
| --- | --- | --- | --- |
| 03.0252 | 循环经济 | circular economy | |
| 03.0253 | 零排放 | zero discharge | |
| 03.0254 | 生态示范区 | ecological demonstration region | |
| 03.0255 | 生态村 | ecological village | |
| 03.0256 | 生态县 | ecological county | |
| 03.0257 | 生态省 | ecological province | |
| 03.0258 | 3R 原则 | principle of 3R | |
| 03.0259 | 可持续消费 | sustainable consumption | |
| 03.0260 | 生态消费 | ecological consumption | |
| 03.0261 | 绿色消费 | green consumption | |
| 03.0262 | 资源地理学 | resources geography | |
| 03.0263 | 资源地质学 | resources geology | |
| 03.0264 | 资源地学 | geo-resources science | |
| 03.0265 | 自然资源总量 | total natural resources | |
| 03.0266 | 自然资源富集区 | abundant region of natural resources | |
| 03.0267 | 自然资源贫乏区 | lack region of natural resources | |
| 03.0268 | 自然资源源 | source of natural resources | |
| 03.0269 | 自然资源汇 | pool of natural resources | |
| 03.0270 | 自然资源流 | flow of natural resources | |
| 03.0271 | 自然资源地图集 | natural resources atlas | |
| 03.0272 | 自然资源数字地图 | digital map of natural resources | |
| 03.0273 | 自然资源地带律 | regionalization of natural resources | |
| 03.0274 | 可再生资源地带性 | renewable resources regionalization | |
| 03.0275 | 可再生资源非地带性 | renewable resources non-regionalization | |
| 03.0276 | 自然资源空间律 | spatialization of natural resources | |
| 03.0277 | 可再生资源稳定度 | stability of renewable resources | |
| 03.0278 | 不可再生资源保障度 | indemnificatory of non-renewable resources | |
| 03.0279 | 自然资源保证率 | assuring ratio of natural resources | |
| 03.0280 | 纬度地带性 | latitudinal zonation | |
| 03.0281 | 经度地带性 | longitudinal zonation | |
| 03.0282 | 垂直地带性 | vertical zonation | |
| 03.0283 | 风化作用 | weathering | |
| 03.0284 | 风化壳 | weathering crust | |
| 03.0285 | 高原 | plateau, tableland | |
| 03.0286 | 山地 | mountain | |
| 03.0287 | 平原 | plain | |

| 序 号 | 汉 文 名 | 英 文 名 | 注 释 |
|---|---|---|---|
| 03.0288 | 盆地 | basin | |
| 03.0289 | 河流阶地 | river terrace | |
| 03.0290 | 洪积扇 | proluvium fan | |
| 03.0291 | 冲积平原 | alluvial plain | |
| 03.0292 | 河漫滩 | floodplain | |
| 03.0293 | 喀斯特地貌 | karst landform, karst physiognomy | |
| 03.0294 | 喀斯特作用 | karst process | |
| 03.0295 | 喀斯特平原 | karst plain | |
| 03.0296 | 冰川 | glacier | |
| 03.0297 | 冻土 | frozen soil | |
| 03.0298 | 大气环流 | atmospheric circulation | |
| 03.0299 | 滑坡 | landslide | |
| 03.0300 | 泥石流 | debris flow | |
| 03.0301 | 水土流失 | water and soil loss | |
| 03.0302 | 全球变暖 | global warming | |
| 03.0303 | 臭氧空洞 | ozone hole | |
| 03.0304 | 资源短缺 | resources shortage | |
| 03.0305 | 大气污染 | atmosphere pollution | |
| 03.0306 | 环境污染 | environmental pollution | |
| 03.0307 | 沙尘暴 | sandstorm | |
| 03.0308 | 资源信息学 | resources informatics | |
| 03.0309 | 资源信息学方法论 | methodology of resources informatics | |
| 03.0310 | 资源信息学技术体系 | technical system for resources informatics | |
| 03.0311 | 信息论 | information theory | |
| 03.0312 | 狭义信息论 | narrowly informatics | |
| 03.0313 | 广义信息论 | broadly informatics | |
| 03.0314 | 资源信息产生 | formation of resources information | |
| 03.0315 | 资源信息源 | source of resources information | |
| 03.0316 | 资源信息获取 | resources information acquisition | |
| 03.0317 | 资源信息分类 | classification of resources information | |
| 03.0318 | 资源信息存储 | resources information storage | |
| 03.0319 | 资源信息数据库 | resources information database | |
| 03.0320 | 资源信息属性数据库 | attribute database for resources information | |
| 03.0321 | 资源信息空间数据库 | spatial database of resources information | |
| 03.0322 | 资源信息处理 | resources information processing | |
| 03.0323 | 资源信息管理 | resources information management | |

| 序号 | 汉文名 | 英文名 | 注释 |
|---|---|---|---|
| 03.0324 | 资源信息管理系统 | management system of resources information | |
| 03.0325 | 资源信息分布式管理 | distributing management of resources information | |
| 03.0326 | 资源信息建设 | resources information construction | |
| 03.0327 | 资源信息维护 | resources information maintenance | |
| 03.0328 | 资源信息传输 | resources information transmission | |
| 03.0329 | 资源信息应用 | resources information application | |
| 03.0330 | 资源信息用户 | user of resources information | |
| 03.0331 | 资源信息标准 | resources information standard | |
| 03.0332 | 资源信息规范 | resources information criterion | |
| 03.0333 | 资源信息标准化 | standardization of resources information | |
| 03.0334 | 资源信息编码 | resources information code | |
| 03.0335 | 资源信息元数据 | resources information metadata | |
| 03.0336 | 资源信息元数据标准 | metadata standard of resources information | |
| 03.0337 | 资源信息元数据库 | metadatabase of resources information | |
| 03.0338 | 资源信息数据词典 | dictionary of resources information data | |
| 03.0339 | 资源信息特征 | character of resources information | |
| 03.0340 | 资源信息结构 | resources information structure | |
| 03.0341 | 资源信息类型 | type of resources information | |
| 03.0342 | 资源信息图形数据 | graphic data of resources information | |
| 03.0343 | 资源信息影像数据 | image data of resources information | |
| 03.0344 | 资源信息属性数据 | attributive data of resources information | |
| 03.0345 | 资源信息空间分布 | spatial distribution of resources information | |
| 03.0346 | 资源信息时间序列 | time-series of resources information | |
| 03.0347 | 数字资源信息 | digital resources information | |
| 03.0348 | 资源信息量 | resources information quantity | |
| 03.0349 | 资源信息增量 | resources information increment | |
| 03.0350 | 资源信息评价 | resources information evaluation | |
| 03.0351 | 资源信息质量 | resources information quality | |
| 03.0352 | 资源信息共享 | resources information sharing | |
| 03.0353 | 资源信息共享规则 | regulation of resources information sharing | |
| 03.0354 | 资源信息发布 | publication of resources information | |
| 03.0355 | 资源信息价值 | resources information worth | |

| 序 号 | 汉 文 名 | 英 文 名 | 注 释 |
|---|---|---|---|
| 03.0356 | 虚拟资源研究 | virtual resources research | |
| 03.0357 | 资源研究虚拟环境 | virtual environment for resources research | |
| 03.0358 | 资源信息网络 | network of resources information | |
| 03.0359 | 资源信息网站 | website of resources information | |
| 03.0360 | 资源信息服务网络 | service network of resources information | |
| 03.0361 | 资源信息用户网络 | user network of resources information | |
| 03.0362 | 资源遥感调查 | resources remote sensing survey | |
| 03.0363 | 资源信息观测 | resources information observation | |
| 03.0364 | 定位观测 | observation of fixed station | |
| 03.0365 | 流动观测 | moving observation | |
| 03.0366 | 观测台站网络 | observing station network | |
| 03.0367 | 资源对地观测 | earth observation for resources | |
| 03.0368 | 草地遥感 | remote sensing in grassland | |
| 03.0369 | 灾害遥感 | remote sensing in disaster | |
| 03.0370 | 资源动态监测 | resources dynamic monitoring | |
| 03.0371 | 资源普查统计 | resources census statistics | |
| 03.0372 | 资源抽样统计 | resources sampling statistics | |
| 03.0373 | 资源信息整合 | conformity of resources information | |
| 03.0374 | 资源信息集成 | integration of resources information | |
| 03.0375 | 资源信息录入 | resources information inputting | |
| 03.0376 | 资源信息数字化 | digitizing of resources information | |
| 03.0377 | 资源信息空间化 | spatialization of resources information | |
| 03.0378 | 资源信息可视化 | visualization for resources information | |
| 03.0379 | 资源遥感图像处理 | image processing of resources remote sensing | |
| 03.0380 | 资源信息压缩 | compression of resources information | |
| 03.0381 | 资源信息融合 | resources information fusion | |
| 03.0382 | 资源信息图形编辑 | graphic editing of resources information | |
| 03.0383 | 资源信息存储介质 | storage medium of resources information | |
| 03.0384 | 资源信息数据编码 | data coding of resources information | |
| 03.0385 | 资源信息仓库 | resources information warehouse | |
| 03.0386 | 资源信息数据备份 | backup of resources information data | |
| 03.0387 | 地理信息系统 | geographical information system, GIS | |
| 03.0388 | 资源信息数据输入 | resources information data input | |
| 03.0389 | 资源信息数据输出 | resources information data output | |
| 03.0390 | 资源信息回放 | resources information replay | |
| 03.0391 | 资源信息数据显示 | resources information data display | |

| 序　号 | 汉 文 名 | 英 文 名 | 注　　释 |
| --- | --- | --- | --- |
| 03.0392 | 资源信息检索 | resources information search | |
| 03.0393 | 资源信息更新 | resources information update | |
| 03.0394 | 资源信息挖掘 | resources information mining | |
| 03.0395 | 资源信息系统产品 | product of resources information system | |
| 03.0396 | 资源信息通信 | resources information communication | |
| 03.0397 | 资源信息概念模型 | resources information conception model | |
| 03.0398 | 资源信息结构模型 | resources information structure model | |
| 03.0399 | 资源信息数学模型 | resources information mathematic model | |
| 03.0400 | 资源评价指标体系 | resources evaluation index framework | |
| 03.0401 | 资源评价模型 | resources evaluation model | |
| 03.0402 | 资源评价专家系统 | expert system of resources evaluation | |
| 03.0403 | 资源利用决策支持系统 | decision support system for resources utilization | |
| 03.0404 | 资源信息时间序列分析 | time-series analysis of resources information | |
| 03.0405 | 资源信息空间分析 | spatial analysis of resources information | |
| 03.0406 | 资源信息多维分析 | multi-dimension analysis for resources information | |
| 03.0407 | 资源信息综合分析 | synthetical analysis of resources information | |
| 03.0408 | 资源综合评价信息系统 | information system for synthetical evaluation of resources | |
| 03.0409 | 可持续发展评价指标体系 | evaluation index system for sustainable development | |
| 03.0410 | 可持续发展综合评价信息系统 | synthetical evaluation information system for sustainable development | |
| 03.0411 | 资源演变模拟 | simulation of resources evolvement | |
| 03.0412 | 资源情景 | resources scenario | |
| 03.0413 | 虚拟资源建模 | virtual modeling of resources | |
| 03.0414 | 资源信息模型库 | resources information model base | |
| 03.0415 | 信息技术 | information technology | |
| 03.0416 | 计算机 | computer | |
| 03.0417 | 巨型计算机 | supercomputer | |
| 03.0418 | 服务器 | server | |
| 03.0419 | 计算机技术 | computer technology | |
| 03.0420 | 计算机软件 | computer software | |
| 03.0421 | 数据库软件 | database software | |
| 03.0422 | 地理信息系统软件 | GIS software | |

| 序 号 | 汉 文 名 | 英 文 名 | 注 释 |
|---|---|---|---|
| 03.0423 | 因特网 | Internet | |
| 03.0424 | 内联网 | intranet | |
| 03.0425 | 遥感技术 | remote sensing technology | |
| 03.0426 | 地球观测系统 | earth observation system, EOS | |
| 03.0427 | 航天遥感 | space remote sensing | |
| 03.0428 | 卫星遥感 | satellite remote sensing | |
| 03.0429 | 航空遥感 | aerial remote sensing | |
| 03.0430 | 地面遥感 | ground remote sensing | |
| 03.0431 | 可见光遥感 | visible light remote sensing | |
| 03.0432 | 反射红外遥感 | reflected infrared remote sensing | |
| 03.0433 | 热红外遥感 | thermal infrared remote sensing | |
| 03.0434 | 微波遥感 | microwave remote sensing | |
| 03.0435 | 多谱段遥感 | multispectral remote sensing | |
| 03.0436 | 高光谱分辨率遥感 | hyperspectral remote sensing | |
| 03.0437 | 合成孔径雷达 | synthetic aperture radar, SAR | |
| 03.0438 | 激光遥感 | laser remote sensing | |
| 03.0439 | 定量遥感 | quantitative remote sensing | |
| 03.0440 | 遥感信息 | remote sensing information | |
| 03.0441 | 遥感数据 | remote sensing data | |
| 03.0442 | 遥感图像 | remote sensing image | |
| 03.0443 | 遥感信息提取 | remote sensing information extraction | |
| 03.0444 | 波谱特征 | spectral characteristics | |
| 03.0445 | 分辨率 | resolution | |
| 03.0446 | 遥感器 | remote sensor | |
| 03.0447 | 遥感图像融合 | remote sensing image fusion | |
| 03.0448 | 决策树 | decision tree | |
| 03.0449 | 植被指数 | vegetation index | |
| 03.0450 | 遥感反演 | remote sensing retrieval | |
| 03.0451 | 遥感模型 | remote sensing model | |
| 03.0452 | 全球定位系统 | global positioning system, GPS | |
| 03.0453 | 计算机仿真 | computer emulation | |
| 03.0454 | 虚拟现实 | virtual reality, VR | |
| 03.0455 | 3S 集成技术 | 3S integrated technology | |
| 03.0456 | 资源学科信息 | information of science of resources | |
| 03.0457 | 地球资源信息 | earth resources information | |
| 03.0458 | 自然资源信息 | natural resources information | |
| 03.0459 | 土地资源信息 | land resources information | |
| 03.0460 | 水资源信息 | water resources information | |

| 序　号 | 汉 文 名 | 英 文 名 | 注　释 |
|---|---|---|---|
| 03.0461 | 气候资源信息 | climatic resources information | |
| 03.0462 | 农业资源信息 | agricultural resources information | |
| 03.0463 | 林业资源信息 | forest resources information | |
| 03.0464 | 生物资源信息 | biological resources information | |
| 03.0465 | 矿产资源信息 | mineral resources information | |
| 03.0466 | 能源资源信息 | energy resources information | |
| 03.0467 | 海洋资源信息 | marine resources information | |
| 03.0468 | 人口资源信息 | population resources information | |
| 03.0469 | 社会经济信息 | social-economic information | |
| 03.0470 | 旅游资源信息 | tourism resources information | |
| 03.0471 | 太空资源信息 | outer space resources information | |
| 03.0472 | 月球资源信息 | lunar resources information | |
| 03.0473 | 气候资源学 | science of climatic resources | |
| 03.0474 | 气候资源 | climatic resources | |
| 03.0475 | 气候资源要素 | climatic resources element | |
| 03.0476 | 气象要素 | meteorological element | |
| 03.0477 | 气候资源分类 | climatic resources classification | |
| 03.0478 | 农业气候资源 | agroclimatic resources | |
| 03.0479 | 牧业气候资源 | animal husbandry climatic resources | |
| 03.0480 | 小气候 | microclimate | |
| 03.0481 | 气候资源评价 | climatic resources assessment | |
| 03.0482 | 气候资源特征 | character of climatic resources | |
| 03.0483 | 气候 | climate | |
| 03.0484 | 气候变化 | climatic change | |
| 03.0485 | 气候变迁 | climatic variation | |
| 03.0486 | 气候变率 | climatic variability | |
| 03.0487 | 气候敏感性 | climatic sensitivity | |
| 03.0488 | 气候趋势 | climatic trend | |
| 03.0489 | 气候振动 | climatic fluctuation | |
| 03.0490 | 气候异常 | climatic anomaly | |
| 03.0491 | 气候评价 | climatological assessment | |
| 03.0492 | 气候模拟 | climate simulation | |
| 03.0493 | 气候模式 | climate model | |
| 03.0494 | 气候适应 | acclimatization | |
| 03.0495 | 气候型 | climatic type | |
| 03.0496 | 气候志 | climatography | |
| 03.0497 | 气候相似原理 | climatic analogy | |
| 03.0498 | 气候预报 | climatic forecast | |

| 序　号 | 汉　文　名 | 英　文　名 | 注　　释 |
|---|---|---|---|
| 03.0499 | 气候指标 | climatic index | |
| 03.0500 | 气候资源调查 | climatic resources survey | |
| 03.0501 | 气候考察 | climatological survey | |
| 03.0502 | 气候情报 | climatological information | |
| 03.0503 | 气候信息 | information of climate | |
| 03.0504 | 遥感气候资源信息 | remote sensing information of climatic resources | |
| 03.0505 | 农作物遥感估产 | crop yield estimation by remote sensing | |
| 03.0506 | 温室效应 | greenhouse effect | |
| 03.0507 | 气候环境 | climatic circumstance | |
| 03.0508 | 气候周期性变化 | climatic periodic variation | |
| 03.0509 | 气候非周期性变化 | climatic non-periodic variation | |
| 03.0510 | 气候概率 | climatic probability | |
| 03.0511 | 气候重建 | climatic reconstruction | |
| 03.0512 | 气候恶化 | climatic deterioration | |
| 03.0513 | 生物气候定律 | bioclimatic law | |
| 03.0514 | 季风气候特征 | character of monsoon climate | |
| 03.0515 | 山区气候资源特征 | character of mountain climatic resources | |
| 03.0516 | 气候影响评价 | climatic impact assessment | |
| 03.0517 | 气候区划 | climatic division | |
| 03.0518 | 农业气候区划 | agroclimatic division | |
| 03.0519 | 气候资源分析方法 | method of climatic resources analysis | |
| 03.0520 | 气候资源保护 | climatic resources protection | |
| 03.0521 | 人工影响气候 | climate modification | |
| 03.0522 | 人工小气候 | artificial microclimate | |
| 03.0523 | 人工气候室 | phytotron | |
| 03.0524 | 气候带 | climatic belt | |
| 03.0525 | 垂直气候带 | vertical climatic zone | |
| 03.0526 | 物候现象 | phenological phenomenon | |
| 03.0527 | 物候期 | phenophase | |
| 03.0528 | 农业气候指标 | agroclimatic index | |
| 03.0529 | 大陆性气候 | continental climate | |
| 03.0530 | 海洋性气候 | marine climate | |
| 03.0531 | 山地气候 | mountain climate | |
| 03.0532 | 高原气候 | plateau climate | |
| 03.0533 | 干旱气候 | arid climate | |
| 03.0534 | 半干旱气候 | semi-arid climate | |

| 序　号 | 汉　文　名 | 英　文　名 | 注　　释 |
| --- | --- | --- | --- |
| 03.0535 | 湿润气候 | humid climate | |
| 03.0536 | 日较差 | diurnal range | |
| 03.0537 | 年较差 | annual range | |
| 03.0538 | 年平均 | annual mean | |
| 03.0539 | 气候资源生产潜力 | climatic potential productivity | |
| 03.0540 | 大气资源 | atmospheric resources | |
| 03.0541 | 大气成分 | atmospheric composition | |
| 03.0542 | 大气痕量气体 | atmospheric trace gas | |
| 03.0543 | 大气臭氧 | atmospheric ozone | |
| 03.0544 | 大气臭氧层 | ozonosphere | |
| 03.0545 | 大气本底[值] | atmospheric background | |
| 03.0546 | 大气净化 | atmospheric cleaning | |
| 03.0547 | 大气环境评价 | assessment of atmospheric environment | |
| 03.0548 | 二氧化碳源 | carbon dioxide source | |
| 03.0549 | 二氧化碳汇 | carbon dioxide sink | |
| 03.0550 | 森林碳循环 | carbon cycle of forest | |
| 03.0551 | 株间二氧化碳浓度 | carbon dioxide concentration within canopy | |
| 03.0552 | 二氧化碳饱和点 | saturation point of carbon dioxide | |
| 03.0553 | 二氧化碳补偿点 | compensation point of carbon dioxide | |
| 03.0554 | 大气扩散 | atmospheric diffusion | |
| 03.0555 | 大气质量 | atmospheric mass | |
| 03.0556 | 有效风速 | effective wind speed | |
| 03.0557 | 最大设计平均风速 | maximum design wind speed | |
| 03.0558 | 风场评价 | wind field assessment | |
| 03.0559 | 风能利用系数 | wind-power utilization coefficient | |
| 03.0560 | 风压 | wind pressure | |
| 03.0561 | 风压系数 | coefficient of wind pressure | |
| 03.0562 | 主导风向 | predominant wind direction | |
| 03.0563 | 盛行风 | prevailing wind | |
| 03.0564 | 风振系数 | wind vibration coefficient | |
| 03.0565 | 风频率 | wind frequency | |
| 03.0566 | 光资源 | light resources | |
| 03.0567 | 太阳辐射 | solar radiation | |
| 03.0568 | 太阳辐射总量 | gross radiation intensity | |
| 03.0569 | 太阳常数 | solar constant | |
| 03.0570 | 太阳光谱 | solar spectrum | |
| 03.0571 | 光合有效辐射 | photosynthetically active radiation | |

| 序号 | 汉文名 | 英文名 | 注释 |
|---|---|---|---|
| 03.0572 | 日照时数 | sunshine duration | |
| 03.0573 | 可照时数 | duration of possible sunshine | |
| 03.0574 | 日照百分率 | percentage of sunshine | |
| 03.0575 | [光]照度 | illuminance | |
| 03.0576 | 辐照度 | irradiance | |
| 03.0577 | 下垫面反照率 | albedo of underlying surface | |
| 03.0578 | 反照率 | albedo | |
| 03.0579 | 辐射平衡 | radiation balance | |
| 03.0580 | 光照长度 | illumination length | |
| 03.0581 | 光照阶段 | photophase | |
| 03.0582 | 光热转换 | photothermal conversion | |
| 03.0583 | 光电转换 | photovoltaic conversion | |
| 03.0584 | 光化转换 | photochemistry conversion | |
| 03.0585 | 光合作用量子效率 | quantum efficiency of photosynthesis | |
| 03.0586 | 光呼吸 | photorespiration | |
| 03.0587 | 光合强度 | photosynthetic intensity | |
| 03.0588 | 光饱和点 | light saturation point | |
| 03.0589 | 光解作用 | photolysis | |
| 03.0590 | 感光性 | photonasty | |
| 03.0591 | 感光指数 | light sensitive index | |
| 03.0592 | 光合势 | photosynthetic potential | |
| 03.0593 | 农田辐射平衡 | radiation balance in field | |
| 03.0594 | 森林辐射平衡 | radiation balance in forest | |
| 03.0595 | 光化反应 | photochemical reaction | |
| 03.0596 | 光合生产潜力 | photosynthetic potential productivity | |
| 03.0597 | 光温生产潜力 | light and temperature potential productivity | |
| 03.0598 | 日灼 | sun scald | |
| 03.0599 | 热量资源 | heat resources | |
| 03.0600 | 气温 | air temperature | |
| 03.0601 | 地面温度 | surface temperature | |
| 03.0602 | 水田水温 | water temperature in paddy field | |
| 03.0603 | 植物体温 | plant temperature | |
| 03.0604 | 气温直减率 | temperature lapse rate | |
| 03.0605 | 湍流逆温 | turbulence inversion | |
| 03.0606 | 地面逆温 | surface inversion | |
| 03.0607 | 辐射逆温 | radiation inversion | |
| 03.0608 | 覆盖逆温 | capping inversion | |

| 序 号 | 汉 文 名 | 英 文 名 | 注 释 |
|---|---|---|---|
| 03.0609 | 下沉逆温 | subsidence inversion | |
| 03.0610 | 锋面逆温 | frontal inversion | |
| 03.0611 | 逆温层 | inversion layer | |
| 03.0612 | 露点 | dew point | |
| 03.0613 | 露点差 | depression of dew point | |
| 03.0614 | 温度廓线 | temperature profile | |
| 03.0615 | 活动温度 | active temperature | |
| 03.0616 | 有效温度 | effective temperature | |
| 03.0617 | 三基点温度 | three fundamental points temperature | |
| 03.0618 | 生物学零度 | biological zero point | |
| 03.0619 | 农业界限温度 | agricultural threshold temperature | |
| 03.0620 | 活动积温 | active accumulated temperature | |
| 03.0621 | 有效积温 | effective accumulated temperature | |
| 03.0622 | 负积温 | negative accumulated temperature | |
| 03.0623 | 舒适温度 | comfort temperature | |
| 03.0624 | 感觉温度 | sensible temperature | |
| 03.0625 | 风寒指数 | wind-chill index | |
| 03.0626 | 舒适指数 | comfort index | |
| 03.0627 | 舒适气流 | comfort current | |
| 03.0628 | 度日 | degree-day | |
| 03.0629 | 采暖度日 | heating degree-day | |
| 03.0630 | 冷却度日 | cooling degree-day | |
| 03.0631 | 感温性 | thermonasty | |
| 03.0632 | 温周期现象 | thermoperiodism | |
| 03.0633 | 高温促进率 | facilitation rate of high temperature in earing time | |
| 03.0634 | 生长期 | growing period | |
| 03.0635 | 最大冻土深度 | maximum depth of frozen ground | |
| 03.0636 | 热量平衡 | heat balance | |
| 03.0637 | 热源 | heat source | |
| 03.0638 | 热汇 | heat sink | |
| 03.0639 | 潜热 | latent heat | |
| 03.0640 | 感热 | sensible heat | |
| 03.0641 | 农田热量平衡 | heat balance in field | |
| 03.0642 | 农田显热交换 | sensible heat exchange in field | |
| 03.0643 | 农田潜热交换 | latent heat exchange in field | |
| 03.0644 | 农田土壤热交换 | heat exchange in field soil | |
| 03.0645 | 森林热量平衡 | heat balance in forest | |

| 序号 | 汉文名 | 英文名 | 注释 |
|---|---|---|---|
| 03.0646 | 林带热力效应 | thermal effect of shelterbelt | |
| 03.0647 | 温差能 | temperature-difference energy | |
| 03.0648 | 热浪 | heat wave | |
| 03.0649 | 降水资源 | precipitation resources | |
| 03.0650 | 降水量 | precipitation | |
| 03.0651 | 降水强度 | precipitation intensity | |
| 03.0652 | 阵性降水 | showery precipitation | |
| 03.0653 | 连续性降水 | continuous precipitation | |
| 03.0654 | 雨 | rain | |
| 03.0655 | 雨日 | rain day | |
| 03.0656 | 雨量 | rainfall [amount] | |
| 03.0657 | 冻雨 | freezing rain | |
| 03.0658 | 毛毛雨 | drizzle | |
| 03.0659 | 小雨 | light rain | |
| 03.0660 | 中雨 | moderate rain | |
| 03.0661 | 大雨 | heavy rain | |
| 03.0662 | 暴雨 | torrential rain | |
| 03.0663 | 地方性降水 | local precipitation | |
| 03.0664 | 地形雨 | orographic rain | |
| 03.0665 | 雹暴 | hail storm | |
| 03.0666 | 露 | dew | |
| 03.0667 | 霜 | frost | |
| 03.0668 | 雪 | snow | |
| 03.0669 | 积雪 | snow cover | |
| 03.0670 | 雪量 | snowfall [amount] | |
| 03.0671 | 雪深 | snow depth | |
| 03.0672 | 雪日 | snow day | |
| 03.0673 | 雾 | fog | |
| 03.0674 | 冰雪资源 | ice and snow resources | |
| 03.0675 | 云水资源 | cloud water resources | |
| 03.0676 | 人工降水 | artificial precipitation | |
| 03.0677 | 有效降水 | effective precipitation | |
| 03.0678 | 降水临界值 | critical precipitation | |
| 03.0679 | 降水量保证率 | accumulated frequency of precipitation | |
| 03.0680 | 降水量变率 | precipitation variability | |
| 03.0681 | 梅雨 | meiyu, plum rain | |
| 03.0682 | 雨季 | rainy season | |
| 03.0683 | 水分循环 | hydrological cycle | |

| 序 号 | 汉 文 名 | 英 文 名 | 注 释 |
|---|---|---|---|
| 03.0684 | 水分平衡 | water balance | |
| 03.0685 | 相对湿度 | relative humidity | |
| 03.0686 | 绝对湿度 | absolute humidity | |
| 03.0687 | 饱和水汽压 | saturation vapor pressure | |
| 03.0688 | 饱和差 | saturation difference | |
| 03.0689 | 蒸发 | evaporation | |
| 03.0690 | 潜在蒸发 | potential evaporation | |
| 03.0691 | 蒸散 | evapotranspiration | |
| 03.0692 | 蒸腾 | transpiration | |
| 03.0693 | 潜在蒸散 | potential evapotranspiration | |
| 03.0694 | 需水临界期 | critical period of water requirement | |
| 03.0695 | 生理需水 | physiological water requirement | |
| 03.0696 | 生态需水 | ecological water requirement | |
| 03.0697 | 土壤水分平衡 | soil water balance | |
| 03.0698 | 土壤含水量 | soil water content | |
| 03.0699 | 干期 | dry spell | |
| 03.0700 | 湿期 | wet spell | |
| 03.0701 | 干旱 | drought | |
| 03.0702 | 湿害 | wet damage | |
| 03.0703 | 洪涝 | flood | |
| 03.0704 | 干燥度 | aridity | |
| 03.0705 | 湿润度 | moisture index | |
| 03.0706 | 热害 | hot damage | |
| 03.0707 | 冷害 | cool damage | |
| 03.0708 | 倒春寒 | late spring coldness | |
| 03.0709 | 寒露风 | low temperature damage in autumn | |
| 03.0710 | 低温冷害 | chilling damage | |
| 03.0711 | 霜冻 | frost injury | |
| 03.0712 | 黑霜 | dark frost | |
| 03.0713 | 雪灾 | snow damage | |
| 03.0714 | 干热风 | dry hot wind | |
| 03.0715 | 雹灾 | hail damage | |
| 03.0716 | 寒潮 | cold wave | |
| 03.0717 | 草地土壤 | grassland soil | |
| 03.0718 | 土壤容重 | soil bulk density | |
| 03.0719 | 土壤理化性状 | soil physical and chemical property | |
| 03.0720 | 土壤养分 | soil nutrient | |
| 03.0721 | 土壤有机质含量 | soil organic matter content | |

| 序　号 | 汉　文　名 | 英　文　名 | 注　　释 |
| --- | --- | --- | --- |
| 03.0722 | 土壤全氮 | soil total nitrogen | |
| 03.0723 | 土壤铵态氮 | soil ammonium nitrogen | |
| 03.0724 | 土壤全磷 | soil total phosphorus | |
| 03.0725 | 土壤速效磷 | soil available phosphorus | |
| 03.0726 | 土壤全钾 | soil total potassium | |
| 03.0727 | 土壤有效性钾 | soil available potassium | |
| 03.0728 | 土壤浸蚀 | soil erosion | |
| 03.0729 | 土壤绝对湿度 | absolute soil moisture | |

# 04. 种子和育种

## 04.01　草种子学

| 序　号 | 汉　文　名 | 英　文　名 | 注　　释 |
| --- | --- | --- | --- |
| 04.0001 | 牧草种子 | forage seed | |
| 04.0002 | 单子叶牧草 | monocotyledonous forage | |
| 04.0003 | 双子叶牧草 | dicotyledonous forage | |
| 04.0004 | 禾本科牧草 | gramineous forage | |
| 04.0005 | 成熟种子 | mature seed | |
| 04.0006 | 种瘤 | seed neoplasm | |
| 04.0007 | 种毛 | seed hair | |
| 04.0008 | 种翅 | seed wing | |
| 04.0009 | 种脊 | seed raphe | |
| 04.0010 | 小穗 | spikelet | |
| 04.0011 | 刚毛 | bristle | |
| 04.0012 | 总苞 | involucre | |
| 04.0013 | 急尖 | acute | |
| 04.0014 | 总状花序 | raceme | |
| 04.0015 | 穗状花序 | spike inflorescence | |
| 04.0016 | 圆锥花序 | panicle | |
| 04.0017 | 头状花序 | capitulum | |
| 04.0018 | 伞形花序 | umbel | |
| 04.0019 | 花萼 | calyx | |
| 04.0020 | 花冠 | corolla, chaplet | |
| 04.0021 | 雄蕊 | stamen, androecium | |
| 04.0022 | 雌蕊 | pistil, gynoecia | |
| 04.0023 | 旗瓣 | standard | |

| 序　号 | 汉　文　名 | 英　文　名 | 注　　释 |
| --- | --- | --- | --- |
| 04.0024 | 翼瓣 | wing, vexil, banner | |
| 04.0025 | 龙骨瓣 | keel | |
| 04.0026 | 切叶蜂 | leaf-cutter bee | |
| 04.0027 | 蜜腺 | nectary | |
| 04.0028 | 柱头 | stigma | |
| 04.0029 | 荚果 | pod | |
| 04.0030 | 翅果 | key fruit, samara | |
| 04.0031 | 胞果 | utricle | |
| 04.0032 | 蓇葖果 | follicle | |
| 04.0033 | 假种皮 | arillus | |
| 04.0034 | 穗轴 | rachilla | |
| 04.0035 | 瘦果 | achene, akene | |
| 04.0036 | 颖果 | caryopsis | |
| 04.0037 | 颖包 | glume, chaff | |
| 04.0038 | 酸值 | acid value | |
| 04.0039 | 碘值 | iodine value | 又称"碘价"。 |
| 04.0040 | 清蛋白 | albumin | |
| 04.0041 | 球蛋白 | globulin | |
| 04.0042 | 谷蛋白 | glutelin | |
| 04.0043 | 核蛋白 | nucleoprotein | |
| 04.0044 | 淀粉酶 | amylase | |
| 04.0045 | 种子色素 | seed pigment | |
| 04.0046 | 休眠牧草种子 | dormant forage seed | |
| 04.0047 | 非休眠牧草种子 | non-dormancy forage seed | |
| 04.0048 | 种子萌发 | seed germination | |
| 04.0049 | 牧草种子化学成分 | chemical composition of forage seed | |
| 04.0050 | 取样 | sampling | 又称"扦样"。 |
| 04.0051 | 种子批 | seed lot | |
| 04.0052 | 种子批的大小 | seed lot size | |
| 04.0053 | 种子批的均匀度 | uniformity of seed lot | |
| 04.0054 | 初次样品 | primary sample | 又称"原始样品"。 |
| 04.0055 | 混合样品 | composite sample | |
| 04.0056 | 送验样品 | submitted sample | |
| 04.0057 | 试验样品 | working sample | |
| 04.0058 | 试验样品最低重量 | minimum weight of working sample | |
| 04.0059 | 次级样品 | sub-sample | |
| 04.0060 | 封缄 | sealed | |
| 04.0061 | 诺培扦样器 | Nobbe trier | 又称"单管扦样器"。 |

| 序　号 | 汉　文　名 | 英　文　名 | 注　　释 |
| --- | --- | --- | --- |
| 04.0062 | 双管扦样器 | double sampler, sleeve type trier | |
| 04.0063 | 分样 | separating sample | |
| 04.0064 | 机械分样法 | mechanical divider method | |
| 04.0065 | 随机杯分样法 | random cups method | |
| 04.0066 | 改良对分分样法 | modified halving method | |
| 04.0067 | 徒手分样 | hand method | |
| 04.0068 | 四分法 | hand halving method | |
| 04.0069 | 净度分析 | purity analysis | |
| 04.0070 | 全试样 | whole working sample | |
| 04.0071 | 半试样 | half working sample | |
| 04.0072 | 种子单位 | seed unit | |
| 04.0073 | 分果瓣 | mericarp | |
| 04.0074 | 种球 | bur | |
| 04.0075 | 小坚果 | small nut | |
| 04.0076 | 附属器官 | accessory organ | |
| 04.0077 | 丸粒种子 | pellet seed | |
| 04.0078 | 包膜种子 | encrusted seed | |
| 04.0079 | 种子颗粒 | seed granule | |
| 04.0080 | 种子带 | seed tape | |
| 04.0081 | 种子毯 | seed mat | |
| 04.0082 | 其他植物种子数测定 | determination of other seeds by number | |
| 04.0083 | 完全检验 | complete test | |
| 04.0084 | 有限检验 | limited test | |
| 04.0085 | 简化检验 | reduced test | |
| 04.0086 | 简化有限检验 | reduced-limited test | |
| 04.0087 | 发芽试验 | germination test | |
| 04.0088 | 幼苗主要构造 | essential seedling structure | |
| 04.0089 | 正常种苗 | normal seedling | |
| 04.0090 | 完整种苗 | intact seedling | |
| 04.0091 | 轻微缺陷种苗 | seedling with slight defect | |
| 04.0092 | 不正常种苗 | abnormal seedling | |
| 04.0093 | 复胚种子单位 | multigerm seed unit | |
| 04.0094 | 复粒种子单位 | multiple seed unit | |
| 04.0095 | 未发芽种子 | ungerminated seed | |
| 04.0096 | 新鲜种子 | fresh seed | |
| 04.0097 | 死种子 | dead seed | |
| 04.0098 | 空种子 | empty seed | |
| 04.0099 | 无胚种子 | embryoless seed | |

| 序 号 | 汉 文 名 | 英 文 名 | 注 释 |
|---|---|---|---|
| 04.0100 | 虫伤种子 | insect-damaged seed | |
| 04.0101 | 种子根 | seminal root | |
| 04.0102 | 滞生根 | retarded root | |
| 04.0103 | 短粗根 | stubby root | |
| 04.0104 | 残缺根 | stunted root | |
| 04.0105 | 向地性 | geotropism | |
| 04.0106 | 轻度扭曲 | loosely twisted | |
| 04.0107 | 扭曲结构 | twisted structure | |
| 04.0108 | 环状结构 | looped-structure | |
| 04.0109 | 50%规则 | 50%-rule | |
| 04.0110 | 试验持续时间 | duration of the test | |
| 04.0111 | 数种板 | counting board | |
| 04.0112 | 真空数种器 | vacuum counter | |
| 04.0113 | 发芽床 | substrate | |
| 04.0114 | 纸上 | top of paper | |
| 04.0115 | 纸间 | between paper | |
| 04.0116 | 褶皱纸 | pleated paper | |
| 04.0117 | 砂上 | top of sand | |
| 04.0118 | 砂中 | in sand | |
| 04.0119 | 土壤床 | soil bed | |
| 04.0120 | 容许差距 | admissible deviation | |
| 04.0121 | 草种子生理休眠 | seed physiological dormancy | |
| 04.0122 | 预先冷冻 | prechilling | |
| 04.0123 | 浸种 | soaking | |
| 04.0124 | 机械划破种皮 | mechanical scarification seed coat | |
| 04.0125 | 预先洗涤 | prewashing | |
| 04.0126 | 子叶出土型 | epigeal germination | |
| 04.0127 | 子叶留土型 | hypogeal germination | |
| 04.0128 | 生活力生化测定 | biochemical test for viability | |
| 04.0129 | 离体胚测定 | excised embryo test | |
| 04.0130 | 刺穿 | piercing | |
| 04.0131 | 纵切 | longitudinal cutting | |
| 04.0132 | 横切 | transverse cutting | |
| 04.0133 | 横剖 | transverse incision | |
| 04.0134 | 胚分离 | excision of embryo | |
| 04.0135 | 种子健康测定 | seed health testing | |
| 04.0136 | 直接检验 | direct examination | |
| 04.0137 | 吸胀种子检验 | examination of imbibed seed | |

| 序号 | 汉文名 | 英文名 | 注释 |
|---|---|---|---|
| 04.0138 | 洗涤物检验 | examination of organisms removed by washing | |
| 04.0139 | 生长植株检查 | examination of growing plant | |
| 04.0140 | 水分测定 | determination of moisture content | |
| 04.0141 | 磨碎 | grinding | |
| 04.0142 | 粗磨 | coarse grinding | |
| 04.0143 | 细磨 | fine grinding | |
| 04.0144 | 预先烘干法 | predrying | |
| 04.0145 | 高恒温烘干法 | high constant temperature drying | |
| 04.0146 | 低温烘干法 | low temperature drying | |
| 04.0147 | 重量测定 | weight determination | |
| 04.0148 | 种子重量 | seed weight | |
| 04.0149 | 种及品种鉴定 | verfication of species and cultivar | |
| 04.0150 | 品种真实性 | variety verification | |
| 04.0151 | 品种纯度 | variety purity | |
| 04.0152 | 变异株 | off-type | |
| 04.0153 | 包衣种子检验 | coated seed testing | |
| 04.0154 | 净丸粒种子 | pure pellet | |
| 04.0155 | 未丸化种子 | unpelleted seed | |
| 04.0156 | 无生命杂质 | inert matter | |
| 04.0157 | 活力测定 | vigor test | |
| 04.0158 | 种苗生长势 | seedling growth potential | |
| 04.0159 | 生长潜力 | growth potential | |
| 04.0160 | 耐贮藏能力 | resistant to storage capacity | |
| 04.0161 | 种子老化与劣变 | seed aging and deterioration | |
| 04.0162 | 纯度 | purity | |
| 04.0163 | 污染植物 | contaminated plant | |
| 04.0164 | 种子批证书 | seed lot certificate | |
| 04.0165 | 种子样品证书 | seed sample certificate | |
| 04.0166 | 复本证书 | duplicate certificate | |
| 04.0167 | 临时证书 | provisional certificate | |
| 04.0168 | X-射线检验 | X-ray test | |
| 04.0169 | 能力验证 | proficiency test | |
| 04.0170 | 草种子 | herbage seed | |
| 04.0171 | 牧草种子生产 | forage seed production | |
| 04.0172 | 牧草种子产量 | forage seed yield | |
| 04.0173 | 种子产量构成因素 | seed yield component | |
| 04.0174 | 潜在种子产量 | potential seed yield | |

| 序　号 | 汉 文 名 | 英 文 名 | 注　　释 |
| --- | --- | --- | --- |
| 04.0175 | 表现种子产量 | presentation seed yield | |
| 04.0176 | 实际种子产量 | harvested seed yield | |
| 04.0177 | 牧草种子生产区划 | regionalization of forage seed production | |
| 04.0178 | 一次收获 | direct harvesting | 又称"直接收获"。 |
| 04.0179 | 分段收获 | swathing before threshing | |
| 04.0180 | 化学脱叶 | chemical desiccation | |
| 04.0181 | 除芒 | de-awning | 又称"去芒"。 |
| 04.0182 | 苜蓿荚果 | alfalfa pod | |
| 04.0183 | 种子成熟期 | mature period of seed | |
| 04.0184 | 牧草种子加工 | processing of forage seed | |
| 04.0185 | 种子扩繁 | seed multiplication | |
| 04.0186 | 种子收获时间 | seed harvest time | |
| 04.0187 | 牧草种子生产基地 | specific farm for forage seed production | |
| 04.0188 | 牧草种子收获方法 | harvesting method of forage seed | |
| 04.0189 | 牧草种子排种器 | grass seed metering device | |
| 04.0190 | 牧草松土补播机 | grassland cultivator-drill | |
| 04.0191 | 牧草种子采集机 | grass seed collecting harvester | |
| 04.0192 | 牧草耕播机 | grass tillage-sowing machine | |
| 04.0193 | 牧草种子除芒机 | grass seed de-awner | |
| 04.0194 | 牧草种子公司 | forage seed company | |
| 04.0195 | 牧草种子行政监察 | forage seed administrative supervision | |
| 04.0196 | 牧草种子行政处罚 | forage seed administrative penalty | |
| 04.0197 | 牧草种子行政复议 | forage seed administrative reconsideration | |
| 04.0198 | 草种管理办法 | forage seed administrative measures | |
| 04.0199 | 草种生产许可 | forage seed production permit | |
| 04.0200 | 草种生产许可证 | forage seed breeding license | |
| 04.0201 | 草种经营许可 | forage seed business permit | |
| 04.0202 | 草种经营许可证 | forage seed business license | |
| 04.0203 | 草种子检疫 | forage seed quarantine | |
| 04.0204 | 种子产品饱和期 | saturation phase of seed product | |
| 04.0205 | 种子产品成熟期 | maturity phase of seed product | |
| 04.0206 | 种子产品开发期 | development phase of seed product | |
| 04.0207 | 种子产品目录 | seed catalogue, seed brochure | |
| 04.0208 | 种子产品生命周期 | life cycle of seed product | |
| 04.0209 | 种子产品生命周期管理 | management of seed product life cycle | |
| 04.0210 | 种子产品试销期 | introductory phase of seed product | |

| 序 号 | 汉 文 名 | 英 文 名 | 注 释 |
|---|---|---|---|
| 04.0211 | 种子产品衰退期 | decline phase of seed product | |
| 04.0212 | 种子产品退市期 | withdrawal phase of seed product | |
| 04.0213 | 种子差别价格策略 | strategy of seed different pricing | |
| 04.0214 | 种子差价 | price difference of seed | |
| 04.0215 | 种子产品增长期 | growth phase of seed product | |
| 04.0216 | 种子产业 | seed industry | |
| 04.0217 | 种子产业化 | seed industrialization | |
| 04.0218 | 种子产品业务包 | seed product portfolio | |
| 04.0219 | 种子成本 | seed cost | |
| 04.0220 | 种子成本加成定价 | cost-plus pricing of seed product | |
| 04.0221 | 种子促销 | seed promotion | |
| 04.0222 | 种子低价策略 | low price strategy of seed | |
| 04.0223 | 种子地区定价策略 | regional strategy of seed pricing | |
| 04.0224 | 种子地区差价 | seed price difference between regions | |
| 04.0225 | 种子订单 | seed order | |
| 04.0226 | 种子定价 | pricing of seed | |
| 04.0227 | 种子定价策略 | pricing strategy of seed | |
| 04.0228 | 种子定价折让策略 | discount strategy of seed pricing | |
| 04.0229 | 种子购入价 | seed purchase price | |
| 04.0230 | 种子购销差价 | price difference between seed buying and selling | |
| 04.0231 | 种子管理体系 | seed management system | |
| 04.0232 | 种子广告策略 | advertising strategy of seed marketing | |
| 04.0233 | 种子经营决策 | decision-making of seed marketing | |
| 04.0234 | 种子经营许可证 | licence of seed selling | |
| 04.0235 | 种子零售 | seed retail | |
| 04.0236 | 种子批零差价 | price difference between seed whole-sale and retail | |
| 04.0237 | 种子品牌 | seed brand | |
| 04.0238 | 种子品牌策略 | brand strategy of seed | |
| 04.0239 | 种子品种策略 | variety strategy of seed | |
| 04.0240 | 种子企业成本 | cost of seed enterprise | |
| 04.0241 | 种子企业流动资产 | current asset of seed enterprise | |
| 04.0242 | 种子市场调查 | seed market survey | |
| 04.0243 | 种子市场划分 | seed market segmentation | |
| 04.0244 | 种子市场预测 | seed market forecasting | |
| 04.0245 | 种子新品种定价策略 | new variety strategy of seed pricing | |
| 04.0246 | 种子营销 | seed marketing | |

| 序　号 | 汉 文 名 | 英 文 名 | 注　释 |
|---|---|---|---|
| 04.0247 | 种子营销计划 | plan of seed marketing | |
| 04.0248 | 种子营销利润 | profit of seed marketing | |
| 04.0249 | 种子营销生产观念 | production concept of seed marketing | |
| 04.0250 | 种子营销市场观念 | market concept of seed marketing | |
| 04.0251 | 种子营销推销观念 | promotion concept of seed marketing | |
| 04.0252 | 种子营销亚计划 | sub-plan of seed marketing | |
| 04.0253 | 种子营销战略 | strategy of seed marketing | |
| 04.0254 | 种子营销支持计划 | support plan of seed marketing | |
| 04.0255 | 种子营销组合 | seed marketing mix | |
| 04.0256 | 种子衰老 | seed senescence | |
| 04.0257 | 种子活力 | seed vigor | |
| 04.0258 | 种子寿命 | seed longevity | |
| 04.0259 | 种子老化 | seed aging | |
| 04.0260 | 种子劣变 | seed deterioration | |
| 04.0261 | 自然老化 | natural aging | |
| 04.0262 | 人工加速老化 | artificial accelerated aging | |
| 04.0263 | 控制劣变 | controlled deterioration | |
| 04.0264 | 超低温贮藏 | ultra low temperature storage | |
| 04.0265 | 超干贮藏 | ultradry storage | |
| 04.0266 | 种子吸胀 | seed imbibition | |
| 04.0267 | 渗透调节 | osmotic condtioning | |
| 04.0268 | 种子引发 | seed priming | |
| 04.0269 | 种子含水量 | seed moisture content | |
| 04.0270 | 最适含水量 | optimum moisture content | |
| 04.0271 | 种子发芽率 | seed germination rate | |
| 04.0272 | 种子复壮 | seed rejuvenation | |
| 04.0273 | 种子贮藏 | seed storage | |
| 04.0274 | 种子呼吸作用 | seed respiration | |
| 04.0275 | 休眠状态 | dormant state | |
| 04.0276 | 玻璃化状态 | glass state | |
| 04.0277 | 呼吸强度 | respiratory intensity | |
| 04.0278 | 临界水分 | critical moisture content | |
| 04.0279 | 种子的后熟作用 | seed after-ripening | |
| 04.0280 | 后熟期 | after-ripening period | |
| 04.0281 | 种子出汗现象 | seed sweating phenomenon | |
| 04.0282 | 种子结露 | seed dewing | |
| 04.0283 | 相对空气湿度 | relative air humidity | |
| 04.0284 | 水分再分配 | water redistribution | |

| 序号 | 汉文名 | 英文名 | 注释 |
|---|---|---|---|
| 04.0285 | 吸附滞后 | adsorption hysteresis | |
| 04.0286 | 田间微生物 | field microorganism | |
| 04.0287 | 贮藏微生物 | storage microorganism | |
| 04.0288 | 最低温度 | minimum temperature | |
| 04.0289 | 最高温度 | maximum temperature | |
| 04.0290 | 最适温度 | optimum temperature | |
| 04.0291 | 种子霉变 | seed mildewing | |
| 04.0292 | 安全含水量 | safe moisture content | |
| 04.0293 | 种子熏蒸 | seed fumigation | |
| 04.0294 | 种子贮藏库 | seed storageroom | |
| 04.0295 | 普通贮藏库 | ordinary storageroom | |
| 04.0296 | 冷藏库 | cold storageroom | |
| 04.0297 | 牧草种质资源库 | forage germplasm resources bank | |
| 04.0298 | 低温除湿贮藏法 | cooling and dehumiliting storage method | |
| 04.0299 | 密封贮藏法 | sealed storage method | |
| 04.0300 | 普通贮藏法 | regular storage method | 又称"开放贮藏法(open storage method)"。 |
| 04.0301 | 吸胀损伤 | imbibitional injury | |
| 04.0302 | 吸胀冷害 | imbibitional chilling injury | |
| 04.0303 | 干燥损伤 | desiccation injury | |
| 04.0304 | 种子认证 | seed certification | |
| 04.0305 | 种子质量 | seed quality | |
| 04.0306 | 种用质量 | planting quality | |
| 04.0307 | 品种质量 | variety quality | |
| 04.0308 | 审定种子等级 | certified seed class | |
| 04.0309 | 育种家分离种子 | breeder isolation | |
| 04.0310 | 核心种子 | nucleus seed | |
| 04.0311 | 基础种子 | basic seed | |
| 04.0312 | 登记种子 | registered seed | |
| 04.0313 | 认证一代种子 | certified seed of first generation | |
| 04.0314 | 认证二代种子 | certified seed of second generation | |
| 04.0315 | 商品种子 | commercial seed | |
| 04.0316 | 原种 | stock, original seed | |
| 04.0317 | 原原种 | breeder's seed | |
| 04.0318 | 精选种子 | selected seed | |
| 04.0319 | 认证标准及要求 | certification standard and requirement | |
| 04.0320 | 品种释放 | variety release | |
| 04.0321 | 品种命名 | variety denomination | |

| 序　号 | 汉　文　名 | 英　文　名 | 注　　释 |
|---|---|---|---|
| 04.0322 | 品种复审 | variety review | |
| 04.0323 | 种子降级 | variety degradation | |
| 04.0324 | 种子认证程序 | seed certification procedure | |
| 04.0325 | 审定种子 | certified seed | |
| 04.0326 | 种子标签 | seed label | |
| 04.0327 | 分析标签 | analytic label | |
| 04.0328 | 认证标签 | certified label | |
| 04.0329 | 田间检验 | field inspection | |
| 04.0330 | 室内检验 | laboratory test | |
| 04.0331 | 对照检验 | control test | |
| 04.0332 | 前对照小区 | pre-control plot | |
| 04.0333 | 后对照小区 | post-control plot | |
| 04.0334 | 源定级 | source identified class | |
| 04.0335 | 选择级 | selected class | |
| 04.0336 | 测试级 | tested class | |
| 04.0337 | 特殊认证项目 | special certification program | |
| 04.0338 | 机构间认证 | inter agency certification | |
| 04.0339 | 品种纯度单项认证 | variety purity individual certification | |
| 04.0340 | 混合品种认证 | hybrid variety certification | |
| 04.0341 | 草皮认证 | turf certification | |

## 04.02　草类植物育种

| 序　号 | 汉　文　名 | 英　文　名 | 注　　释 |
|---|---|---|---|
| 04.0342 | 保持系 | maintainer | |
| 04.0343 | 倍性育种 | ploidy breeding | |
| 04.0344 | 避病 | disease escape | |
| 04.0345 | 草畜一体化 | forage-livestock integration | |
| 04.0346 | 草类植物病害 | grass plant disease | |
| 04.0347 | 草牧业 | grass-animal husbandry | |
| 04.0348 | 草品种 | grass variety | |
| 04.0349 | 草坪草品种 | turf grass variety | |
| 04.0350 | 草田系统 | crop-pasture system | |
| 04.0351 | 产草量 | grass yield | |
| 04.0352 | 成苗率 | seedling survival rate | |
| 04.0353 | 初花期 | initial bloom stage | |
| 04.0354 | 纯系育种 | pure line breeding | |

| 序　号 | 汉　文　名 | 英　文　名 | 注　　释 |
|---|---|---|---|
| 04.0355 | 单倍体育种 | haploid breeding | |
| 04.0356 | 单交 | single cross hybrid | |
| 04.0357 | 单株选择 | individual selection | |
| 04.0358 | 低抗 | low resistance | |
| 04.0359 | 多倍体 | polyploid | |
| 04.0360 | 多倍体育种 | polyploid breeding | |
| 04.0361 | 多次单株选择 | multiple individual selection | |
| 04.0362 | 多次混合选择 | multiple bulk selection | |
| 04.0363 | 多父本杂交 | multiple male-paternal cross | |
| 04.0364 | 多系杂交 | polycross | |
| 04.0365 | 二元杂交 | two-way cross | |
| 04.0366 | 分枝 | branch | |
| 04.0367 | 分株 | ramet | |
| 04.0368 | 辐射剂量 | radiation dose | |
| 04.0369 | 辐射抗性 | radiation resistance | |
| 04.0370 | 辐射敏感性 | radiation sensitivity | |
| 04.0371 | 辐射诱变 | radiation induced mutation | |
| 04.0372 | 复合杂交 | multiple cross | |
| 04.0373 | 改良混合选择 | modified mass selection | |
| 04.0374 | 改良品种 | improved variety | |
| 04.0375 | 感病 | disease susceptibility | |
| 04.0376 | 感虫 | insect susceptibility | |
| 04.0377 | 高秆植物隔离 | isolated with high stalk plant | |
| 04.0378 | 高感 | high sensitivity | |
| 04.0379 | 高抗 | high resistance | |
| 04.0380 | 隔离带 | isolation belt | |
| 04.0381 | 个体 | individual | |
| 04.0382 | 个体变异 | individual variation | |
| 04.0383 | 个体发育 | ontogeny, individual development | |
| 04.0384 | 根茎育苗 | rhizome breeding | |
| 04.0385 | 功能性花粉不育 | functional pollen sterility | |
| 04.0386 | 观赏草 | ornamental grass | |
| 04.0387 | 观赏性 | enjoyment | |
| 04.0388 | 冠幅 | crown width | |
| 04.0389 | 光温敏感性不育 | sterile with thermo-photoperiod sensitivity | |
| 04.0390 | 广泛适应性 | wide adaptability | |
| 04.0391 | 果草牧系统 | fruit-grass-grazing system | |

| 序　号 | 汉 文 名 | 英 文 名 | 注　　释 |
| --- | --- | --- | --- |
| 04.0392 | 含氰植物 | cyanide-contained plant | |
| 04.0393 | 寒害 | cold injury, chilling injury | |
| 04.0394 | 旱害 | drought injury | |
| 04.0395 | 航天育种 | space breeding | |
| 04.0396 | 合成种 | synthetic variety | |
| 04.0397 | 褐色中脉 | brown midrib | |
| 04.0398 | 黑素 | melanin | |
| 04.0399 | 后茬 | next stubble | |
| 04.0400 | 后代鉴定 | offspring identify | |
| 04.0401 | 花粉不育性 | pollen sterility | |
| 04.0402 | 花粉直感 | xenia | |
| 04.0403 | 花期不遇 | flowering asynchronism | |
| 04.0404 | 花期调节 | flowering adjustment | |
| 04.0405 | 观赏期 | ornamental period | |
| 04.0406 | 花序美感 | inflorescence aesthetics | |
| 04.0407 | 花序长度 | inflorescence length | |
| 04.0408 | 物理诱变 | physical mutagenesis | |
| 04.0409 | 化学诱变 | chemical mutagenesis | |
| 04.0410 | 坏死 | necrosis | |
| 04.0411 | 环境胁迫 | environmental stress | |
| 04.0412 | 黄化苗 | etiolation seedling | |
| 04.0413 | 黄化 | etiolation | |
| 04.0414 | 恢复度 | restored degree | |
| 04.0415 | 恢复系 | restoring line | |
| 04.0416 | 回交 | backcross | |
| 04.0417 | 回交转育 | backcross breeding | |
| 04.0418 | 混合干旱 | mixed drought | |
| 04.0419 | 混合品种 | mixed variety | |
| 04.0420 | 混合授粉 | multiple pollination | |
| 04.0421 | 混系繁殖 | mixed line seed reproduction | |
| 04.0422 | 群体选择 | bulk selection | 又称“集团选择”。 |
| 04.0423 | 继代留种 | keep generation and reserve seed for planting | |
| 04.0424 | 加代 | succession generation | |
| 04.0425 | 兼性无融合生殖 | facultative apomixis | |
| 04.0426 | 简单轮回选择 | simple recurrent selection | |
| 04.0427 | 简单引种 | direct introduction | |
| 04.0428 | 碱胁迫 | alkaline stress | |

| 序　号 | 汉　文　名 | 英　文　名 | 注　　释 |
|---|---|---|---|
| 04.0429 | 鉴定圃 | evaluation nursery | |
| 04.0430 | 经济产量 | economic yield | |
| 04.0431 | 经济性状 | economic trait | |
| 04.0432 | 开放授粉 | open pollination | |
| 04.0433 | 开花习性 | flowering habit | |
| 04.0434 | 抗病材料 | disease-resistant material | |
| 04.0435 | 抗病毒 | antivirulence | |
| 04.0436 | 抗病基因 | disease-resistant gene | |
| 04.0437 | 抗病鉴定 | disease-resistant evaluation | |
| 04.0438 | 抗病品种 | disease-resistant variety | |
| 04.0439 | 抗病性 | disease resistance | |
| 04.0440 | 抗虫品种 | insect-resistant variety | |
| 04.0441 | 抗虫性 | insect resistance | |
| 04.0442 | 抗除草剂 | herbicide resistance | |
| 04.0443 | 抗倒伏性 | lodging resistance | |
| 04.0444 | 抗风性 | wind resistance | |
| 04.0445 | 抗寒性 | cold resistance | 又称"抗冷性"。 |
| 04.0446 | 抗寒性鉴定 | chilling resistance evaluation | |
| 04.0447 | 抗逆性 | stress resistance | |
| 04.0448 | 抗逆性鉴定 | stress-resistance evaluation | |
| 04.0449 | 抗逆育种 | stress-resistance breeding | |
| 04.0450 | 抗性锻炼 | hardening | |
| 04.0451 | 抗性基因 | resistant gene | |
| 04.0452 | 抗性品种 | resistant variety | |
| 04.0453 | 抗锈性 | rust resistance | |
| 04.0454 | 抗营养因子 | antinutritional factor | |
| 04.0455 | 考种 | multiple-trait comprehensive assessment | |
| 04.0456 | 空间隔离 | spatial isolation | |
| 04.0457 | 空间诱变育种 | space mutation breeding | |
| 04.0458 | 快繁 | rapid propagation | |
| 04.0459 | 冷胁迫 | cold stress | |
| 04.0460 | 离体培养 | *in vitro* culture | |
| 04.0461 | 连续回交 | continuous backcross | |
| 04.0462 | 粮饲兼用型 | dual-purpose of grain and forage | |
| 04.0463 | 轮回表型选择法 | recurrent phenotypic selection | |
| 04.0464 | 轮回亲本 | recurrent parent | |
| 04.0465 | 轮回选择 | recurrent selection | |

| 序 号 | 汉 文 名 | 英 文 名 | 注 释 |
|---|---|---|---|
| 04.0466 | 萌芽期 | germination stage | |
| 04.0467 | 模式植物 | model plant | |
| 04.0468 | 目标性状 | target trait | |
| 04.0469 | 牧草及饲料作物育种学 | pasture and forage crop breeding | |
| 04.0470 | 牧草抗性育种 | forage-resistance breeding | |
| 04.0471 | 牧草品质改良 | forage-quality improvement | |
| 04.0472 | 牧草品种 | forage variety | |
| 04.0473 | 牧草育种 | forage breeding | |
| 04.0474 | 耐病性 | disease tolerance | |
| 04.0475 | 耐低刈 | lower-stem-cutting tolerance | |
| 04.0476 | 耐旱性 | drought tolerance | |
| 04.0477 | 耐瘠薄 | barren tolerance | |
| 04.0478 | 耐碱性 | alkali tolerance | |
| 04.0479 | 耐践踏性 | traffic tolerance, trampling tolerance | |
| 04.0480 | 耐涝性 | flooding tolerance | |
| 04.0481 | 耐热性 | heat resistance | |
| 04.0482 | 耐沙埋 | sand-burial tolerance | |
| 04.0483 | 耐酸性 | acid resistance | |
| 04.0484 | 耐盐品种 | salinity-tolerance cultivar | |
| 04.0485 | 耐盐性 | salt tolerance | |
| 04.0486 | 耐荫性 | shade tolerance | |
| 04.0487 | 能饲兼用型 | dual-purpose of energy and animal feeding | |
| 04.0488 | 能源草品种 | energy grass variety | |
| 04.0489 | 逆境 | stress environment | |
| 04.0490 | 品种 | variety, cultivar | |
| 04.0491 | 扦插育苗 | cuttage propagation | |
| 04.0492 | 群体品种 | population cultivar | |
| 04.0493 | 染色体加倍 | chromosome doubling | |
| 04.0494 | 人工选择 | artificial selection | |
| 04.0495 | 人工诱变 | artificial mutation | |
| 04.0496 | 生理适应性 | physiological adaptation | |
| 04.0497 | 生态草 | ecological grass | |
| 04.0498 | 生育天数 | reproduction days | |
| 04.0499 | 生长天数 | growth days | |
| 04.0500 | 时间隔离 | temporal isolation | |
| 04.0501 | 食用草 | edible grass | |
| 04.0502 | 双交 | double cross | |

| 序　号 | 汉　文　名 | 英　文　名 | 注　　释 |
|---|---|---|---|
| 04.0503 | 水分胁迫 | water stress | |
| 04.0504 | 突变体 | mutant | |
| 04.0505 | 外来种质 | exotic germplasm | |
| 04.0506 | 微效基因抗病性 | minor gene related to disease resistance | |
| 04.0507 | 温度胁迫 | temperature stress | |
| 04.0508 | 无融合生殖 | apomixis | |
| 04.0509 | 系统育种 | pedigree breeding | |
| 04.0510 | 细胞质遗传 | cytoplasmic inheritance | |
| 04.0511 | 纤维素乙醇模式植物 | cellulose-to-ethanol model plant | |
| 04.0512 | 雄性不育 | male sterility | |
| 04.0513 | 选择育种 | selective breeding | |
| 04.0514 | 驯化 | domestication | |
| 04.0515 | 盐生植物 | halophyte | |
| 04.0516 | 盐胁迫 | salt stress | |
| 04.0517 | 野生近缘种 | wild relatives | |
| 04.0518 | 野生型 | wild type | |
| 04.0519 | 野生驯化品种 | wild domesticated variety | |
| 04.0520 | 野生种 | wild species | |
| 04.0521 | 叶宽 | leaf width | |
| 04.0522 | 叶形 | leaf shape | |
| 04.0523 | 叶长 | leaf length | |
| 04.0524 | 遗传改良 | genetic improvement | |
| 04.0525 | 异地基因库 | *ex situ* gene bank | |
| 04.0526 | 引进品种 | introduced species, introduced variety | |
| 04.0527 | 引种 | introduction | |
| 04.0528 | 幼胚培养 | immature embryo culture | |
| 04.0529 | 诱变育种 | mutation breeding | |
| 04.0530 | 育成品种 | bred variety | |
| 04.0531 | 育性 | fertility | |
| 04.0532 | 育种目标 | breeding objective | |
| 04.0533 | 远缘杂交育种 | wide-cross breeding | |
| 04.0534 | 杂交品种 | hybrid variety | |
| 04.0535 | 杂交育种 | cross breeding | |
| 04.0536 | 杂种优势 | heterosis | |
| 04.0537 | 栽培种 | cultivar | |
| 04.0538 | 种质保存 | germplasm conservation | |
| 04.0539 | 种质材料 | germplasm materials | |

| 序　号 | 汉　文　名 | 英　文　名 | 注　　释 |
| --- | --- | --- | --- |
| 04. 0540 | 种质创新 | germplasm innovation | |
| 04. 0541 | 种质资源 | germplasm resources | |
| 04. 0542 | 种质资源库 | germplasm resources bank | |
| 04. 0543 | 种质资源征集 | germplasm collection | |
| 04. 0544 | 株丛 | cluster | |
| 04. 0545 | 株型 | plant architecture | |
| 04. 0546 | 主效基因抗性 | major gene resistance | |
| 04. 0547 | 转基因沉默 | transgene silencing | |
| 04. 0548 | 转基因牧草 | transgenic forage | |
| 04. 0549 | 转基因品种 | genetically modified variety | |
| 04. 0550 | 自然逆境鉴定 | identification under natural stress | |
| 04. 0551 | 自然选择 | natural selection | |
| 04. 0552 | 综合品种 | synthetic cultivar | |
| 04. 0553 | 组合育种 | combination breeding | |

## 04. 03　能　源　草

| 序　号 | 汉　文　名 | 英　文　名 | 注　　释 |
| --- | --- | --- | --- |
| 04. 0554 | 生物质 | biomass | 直接或间接利用光合作用形成的有机物质。 |
| 04. 0555 | 生物质能源 | bioenergy, biomass energy | |
| 04. 0556 | 生物质能源产品 | bioenergy product, biomass energy product | |
| 04. 0557 | 生物质原料 | biomass feedstock | |
| 04. 0558 | 生物质原料品质 | biomass feedstock quality | |
| 04. 0559 | 生物质能源产业 | bioenergy industry, biomass energy industry | |
| 04. 0560 | 生物质产量 | biomass production, biomass yield | |
| 04. 0561 | 生物质预处理 | biomass pretreatment | |
| 04. 0562 | 生物质降解 | biomass degradation | |
| 04. 0563 | 生物质转化 | biomass conversion | |
| 04. 0564 | 生物质转化效率 | biomass conversion efficiency | |
| 04. 0565 | 细胞壁抗降解屏障 | cell wall recalcitrance to degradation | |
| 04. 0566 | 生物质气化 | biomass gasification | |
| 04. 0567 | 生物质热裂解 | biomass thermal cracking | |
| 04. 0568 | 草本能源植物 | grass energy plant, herbaceous energy plant | |

| 序 号 | 汉 文 名 | 英 文 名 | 注 释 |
|---|---|---|---|
| 04.0569 | 草本能源作物 | grass energy crop, herbaceous energy crop | |
| 04.0570 | 能源草 | energy grass | |
| 04.0571 | 能源草规模化种植 | large-scale cultivation of energy grass | |
| 04.0572 | 能源草生物质发电 | biomass-generated electricity of energy grass | |
| 04.0573 | 液体生物燃料 | liquid biofuel | |
| 04.0574 | 纤维素乙醇 | cellulosic ethanol | 又称"纤维素酒精"。 |
| 04.0575 | 生物质固体成型燃料 | densified solid biomass fuel | |
| 04.0576 | 生物质密度 | biomass density | |
| 04.0577 | 生物质能源密度 | biomass energy density | |
| 04.0578 | 生物质收获 | biomass harvest | |
| 04.0579 | 生物质运输 | biomass transportation | |
| 04.0580 | 生物质储藏 | biomass storage | |
| 04.0581 | 生物质原料标准化生产技术 | biomass feedstock standardization production technique | |
| 04.0582 | 生物质原料生产标准化体系 | biomass feedstock production standardization system | |
| 04.0583 | 生物质原料收储运体系 | biomass feedstock logistic system | |
| 04.0584 | 生物质原料供应体系 | biomass feedstock supply system | |
| 04.0585 | 能源植物定植 | energy plant colonization | |
| 04.0586 | 柳枝稷 | switchgrass, *Panicum virgatum* | |
| 04.0587 | 芒 | Chinese silvergrass, *Miscanthus sinensis* | |
| 04.0588 | 五节芒 | *Miscanthus floridulus* | |
| 04.0589 | 南荻 | *Triarrhena lutarioriparia* | |
| 04.0590 | 狼尾草 | *Pennisetum alopecuroides* | |
| 04.0591 | 象草 | napier grass, *Pennisetum purpureum* | |
| 04.0592 | 虉草 | *Phalars arundinacea* | |
| 04.0593 | 割手密 | *Saccharum spontaneum* | |
| 04.0594 | 斑茅 | *Saccharum arundinaceum* | |
| 04.0595 | 芦竹 | *Arundo donax* | |
| 04.0596 | 芨芨草 | *Achnatherum splendens* | |

## 04.04 牧草种质资源

| 序 号 | 汉 文 名 | 英 文 名 | 注 释 |
|---|---|---|---|
| 04.0597 | 种质 | germplasm | |

| 序 号 | 汉 文 名 | 英 文 名 | 注 释 |
|---|---|---|---|
| 04.0598 | 牧草种质资源 | forage germplasm resources | |
| 04.0599 | 种质名称 | accession name | |
| 04.0600 | 种质外文名 | alien name of germplasm | |
| 04.0601 | 全国统一编号 | accession number | |
| 04.0602 | 平台资源号 | platform resources number | |
| 04.0603 | 种质库编号 | gene bank number | |
| 04.0604 | 种质圃编号 | nursery number | |
| 04.0605 | 采集号 | collecting number | |
| 04.0606 | 引种号 | introduction number | |
| 04.0607 | 征集号 | solicitation number | |
| 04.0608 | 保存单位编号 | donor accession number | |
| 04.0609 | 原产国 | country of origin | |
| 04.0610 | 原产省 | province of origin | |
| 04.0611 | 原产地 | origin | |
| 04.0612 | 原产地年均温度 | mean annual temperature in origin | |
| 04.0613 | 原产地年均降雨量 | annual precipitation total in origin | |
| 04.0614 | 原产地土壤类型 | soil type of origin | |
| 04.0615 | 原产地环境类型 | environment type of origin | |
| 04.0616 | 来源地 | sample source | |
| 04.0617 | 采集地 | sample location | |
| 04.0618 | 采集地海拔 | sample altitude | |
| 04.0619 | 采集地经度 | sample longitude | |
| 04.0620 | 采集地纬度 | sample latitude | |
| 04.0621 | 采集年份 | sample year | |
| 04.0622 | 保存单位 | donor institute | |
| 04.0623 | 选育单位 | breeding institute | |
| 04.0624 | 育成年份 | releasing year | |
| 04.0625 | 选育方法 | breeding method | |
| 04.0626 | 观测地点 | observation location | |
| 04.0627 | 观测年份 | observation year | |
| 04.0628 | 种质保存类型 | germplasm preservation type | |
| 04.0629 | 共享方式 | way of sharing | |
| 04.0630 | 种质类型 | biological status of accession | |
| 04.0631 | 野生资源 | wild resources | |
| 04.0632 | 地方品种 | traditional cultivar, landrace | |
| 04.0633 | 遗传材料 | genetic stock | |
| 04.0634 | 品系 | strain | 又称“株系”。 |
| 04.0635 | 生态型 | ecotype | |

| 序　号 | 汉　文　名 | 英　文　名 | 注　　释 |
| --- | --- | --- | --- |
| 04.0636 | 新种质 | new germplasm | |
| 04.0637 | 核心种质 | core germplasm | |
| 04.0638 | 逸生种 | naturalized species | |
| 04.0639 | 特有种 | endemic species | |
| 04.0640 | 珍稀濒危种 | rare and endangered species | |
| 04.0641 | 收集 | collection | |
| 04.0642 | 收集种子数量 | amount of collected seed | |
| 04.0643 | 收集种子重量 | weight of collected seed | |
| 04.0644 | 收集块根块茎数量 | amount of collected root and tuber | |
| 04.0645 | 收集鳞茎数量 | amount of collected bulb | |
| 04.0646 | 收集插条数量 | amount of collected cutting | |
| 04.0647 | 收集根蘖数量 | number of collected root sucker | |
| 04.0648 | 收集标本数量 | amount of collected sample | |
| 04.0649 | 考察搜集 | investigation and collection | |
| 04.0650 | 征集 | solicitation | |
| 04.0651 | 居群 | population | |
| 04.0652 | 样本 | sample | |
| 04.0653 | 标本 | specimen | |
| 04.0654 | 分类群 | taxonomical group | |
| 04.0655 | 国外引种 | introduction from other country | |
| 04.0656 | 鉴定 | identification | |
| 04.0657 | 室内鉴定 | laboratory identification | |
| 04.0658 | 田间鉴定 | field identification | |
| 04.0659 | 评价 | evaluation | |
| 04.0660 | 保存 | preservation | |
| 04.0661 | 保存方式 | preservation method | |
| 04.0662 | 原生境保存 | *in situ* preservation | |
| 04.0663 | 异地保存 | *ex situ* preservation | |
| 04.0664 | 种子保存 | seed preservation | |
| 04.0665 | 长期保存 | long-term preservation | |
| 04.0666 | 中期保存 | medium-term preservation | |
| 04.0667 | 基因库保存 | gene bank preservation | |
| 04.0668 | 短期库 | short-term gene bank | |
| 04.0669 | 中期库 | medium-term gene bank | |
| 04.0670 | 长期库 | long-term gene bank | |
| 04.0671 | 资源圃 | resources nursery | |
| 04.0672 | 利用方式 | utilization way | |
| 04.0673 | 直接利用 | direct utilization | |

| 序号 | 汉文名 | 英文名 | 注释 |
|---|---|---|---|
| 04.0674 | 间接利用 | indirect utilization | |
| 04.0675 | 抗旱性 | drought resistance | |
| 04.0676 | 耐霜冻性 | frost tolerance | |
| 04.0677 | 耐盐碱性 | salinity tolerant | |
| 04.0678 | 高产 | high yield | |
| 04.0679 | 优质 | high quality | |
| 04.0680 | 繁殖方式 | reproduction way | |
| 04.0681 | 种子繁殖 | seed propagation | |
| 04.0682 | 无性繁殖 | asexual propagation | |
| 04.0683 | 种子硬实率 | hard seed content | |
| 04.0684 | 种子生活力监测 | seed viability monitoring | |
| 04.0685 | 种子生活力 | seed viability | |
| 04.0686 | 种子干燥 | seed drying | |
| 04.0687 | 正常型种子 | orthodox seed | |
| 04.0688 | 顽拗型种子 | recalcitrant seed | |
| 04.0689 | 休眠 | dormancy | |
| 04.0690 | 休眠种 | dormant species | |
| 04.0691 | 复壮 | rejuvenation | |
| 04.0692 | 扩繁 | propagation | |

## 04.05 草坪学

| 序号 | 汉文名 | 英文名 | 注释 |
|---|---|---|---|
| 04.0693 | 草坪 | turf | |
| 04.0694 | 草坪分类 | turf classification | |
| 04.0695 | 草坪类型 | turf type | |
| 04.0696 | 专用草坪 | turf for special usage | |
| 04.0697 | 护坡草坪 | slope-protecting turf | |
| 04.0698 | 实用型草坪 | utility turf | |
| 04.0699 | 观赏草坪 | ornamental turf | |
| 04.0700 | 机场草坪 | airport turf | |
| 04.0701 | 游憩草坪 | leisure turf | |
| 04.0702 | 运动场草坪 | sport turf | |
| 04.0703 | 庭院草坪 | courtyard turf | |
| 04.0704 | 屋顶草坪 | roof turf | |
| 04.0705 | 草坪花园 | lawn garden | |
| 04.0706 | 缀花草坪 | turf with flower | |

| 序　号 | 汉　文　名 | 英　文　名 | 注　　释 |
| --- | --- | --- | --- |
| 04.0707 | 公园草坪 | park turf | |
| 04.0708 | 临时草坪 | temporary turf | |
| 04.0709 | 水土保持草坪 | soil and water conservation turf | |
| 04.0710 | 疏林草坪 | sparse woodland turf | |
| 04.0711 | 草坪业 | turf industry | |
| 04.0712 | 草坪景观学 | turf landscape science | |
| 04.0713 | 草坪生态学 | turfgrass ecology | |
| 04.0714 | 草坪美学 | turf aesthetics | |
| 04.0715 | 草坪经济学 | turf economics | |
| 04.0716 | 草坪草生物学 | turfgrass biology | |
| 04.0717 | 草坪生理学 | turfgrass physiology | |
| 04.0718 | 草坪管理学 | turf management science | |
| 04.0719 | 草坪文化 | turf culture | |
| 04.0720 | 草坪绿地 | turf landscape | |
| 04.0721 | 草坪绿地设计 | turf landscape design | |
| 04.0722 | 草坪草 | turfgrass | |
| 04.0723 | 冷季型草坪草 | cool-season turfgrass | 又称"冷地型草坪草"。 |
| 04.0724 | 暖季型草坪草 | warm-season turfgrass | 又称"暖地型草坪草"。 |
| 04.0725 | 一年生草坪草 | annual turfgrass | |
| 04.0726 | 多年生草坪草 | perennial turfgrass | |
| 04.0727 | 草坪草区划 | planting zone for turfgrass | |
| 04.0728 | 草坪草过渡带 | turfgrass transitional zone | |
| 04.0729 | 草坪草育种 | turfgrass breeding | |
| 04.0730 | 坪用特性 | turf characteristic | |
| 04.0731 | 草坪草抗逆性 | turfgrass stress resistance | |
| 04.0732 | 草坪草生物技术 | turfgrass biotechnology | |
| 04.0733 | 草坪草基因工程 | turfgrass genetic engineering | |
| 04.0734 | 草坪生态 | turfgrass ecology | |
| 04.0735 | 草坪生态系统 | turfgrass ecosystem | |
| 04.0736 | 草坪群落 | turfgrass community | |
| 04.0737 | 单植草坪群落 | monostand community | |
| 04.0738 | 混植草坪群落 | polystand community | |
| 04.0739 | 草皮 | sod | |
| 04.0740 | 草皮卷 | rolled sod | |
| 04.0741 | 草皮生产 | sod production | |
| 04.0742 | 草皮农场 | sod farm | |

| 序 号 | 汉 文 名 | 英 文 名 | 注 释 |
| --- | --- | --- | --- |
| 04.0743 | 草坪土壤 | turf soil | |
| 04.0744 | 草坪土壤改良 | turf soil improvement | |
| 04.0745 | 草坪土壤性质 | turf soil property | |
| 04.0746 | 草坪土壤结构 | turf soil structure | |
| 04.0747 | 草坪机械 | turf machine | |
| 04.0748 | 草坪工程 | turf engineering | |
| 04.0749 | 草坪工程监理 | turf engineering supervision | |
| 04.0750 | 人造草坪 | artificial turf | |
| 04.0751 | 退化草坪 | degenerated turf | |
| 04.0752 | 草坪建植 | turf establishment | |
| 04.0753 | 坪床 | seedbed | |
| 04.0754 | 坪床结构 | seedbed structure | |
| 04.0755 | 天然型坪床 | natural seedbed | |
| 04.0756 | 半天然型坪床 | semi-natural seedbed | |
| 04.0757 | 全人工型坪床 | artificial seedbed | |
| 04.0758 | 坪床坡度 | turfgrass bed gradient | |
| 04.0759 | 粗平整 | rough grading | |
| 04.0760 | 细平整 | fine shaping | |
| 04.0761 | 成坪速度 | turf establishment rate | |
| 04.0762 | 草坪出苗期 | turf emergence stage | |
| 04.0763 | 种子直播 | seed sowing | |
| 04.0764 | 营养繁殖 | vegetative propagation | |
| 04.0765 | 草种选择 | turfgrass selection | |
| 04.0766 | 草坪草种子 | turfgrass seed | 又称“草坪草籽”。 |
| 04.0767 | 草坪植生带 | turf planting belt | |
| 04.0768 | 喷播技术 | hydroseeding technology | |
| 04.0769 | 草塞 | grass plug | |
| 04.0770 | 塞植 | plugging | |
| 04.0771 | 草茎栽植法 | sprigging | |
| 04.0772 | 铺植草皮 | sodding | |
| 04.0773 | 播种深度 | depth of sowing | |
| 04.0774 | 种间混播 | mixture seeding | |
| 04.0775 | 种内混播 | blending | 又称“混合播种”。 |
| 04.0776 | 间播 | interseeding | |
| 04.0777 | 沟播 | furrow drilling | |
| 04.0778 | 交播 | overseeding | 又称“覆播”“盖播”。 |
| 04.0779 | 覆盖 | mulching | |
| 04.0780 | 草皮生产周期 | sod production period | |

| 序　号 | 汉　文　名 | 英　文　名 | 注　　释 |
|---|---|---|---|
| 04.0781 | 客土 | foreign soil | |
| 04.0782 | 草坪养护 | turf maintenance | |
| 04.0783 | 草坪修剪 | turf mowing | |
| 04.0784 | 修剪频率 | mowing frequency | |
| 04.0785 | 修剪高度 | mowing height | |
| 04.0786 | 修剪模式 | mowing pattern | |
| 04.0787 | 草屑 | clipping | |
| 04.0788 | 草坪专用肥 | fertilizer for turf | |
| 04.0789 | 草坪草需水量 | turfgrass water requirement | |
| 04.0790 | 草坪灌溉 | turf irrigation | |
| 04.0791 | 草坪排水 | turf drainage | |
| 04.0792 | 地表排水 | surface drainage | |
| 04.0793 | 地下排水 | subsurface drainage | |
| 04.0794 | 草坪保护 | turf protection | |
| 04.0795 | 草坪有害生物 | turf pest | |
| 04.0796 | 草坪杂草 | turf weed | |
| 04.0797 | 草坪病害 | turf disease | |
| 04.0798 | 腐霉枯萎病 | pythium blight | |
| 04.0799 | 仙环病 | fairy ring | 又称“蘑菇圈”。 |
| 04.0800 | 夏季斑枯病 | summer patch | |
| 04.0801 | 币斑病 | dollar spot | |
| 04.0802 | 春季坏死斑病 | spring dead spot | |
| 04.0803 | 镰刀菌枯萎病 | fusarium blight | |
| 04.0804 | 草坪虫害 | turfgrass insect | |
| 04.0805 | 蛴螬 | grub | |
| 04.0806 | 淡剑夜蛾 | lawn grass cutworm | |
| 04.0807 | 草地螟 | beet webworm | |
| 04.0808 | 蝗虫 | locust | |
| 04.0809 | 枯草层 | thatch | |
| 04.0810 | 践踏 | traffic | |
| 04.0811 | 划破 | slicing | |
| 04.0812 | 切边 | edging | |
| 04.0813 | 修边 | trimming | |
| 04.0814 | 刷草 | brushing | |
| 04.0815 | 疏草 | dethatching | |
| 04.0816 | 草坪重建 | turf reestablishment | |
| 04.0817 | 草坪重播 | turf reseeding | 又称“草坪追播”。 |
| 04.0818 | 草坪复壮 | turf renovation | 又称“草坪改良”。 |

| 序号 | 汉文名 | 英文名 | 注释 |
|---|---|---|---|
| 04.0819 | 草坪更新 | turf innovation | |
| 04.0820 | 草坪耕作 | turf cultivation | |
| 04.0821 | 草坪恢复力 | turf recuperative capacity | |
| 04.0822 | 草坪通气 | turf aeration | |
| 04.0823 | 垂直修剪 | vertical mowing | |
| 04.0824 | 打孔 | coring | |
| 04.0825 | 打孔深度 | aerating depth | |
| 04.0826 | 滚压 | rolling | |
| 04.0827 | 滚压条纹 | striping | |
| 04.0828 | 化学修剪 | chemical mowing | |
| 04.0829 | 高尔夫球场草坪 | turf for golf course | |
| 04.0830 | 果岭 | green | |
| 04.0831 | 果岭环 | collar | |
| 04.0832 | 果岭坪床结构 | putting green structure | |
| 04.0833 | 果岭裙 | apron | |
| 04.0834 | 发球台 | tee ground | |
| 04.0835 | 草坑 | grass bunker | |
| 04.0836 | 球道 | fairway | |
| 04.0837 | 高草区 | rough | |
| 04.0838 | 移动式草坪 | mobile turf | |
| 04.0839 | 模块移动式草坪 | modular mobile turf | |
| 04.0840 | 草坪质量 | turf quality | |
| 04.0841 | 草坪质量评定 | turf quality evaluation | |
| 04.0842 | 草坪盖度 | turf coverage | |
| 04.0843 | 草坪密度 | turf density | |
| 04.0844 | 草坪高度 | turfgrass height | |
| 04.0845 | 草坪色泽 | turf color | 又称“草坪颜色”。 |
| 04.0846 | 草坪平整度 | turf evenness | |
| 04.0847 | 草坪均一性 | turf uniformity | |
| 04.0848 | 草坪质地 | turf texture | |
| 04.0849 | 草坪绿期 | turf green period | |
| 04.0850 | 草坪组成 | turf component | |
| 04.0851 | 生长习性 | growth habit | |
| 04.0852 | 杂草率 | percentage of weed | |
| 04.0853 | 运动质量 | playing quality | |
| 04.0854 | 草坪弹性 | turf elasticity | |
| 04.0855 | 球反弹性 | ball rebound | |
| 04.0856 | 草皮强度 | sod strength | |

| 序　号 | 汉　文　名 | 英　文　名 | 注　　释 |
| --- | --- | --- | --- |
| 04.0857 | 草坪吸震性 | turf shock absorption | |
| 04.0858 | 皮肤磨损性 | skin abrasion | |
| 04.0859 | 表面摩擦力 | surface friction | |
| 04.0860 | 表面硬度 | surface hardness | |
| 04.0861 | 转动阻力 | rotational resistance | |
| 04.0862 | 滚动摩擦力 | roll friction | |
| 04.0863 | 球滚动距离 | ball roll distance | |
| 04.0864 | 球痕 | ball mark | |
| 04.0865 | 耐磨损性 | wear tolerance | |
| 04.0866 | 垂直变形 | vertical deformation | |
| 04.0867 | 表面平整度 | surface evenness | |

# 05. 草业生物技术

| 序　号 | 汉　文　名 | 英　文　名 | 注　　释 |
| --- | --- | --- | --- |
| 05.0001 | 分子标记 | molecular marker | |
| 05.0002 | 分子标记技术 | molecular marker technology | |
| 05.0003 | 限制性片段长度多态性 | restriction fragment length polymorphism, RFLP | |
| 05.0004 | 随机扩增多态性 DNA | random amplified polymorphism DNA, RAPD | |
| 05.0005 | 扩增片段长度多态性 | amplified fragment length polymorphism, AFLP | |
| 05.0006 | 单核苷酸多态性 | single nucleotide polymorphism, SNP | |
| 05.0007 | 简单重复序列 | simple sequence repeat, SSR | |
| 05.0008 | 切割扩增多态性序列 | cleaved amplified polymorphism sequence, CAPS | |
| 05.0009 | 分子标记辅助育种 | molecular marker assistant breeding | |
| 05.0010 | 遗传连锁图谱 | genetic linkage map | |
| 05.0011 | 数量性状位点 | quantitative trait loci | |
| 05.0012 | 遗传多样性 | genetic diversity | |
| 05.0013 | 基因型 | genotype | |
| 05.0014 | 表[现]型 | phenotype | |
| 05.0015 | 质量性状 | qualitative trait | |
| 05.0016 | 数量性状 | quantitative trait | |
| 05.0017 | 精细作图 | fine mapping | |
| 05.0018 | 功能基因 | functional gene | |

| 序　号 | 汉　文　名 | 英　文　名 | 注　　释 |
|---|---|---|---|
| 05.0019 | 连锁遗传 | linkage inheritance | |
| 05.0020 | 交换率 | exchange rate | |
| 05.0021 | 遗传距离 | genetic distance | |
| 05.0022 | 组学 | omics | |
| 05.0023 | 基因组学 | genomics | |
| 05.0024 | 蛋白质组学 | proteomics | |
| 05.0025 | 代谢组学 | metabonomics | |
| 05.0026 | 转录组学 | transcriptomics | |
| 05.0027 | RNA 组学 | RNomics | |
| 05.0028 | 表型组学 | phenomics | |
| 05.0029 | 基因克隆 | gene cloning | |
| 05.0030 | cDNA 文库 | cDNA library | |
| 05.0031 | 同源克隆 | homologous cloning | |
| 05.0032 | 图位克隆 | map-based cloning | |
| 05.0033 | 转座子标记 | transposon tagging | |
| 05.0034 | 电子克隆 | *in silico* cloning | |
| 05.0035 | 染色体步移 | chromosome walking | 又称“染色体步查”。 |
| 05.0036 | 热不对称交错 PCR | thermal asymmetric interlaced PCR, tail-PCR | |
| 05.0037 | 锚定 PCR | anchored PCR | |
| 05.0038 | 随机引物 PCR | arbitrarily primed PCR | |
| 05.0039 | 克隆载体 | cloning vector | |
| 05.0040 | 表达载体 | expression vector | |
| 05.0041 | 原核表达 | prokaryotic expression | |
| 05.0042 | 原核表达系统 | prokaryotic expression system | |
| 05.0043 | 真核表达 | eukaryotic expression | |
| 05.0044 | 真核表达系统 | eukaryotic expression system | |
| 05.0045 | 植物组织培养 | plant tissue culture | |
| 05.0046 | 细胞全能性 | cell totipotency | |
| 05.0047 | 脱分化 | dedifferentiation | |
| 05.0048 | 愈伤组织 | callus | |
| 05.0049 | 再分化 | redifferentiation | |
| 05.0050 | 芽分化 | bud differentiation | |
| 05.0051 | 根分化 | root differentiation | |
| 05.0052 | 体细胞胚胎发生 | somatic embryogenesis | |
| 05.0053 | 外植体 | explant | |
| 05.0054 | 胚性愈伤组织 | embryogenic callus | |
| 05.0055 | 细胞系 | cell line | |

| 序　号 | 汉 文 名 | 英 文 名 | 注　释 |
| --- | --- | --- | --- |
| 05.0056 | 非胚性愈伤组织 | non-embryogenic callus | |
| 05.0057 | 再生苗 | regeneration seedling | |
| 05.0058 | 植物组织培养技术 | plant tissue culture technology | |
| 05.0059 | 基本培养基 | minimal medium | |
| 05.0060 | 固体培养基 | solid medium | |
| 05.0061 | 液体培养基 | liquid medium | |
| 05.0062 | 原生质体培养 | protoplast culture | |
| 05.0063 | 胚胎培养 | embryo culture | |
| 05.0064 | 花粉培养 | pollen culture | |
| 05.0065 | 花药培养 | anther culture | |
| 05.0066 | 茎尖培养 | shoot-tip culture | |
| 05.0067 | 固体培养 | solid culture | |
| 05.0068 | 液体培养 | liquid culture | |
| 05.0069 | 工厂化育苗 | industrialized seedling production | |
| 05.0070 | 试管苗 | test-tube plantlet | |
| 05.0071 | 炼苗 | hardening off seedling | |
| 05.0072 | 人工种子 | artificial seed | |
| 05.0073 | 细胞悬浮培养 | cell suspension culture | |
| 05.0074 | 体细胞胚 | somatic embryo | |
| 05.0075 | 体细胞变异 | somatic mutation | |
| 05.0076 | 嵌合体 | chimera | |
| 05.0077 | 胚拯救技术 | embryo rescue technique | |
| 05.0078 | 白化苗 | albino seedling | |
| 05.0079 | 植物原生质体培养 | plant protoplast culture | |
| 05.0080 | 原生质体分离 | separation of protoplast | |
| 05.0081 | 原生质体纯化 | purification of protoplast | |
| 05.0082 | 细胞壁再生 | cell wall regeneration | |
| 05.0083 | 原生质体再生壁鉴定 | identification of protoplast regeneration wall | |
| 05.0084 | 细胞融合 | cell fusion | |
| 05.0085 | 体细胞杂交 | somatic hybridization | |
| 05.0086 | 原生质体融合 | protoplast fusion | |
| 05.0087 | 灭活原生质体融合 | inactivated protoplast fusion | |
| 05.0088 | 细胞融合技术 | cell fusion technology | |
| 05.0089 | 化学诱导细胞融合 | chemically induced cell fusion | |
| 05.0090 | 物理诱导细胞融合 | physically induced cell fusion | |
| 05.0091 | 电融合技术 | electrofusion technology | |
| 05.0092 | 病毒法诱导细胞融合 | method of virus induced cell fusion | |

| 序　号 | 汉　文　名 | 英　文　名 | 注　　释 |
|---|---|---|---|
| 05.0093 | 融合子 | fusant | |
| 05.0094 | 诱导融合剂 | induced fusion agent | |
| 05.0095 | 体细胞杂种 | somatic hybrid | |
| 05.0096 | 同核体 | homokaryon | |
| 05.0097 | 对称杂种 | symmetric hybrid | |
| 05.0098 | 胞质杂种 | cybrid | |
| 05.0099 | 杂种细胞筛选和鉴定 | screening and identification of hybrid cell | |
| 05.0100 | 体细胞融合产物性状分析 | characteristics analysis of somatic cell fusion product | |
| 05.0101 | 体细胞杂种叶绿体组分蛋白质分析 | protein analysis of somatic hybrid chloroplast component | |
| 05.0102 | 细胞融合诱导染色体 | cell fusion induced chromosome | |
| 05.0103 | 染色体消减 | chromosome diminution | |
| 05.0104 | 单体 | monosome | |
| 05.0105 | 缺体 | nullisomic | |
| 05.0106 | 染色体附加 | chromosome addition | |
| 05.0107 | 同源染色体附加 | homologous chromosome addition | |
| 05.0108 | 外源染色体附加 | exogenous chromosome addition | |
| 05.0109 | 染色体取代 | chromosome substitution | |
| 05.0110 | 染色体结构异常 | abnormal chromosome structure | |
| 05.0111 | 重复 | duplication | |
| 05.0112 | 缺失 | deficiency | |
| 05.0113 | 易位 | translocation | |
| 05.0114 | 荧光原位杂交 | fluorescent *in situ* hybridization | |
| 05.0115 | 核型分析 | karyotype analysis，karyotyping | |
| 05.0116 | 基因敲除 | gene knock-out | |
| 05.0117 | RNA 干扰 | RNA interference | |
| 05.0118 | 转录激活因子样效应物核酸酶 | transcription activator-like effector nuclease，TALEN | |
| 05.0119 | 渗入系 | introgression line | |
| 05.0120 | 不育系 | sterile line | |
| 05.0121 | 遗传转化体系 | genetic transformation system | |
| 05.0122 | 受体细胞 | recipient cell | |
| 05.0123 | 再生体系 | regeneration system | |
| 05.0124 | 预培养 | pre-culture | |
| 05.0125 | 共培养 | co-cultivation | |
| 05.0126 | 恢复培养 | recovery culture | |

| 序　号 | 汉 文 名 | 英 文 名 | 注　释 |
|---|---|---|---|
| 05.0127 | 筛选培养 | screening culture | |
| 05.0128 | 抗性愈伤组织 | resistant callus | |
| 05.0129 | 抗性苗 | resistant plantlet | |
| 05.0130 | 外源基因 | exogenous gene | |
| 05.0131 | 载体系统 | vector system | |
| 05.0132 | 真核表达载体 | eukaryotic expression vector | |
| 05.0133 | 双元载体 | binary vector | |
| 05.0134 | 启动子 | promoter | |
| 05.0135 | 终止子 | terminator | |
| 05.0136 | 增强子 | enhancer | |
| 05.0137 | 核定位序列 | nuclear localization sequence | |
| 05.0138 | 标记基因 | marker gene | |
| 05.0139 | 筛选标记基因 | selectable marker gene | |
| 05.0140 | 报告基因 | reporter gene | 又称“报道基因”。 |
| 05.0141 | 组成型启动子 | constitutive promoter | |
| 05.0142 | 诱导型启动子 | inducible promoter | |
| 05.0143 | 组织特异性启动子 | tissue-specific promoter | |
| 05.0144 | 可变启动子 | alternative promoter | |
| 05.0145 | 双向启动子 | bidirectional promoter | |
| 05.0146 | 农杆菌转化 | *Agrobacterium*-mediated transformation | |
| 05.0147 | 叶盘法 | leaf disk transformation | |
| 05.0148 | 转移 DNA | transfer DNA | |
| 05.0149 | 根癌农杆菌 | *Agrobacterium tumefaciens* | |
| 05.0150 | 发根农杆菌 | *Agrobacterium rhizogenes* | |
| 05.0151 | 冠瘿瘤 | crown gall | |
| 05.0152 | 超声波辅助农杆菌转化 | ultrasound assisted *Agrobacterium*-mediated transformation | |
| 05.0153 | 原位转化 | *in situ* transformation | |
| 05.0154 | *vir* 基因 | *vir* gene | |
| 05.0155 | Ti 质粒 | Ti plasmid | |
| 05.0156 | Ri 质粒 | Ri plasmid | |
| 05.0157 | 转化技术 | transformation technology | |
| 05.0158 | 基因枪转化法 | microprojectile bombardment | |
| 05.0159 | 显微注射法 | microinjection method | |
| 05.0160 | 花粉管通道法 | pollen-tube pathway method | |
| 05.0161 | 聚乙二醇法 | polyethylene glycol method | |
| 05.0162 | 电击法 | electroporation | |
| 05.0163 | 碳化硅纤维介导转化 | silicon carbide fiber-mediated trans- | |

| 序　号 | 汉 文 名 | 英 文 名 | 注　　释 |
|---|---|---|---|
| | | formation | |
| 05.0164 | 真空渗透法 | vacuum infiltration method | |
| 05.0165 | 纳米颗粒介导的转基因 | nanoparticle-mediated transgene | |
| 05.0166 | 悬浮细胞系 | suspension cell line | |
| 05.0167 | 瞬时转化系统 | transient transformation system | |
| 05.0168 | 转化体鉴定 | transformant identification | |
| 05.0169 | 拷贝数 | copy number | |
| 05.0170 | 瞬时表达 | transient expression | |
| 05.0171 | 稳定表达 | stable expression | |
| 05.0172 | 分子检测 | molecular detection | |
| 05.0173 | DNA 分子杂交 | DNA molecular hybridization | |
| 05.0174 | RNA 分子杂交 | RNA molecular hybridization | |
| 05.0175 | 蛋白质印迹 | Western blot | |
| 05.0176 | 实时荧光定量 PCR | real time fluorogenic quantitative PCR | |
| 05.0177 | 纯合子鉴定 | homozygote identification | |
| 05.0178 | 内生真菌 | endophytic fungi, endomycete | |
| 05.0179 | 抗性筛选 | resistance screening | |
| 05.0180 | 正向筛选 | positive screening | |
| 05.0181 | 筛选压 | selection pressure | |
| 05.0182 | 酶联免疫吸附测定 | enzyme-linked immunosorbent assay, ELISA | |
| 05.0183 | 生物反应器 | bioreactor | |
| 05.0184 | 植物生物反应器 | plant bioreactor | |
| 05.0185 | 植物生物反应器优势 | advantage of plant bioreactor | |
| 05.0186 | 生产工农业用酶 | production of industrial and agricultural using enzyme | |
| 05.0187 | 生产特殊碳水化合物 | production of special carbohydrate | |
| 05.0188 | 植物生产生物可降解塑料 | biodegradable plastic produced from plant | |
| 05.0189 | 植物生产脂 | lipid produced from plant | |
| 05.0190 | 植物生产次生代谢产物 | secondary metabolite produced from plant | |
| 05.0191 | 植物生产药用蛋白质 | medicinal protein produced from plant | |
| 05.0192 | 植物疫苗 | plant vaccine | |
| 05.0193 | 植物抗体 | plantibody | |
| 05.0194 | 植物生物反应器技术 | plant bioreactor technology | |
| 05.0195 | 植物表达系统 | plant expression system | |
| 05.0196 | 核转化系统 | nuclear transformation system | |

| 序　号 | 汉　文　名 | 英　文　名 | 注　　释 |
| --- | --- | --- | --- |
| 05.0197 | 叶绿体转化系统 | chloroplast transformation system | |
| 05.0198 | 植物表达系统优势 | advantage of plant expression system | |
| 05.0199 | 病毒诱导的基因沉默 | virus induced gene silencing, VIGS | |
| 05.0200 | 高效表达载体构建 | efficient construction of expression vector | |
| 05.0201 | 植物偏爱密码子 | plant preferential codon | |
| 05.0202 | 植物病毒载体系统 | plant virus vector system | |
| 05.0203 | 植物重组蛋白 | plant recombinant protein | |
| 05.0204 | 蛋白质靶向定位 | protein target positioning | |
| 05.0205 | 植物遗传转化体系 | plant genetic transformation system | |
| 05.0206 | 植物细胞悬浮培养 | plant cell suspension culture | |
| 05.0207 | 毛状根系统 | hairy root system | |
| 05.0208 | 基因定点突变 | gene site-directed mutation | |
| 05.0209 | 功能分析 | functional analysis | |
| 05.0210 | 基因沉默 | gene silencing | |
| 05.0211 | 酵母杂交 | yeast hybrid | |
| 05.0212 | 酵母双杂交 | yeast two-hybrid | |
| 05.0213 | 酵母单杂交 | yeast one-hybrid | |
| 05.0214 | 酵母三杂交 | yeast three-hybrid | |
| 05.0215 | 基因表达谱分析 | gene expression profile analysis | |
| 05.0216 | 基因芯片 | gene chip | |
| 05.0217 | 基因表达系列分析 | serial analysis of gene expression | |
| 05.0218 | 抑制消减杂交 | suppression subtractive hybridization, SSH | |
| 05.0219 | 绝对定量 | absolute quantification | |
| 05.0220 | 相对定量 | relative quantification | |
| 05.0221 | 染色质免疫共沉淀测序 | chromatin immune coprecipitation sequencing | |
| 05.0222 | 实时 PCR | real time PCR | |
| 05.0223 | 组蛋白 | histone | |
| 05.0224 | 转录因子 | transcription factor | |
| 05.0225 | 电泳迁移率 | electrophoretic mobility | |
| 05.0226 | DNA 结合蛋白 | DNA binding protein | |
| 05.0227 | RNA 结合蛋白 | RNA binding protein | |
| 05.0228 | 双分子荧光互补技术 | bimolecular fluorescence complementation, BiFC | |
| 05.0229 | 荧光蛋白 | fluorescent protein | |
| 05.0230 | 基因诱捕技术 | gene trapping technology | |

| 序号 | 汉文名 | 英文名 | 注释 |
| --- | --- | --- | --- |
| 05.0231 | 基因诱捕载体 | gene trapping vector | |
| 05.0232 | 剪接受体 | splice acceptor | |
| 05.0233 | 重组克隆 | recombinant cloning | |
| 05.0234 | 草的种类 | grass species | |
| 05.0235 | 豆科牧草 | legume forage | |
| 05.0236 | 菊科牧草 | compositae forage | |
| 05.0237 | 禾草 | grass | |
| 05.0238 | 乡土草 | native herbage | |
| 05.0239 | 人工草地 | artificial grassland | |
| 05.0240 | 入侵植物 | invasive plant | |
| 05.0241 | 体胚诱变育种 | embryo mutation breeding | |
| 05.0242 | 同质突变体 | homogeneous mutant | |
| 05.0243 | 多倍体育种技术 | polyploid breeding technique | |
| 05.0244 | 染色体变异 | chromosome variation | |
| 05.0245 | 聚合育种 | pyramiding breeding | |
| 05.0246 | 分子育种 | molecular breeding | |
| 05.0247 | 克隆繁殖 | clonal propagation | |
| 05.0248 | 有性繁殖 | sexual propagation | |
| 05.0249 | 新品系 | new strain | |
| 05.0250 | 共生体 | symbiont | |
| 05.0251 | 种质资源圃 | germplasm repository | |
| 05.0252 | 表观遗传学 | epigenetics | |
| 05.0253 | 信号转导 | signal transduction | |
| 05.0254 | 逆境生理 | stress physiology | |
| 05.0255 | 生物固氮 | biological nitrogen fixation | |
| 05.0256 | 内生菌 | endophyte | |

# 06. 饲草生产与加工

## 06.01 饲草生产

| 序号 | 汉文名 | 英文名 | 注释 |
| --- | --- | --- | --- |
| 06.0001 | 土壤 | soil | |
| 06.0002 | 土壤肥力 | soil fertility | |
| 06.0003 | 土壤矿物质 | soil mineral | |
| 06.0004 | 土壤有机质 | soil organic matter | |
| 06.0005 | 腐殖化 | humification | |

| 序号 | 汉文名 | 英文名 | 注释 |
|---|---|---|---|
| 06.0006 | 土壤质地 | soil texture | |
| 06.0007 | 土壤孔隙 | soil pore space | |
| 06.0008 | 土壤耕作 | soil tillage | |
| 06.0009 | 土壤通气性 | soil aeration | |
| 06.0010 | 土壤热状况 | soil thermal condition | |
| 06.0011 | 土壤水分 | soil moisture | |
| 06.0012 | 土壤吸收性能 | soil absorbability | |
| 06.0013 | 土壤保肥性 | soil nutrient preserving capacity | |
| 06.0014 | 土壤类型 | soil type | |
| 06.0015 | 盐碱土 | saline-alkali soil | |
| 06.0016 | 土壤 pH | soil pH | |
| 06.0017 | 土壤碱化度 | soil alkalinity | 又称"土壤碱度"。 |
| 06.0018 | 土壤含盐量 | soil saltness | |
| 06.0019 | 耕作制度 | farming system | |
| 06.0020 | 种植模式 | planting pattern | |
| 06.0021 | 饲料作物 | forage crop | 又称"饲用作物"。 |
| 06.0022 | 禾谷类 | cereal | |
| 06.0023 | 饲用豆类 | fodder legume | |
| 06.0024 | 饲用瓜类 | fodder melon | |
| 06.0025 | 饲用叶菜类 | feed leafy vegetable | |
| 06.0026 | 单播 | monostand | |
| 06.0027 | 保护种植 | protected cultivation | |
| 06.0028 | 间作 | interplant | |
| 06.0029 | 混作 | mixed cropping | |
| 06.0030 | 套种 | intercropping | |
| 06.0031 | 轮作 | rotation | |
| 06.0032 | 三元种植结构 | three-component cropping system | |
| 06.0033 | 复合肥料 | compound fertilizer | |
| 06.0034 | 有机肥 | organic fertilizer | |
| 06.0035 | 无机肥 | inorganic fertilizer | |
| 06.0036 | 种子 | seed | |
| 06.0037 | 硬实种子 | hard seed | |
| 06.0038 | 种子休眠 | seed dormancy | |
| 06.0039 | 种子处理 | treatment of seed | |
| 06.0040 | 种子去芒与消毒 | seed awn removing and disinfection | |
| 06.0041 | 种子包衣 | seed coating | |
| 06.0042 | 根瘤菌接种 | rhizobium inoculation | |
| 06.0043 | 植物学特征 | botanical characteristics | |

| 序号 | 汉文名 | 英文名 | 注释 |
| --- | --- | --- | --- |
| 06.0044 | 根系分蘖类型 | root tiller type | |
| 06.0045 | 茎生长习性 | stem growth habit | |
| 06.0046 | 茎[秆]节数 | stem [stalk] segment number | |
| 06.0047 | 叶特征 | leaf characteristic | |
| 06.0048 | 花序特征 | inflorescence characteristic | |
| 06.0049 | 果实特征 | fruit characteristic | |
| 06.0050 | 种子特征 | seed characteristic | |
| 06.0051 | 播种期 | sowing date | |
| 06.0052 | 移栽期 | transplantating date | |
| 06.0053 | 出苗期 | emergence stage | |
| 06.0054 | 返青期 | regreen stage | |
| 06.0055 | 分枝期 | branching stage | |
| 06.0056 | 分蘖期 | tillering stage | |
| 06.0057 | 拔节期 | jointing stage | |
| 06.0058 | 现蕾期 | squaring stage | |
| 06.0059 | 孕穗期 | booting stage | |
| 06.0060 | 抽穗期 | heading stage | |
| 06.0061 | 始花期 | initial time of flowering | |
| 06.0062 | 开花期 | anthesis | |
| 06.0063 | 盛花期 | full-bloom stage | |
| 06.0064 | 乳熟期 | milk stage | |
| 06.0065 | 蜡熟期 | dough stage | |
| 06.0066 | 结荚初期 | early poding stage | |
| 06.0067 | 结荚盛期 | full poding stage | |
| 06.0068 | 完熟期 | full ripe stage | |
| 06.0069 | 成熟期 | mature stage | |
| 06.0070 | 枯黄期 | wilt stage | |
| 06.0071 | 越冬率 | winter survival rate | |
| 06.0072 | 农艺性状 | agronomic trait | |
| 06.0073 | 主枝数 | bough number | |
| 06.0074 | 分枝数 | branch number | |
| 06.0075 | 分蘖数 | tiller number | |
| 06.0076 | 叶层高度 | height of leaf layer | |
| 06.0077 | 植株高度 | plant height | |
| 06.0078 | 主枝长度 | bough length | |
| 06.0079 | 株丛直径 | diameter of plant | |
| 06.0080 | 单荚粒数 | number of grain per pod | |
| 06.0081 | 裂荚性 | pod spliting habit | |

| 序　号 | 汉　文　名 | 英　文　名 | 注　　释 |
| --- | --- | --- | --- |
| 06.0082 | 落粒性 | shattering habit | |
| 06.0083 | 熟性 | maturity | |
| 06.0084 | 茎叶比 | stem to leaf ratio | |
| 06.0085 | 鲜草产量 | fresh grass yield | |
| 06.0086 | 干草产量 | hay yield | |
| 06.0087 | 种子产量 | seed yield | |
| 06.0088 | 千粒重 | 1000-grain weight | |
| 06.0089 | 茎叶质地 | stem and leaf quality | |
| 06.0090 | 病害 | disease | |
| 06.0091 | 白粉病 | powdery mildew | |
| 06.0092 | 霜霉病 | downy mildew | |
| 06.0093 | 褐斑病 | brown spot | |
| 06.0094 | 黄斑病 | yellow spot | |
| 06.0095 | 黑斑病 | black spot | |
| 06.0096 | 黄萎病 | verticillium | |
| 06.0097 | 炭疽病 | anthracnose | |
| 06.0098 | 根腐病 | root rot | |
| 06.0099 | 叶斑病 | leaf spot | |
| 06.0100 | 萎蔫病 | wilt disease | |
| 06.0101 | 矮化病 | ratoon stunting | |
| 06.0102 | 虫害 | insect pest | |
| 06.0103 | 苜蓿象甲 | alfalfa weevil | |
| 06.0104 | 苜蓿夜蛾 | alfalfa armyworm | |
| 06.0105 | 紫云英潜叶蝇 | alfalfa leaf miner | |
| 06.0106 | 豆芫菁 | bean turnip | |
| 06.0107 | 根瘤象甲类 | nodule weevils | |
| 06.0108 | 金龟子类 | scarabs | |
| 06.0109 | 籽象甲类 | seed weevils | |
| 06.0110 | 盲蝽类 | capsids | |
| 06.0111 | 苜蓿籽蜂 | alfalfa seed chalcid | |
| 06.0112 | 蓟马类 | thrips | |
| 06.0113 | 苜蓿蚜 | alfalfa aphid | |
| 06.0114 | 秆蝇类 | stem flies | |
| 06.0115 | 黏虫类 | armyworms | |
| 06.0116 | 小麦皮蓟马 | wheat phloeothrips | |
| 06.0117 | 跳甲类 | flea beetles | |
| 06.0118 | 蚜虫类 | aphids | |
| 06.0119 | 赤须盲蝽 | akasu capsid | |

| 序　号 | 汉 文 名 | 英 文 名 | 注　　释 |
|---|---|---|---|
| 06.0120 | 金针虫类 | wireworms | |
| 06.0121 | 蝼蛄类 | mole crickets | |
| 06.0122 | 叶蝉类 | leafhoppers | |
| 06.0123 | 玉米螟 | european corn borer | |
| 06.0124 | 地老虎 | cutworm | |
| 06.0125 | 大豆食心虫 | soybean pod borer | |
| 06.0126 | 豆荚螟 | bean pod borer | |
| 06.0127 | 大豆蚜 | soybean aphid | |
| 06.0128 | 豆天蛾 | bean hawk moth | |
| 06.0129 | 豌豆象 | pea weevil | |
| 06.0130 | 病虫害防治 | control of disease and pest | |
| 06.0131 | 植物检疫 | plant quarantinine | |
| 06.0132 | 物理及机械防治 | physical and mechanical control | |
| 06.0133 | 遗传防治 | genetic control | |
| 06.0134 | 年均温 | mean annual temperature | |
| 06.0135 | 积温 | accumulated temperature | |
| 06.0136 | 蒸腾系数 | transpiration coefficient | |
| 06.0137 | 蒸发量 | evaporation capacity | |
| 06.0138 | 无霜期 | frost-free period | |
| 06.0139 | 根茎型 | rhizome type | |
| 06.0140 | 根蘖型 | collar tillering type | |
| 06.0141 | 疏丛型 | loose bunch type | |
| 06.0142 | 根茎疏丛型 | rhizomatous loose bunch type | |
| 06.0143 | 密丛型 | dense bunch type | |
| 06.0144 | 主根类 | taproots | |
| 06.0145 | 匍匐型 | creeping type | |
| 06.0146 | 少年生 | short-lived | |
| 06.0147 | 二年生 | biennial | |
| 06.0148 | 多年生 | perennial | |
| 06.0149 | 逆境栽培 | stress cultivation | |
| 06.0150 | 节水栽培 | water-saving cultivation | |
| 06.0151 | 智能化栽培 | intelligence cultivation | |
| 06.0152 | 表土耕作措施 | topsoil tillage measure | |
| 06.0153 | 浅翻灭槎 | shallow tillage and stubbing | |
| 06.0154 | 耙地 | harrowing | |
| 06.0155 | 耱地 | smoothing | |
| 06.0156 | 镇压 | compacting | |
| 06.0157 | 中耕 | intertillage | |

| 序　号 | 汉　文　名 | 英　文　名 | 注　　释 |
|---|---|---|---|
| 06.0158 | 开沟培土与作垄 | ditching, molding and ridging | |
| 06.0159 | 夏茬地土壤耕作 | soil tillage of summer raft land | |
| 06.0160 | 夏闲地土壤耕作 | soil tillage of summer fallow land | |
| 06.0161 | 复种作物土壤耕作 | soil tillage of multiple crop | |
| 06.0162 | 秋茬地土壤耕作 | soil tillage of autumn raft land | |
| 06.0163 | 垄作与深松耕法 | ridge culture and subsoiling tillage method | |
| 06.0164 | 免耕法 | no-tillage method | |
| 06.0165 | 垦荒地耕作 | tillage of reclamation land | |
| 06.0166 | 种子纯净度 | seed purity | |
| 06.0167 | 播种时期 | seedtime | |
| 06.0168 | 播种量 | seeding rate | |
| 06.0169 | 撒播 | broadcast sowing | |
| 06.0170 | 条播 | drill | |
| 06.0171 | 宽行条播 | sowing in broad drill | |
| 06.0172 | 窄行条播 | sowing in narrow drill | |
| 06.0173 | 宽窄行播 | sowing in broad-narrow drill | 又称“大小垄播”。 |
| 06.0174 | 点播 | bunch planting | 又称“穴播”。 |
| 06.0175 | 同行条播 | sowing in the same drill | |
| 06.0176 | 交叉播种 | cross sowing | |
| 06.0177 | 间行播种 | inter-row sowing | |
| 06.0178 | 合理密植 | rational close planting | |
| 06.0179 | 带肥播种 | sowing with fertilizer | |
| 06.0180 | 表土板结破除 | get rid of topsoil hardening | |
| 06.0181 | 人工防除杂草 | manual weed control | |
| 06.0182 | 灭生性除莠剂 | sterilant herbicide | |
| 06.0183 | 间苗 | thinning | |
| 06.0184 | 中耕培土 | tilling and ridge | |
| 06.0185 | 底肥 | base fertilizer | |
| 06.0186 | 追肥 | top dressing | |
| 06.0187 | 灌溉 | irrigation | |
| 06.0188 | 灌溉时间 | irrigation time | |
| 06.0189 | 灌溉量 | irrigation volume | |
| 06.0190 | 灌溉次数 | irrigation frequency | |
| 06.0191 | 收割制度 | harvesting system | |
| 06.0192 | 适宜收割时期 | appropriate harvest time | |
| 06.0193 | 收割强度 | harvest intensity | |
| 06.0194 | 收割方式 | harvest pattern | |

| 序　号 | 汉　文　名 | 英　文　名 | 注　　释 |
|---|---|---|---|
| 06.0195 | 轮刈制度 | mow roration system | |
| 06.0196 | 地面干燥 | ground drying | |
| 06.0197 | 草架干燥 | hayrack drying | |
| 06.0198 | 发酵干燥 | fermentation drying | |
| 06.0199 | 翻晒草垄 | grass-ridge turn | |
| 06.0200 | 压裂牧草茎秆 | fracture forage stem | |
| 06.0201 | 化学干燥剂 | chemical desiccant | |
| 06.0202 | 常温鼓风干燥 | ambient blast drying | |
| 06.0203 | 高温快速干燥 | high-temperature rapid drying | |
| 06.0204 | 露天贮藏 | open-air storage | |
| 06.0205 | 草棚贮藏 | hay shed storage | |
| 06.0206 | 干草品质鉴定 | hay quality identification | |
| 06.0207 | 感官鉴定 | sensory identification | |
| 06.0208 | 营养成分鉴定 | identification of nutritional component | |
| 06.0209 | 含水量 | moisture content | |
| 06.0210 | 粗蛋白 | crude protein | |
| 06.0211 | 粗脂肪 | crude fat | |
| 06.0212 | 中性洗涤纤维 | neutral detergent fiber | |
| 06.0213 | 酸性洗涤纤维 | acid detergent fiber | |
| 06.0214 | 可消化干物质 | digestible dry matter | |
| 06.0215 | 干物质采食量 | dry matter intake | |
| 06.0216 | 其他科牧草 | other forage | |
| 06.0217 | 耐寒作物 | hardy crop | |
| 06.0218 | 喜温作物 | thermophilic crop | |
| 06.0219 | 青贮饲料 | silage feed | |
| 06.0220 | 光合作用 | photosynthesis | |
| 06.0221 | 光饱和现象 | light saturation | |
| 06.0222 | 光补偿点 | light compensation point | |
| 06.0223 | 光能利用率 | utilization ratio of sunlight energy | |
| 06.0224 | 光周期现象 | photoperiodism | |
| 06.0225 | 块根 | root tuber | |
| 06.0226 | 块茎 | tuber | |
| 06.0227 | 直根系 | taproot system | |
| 06.0228 | 正青贮糖差 | positive silage sugar difference | |
| 06.0229 | 分蘖 | tiller | |
| 06.0230 | 植物群落 | plant community | |
| 06.0231 | 植被演替 | vegetation succession | |
| 06.0232 | 饲草 | forage | 又称“牧草”。 |

| 序　号 | 汉　文　名 | 英　文　名 | 注　　释 |
|---|---|---|---|
| 06.0233 | 饲草生产学 | forage production science | |
| 06.0234 | 根系 | root system | |
| 06.0235 | 根瘤 | root nodule, rhizoma | |
| 06.0236 | 花梗 | pedicel | |
| 06.0237 | 生长 | growth | |
| 06.0238 | 发育 | development | |
| 06.0239 | 春化[作用] | vernalization | |
| 06.0240 | 发芽率 | germination percentage | |
| 06.0241 | 发芽势 | germination potential | |
| 06.0242 | 苜蓿的秋眠性 | alfalfa fall dormancy | |
| 06.0243 | 适时刈割 | timely cutting | |
| 06.0244 | 青干草贮藏 | green hay storage | |
| 06.0245 | 子实饲料 | grain feed | |
| 06.0246 | 木本饲料 | woody feed | |
| 06.0247 | 低毒牧草去毒加工 | detoxication processing of forage with low toxicity | |
| 06.0248 | 成型工艺 | molding process | |
| 06.0249 | 黄贮 | yellow silage | |
| 06.0250 | 微贮 | microbial silage | |
| 06.0251 | 生物饲料 | biological feed | |
| 06.0252 | 青刈饲料 | green chop | |
| 06.0253 | 纤维 | fiber | |
| 06.0254 | 洗涤纤维 | detergent fiber | |

## 06.02　饲草加工与利用

| 序　号 | 汉　文　名 | 英　文　名 | 注　　释 |
|---|---|---|---|
| 06.0255 | 留茬高度 | stubble height | |
| 06.0256 | 收获期 | harvest time | |
| 06.0257 | 茬次 | cut | |
| 06.0258 | 刈割高度 | cutting height | |
| 06.0259 | 刈割次数 | cutting frequency | |
| 06.0260 | 收获 | harvest | |
| 06.0261 | 晾晒干草 | dry hay | |
| 06.0262 | 烘干干草 | drying hay | |
| 06.0263 | 发酵干草 | fermented hay | |
| 06.0264 | 散草 | disperse grass | |

| 序 号 | 汉 文 名 | 英 文 名 | 注 释 |
|---|---|---|---|
| 06.0265 | 草条 | swath | |
| 06.0266 | 草垄 | grass ridge | |
| 06.0267 | 发热干草 | hot hay | |
| 06.0268 | 压扁干燥 | crushed dry | |
| 06.0269 | 干燥剂干燥 | desiccant dryness | |
| 06.0270 | 鼓风干燥 | blast drying | |
| 06.0271 | 后续干燥技术 | subsequent drying technology | |
| 06.0272 | 烘干 | drying | |
| 06.0273 | 成捆率 | bale rate | |
| 06.0274 | 草捆密度 | bale density | |
| 06.0275 | 草捆抗摔率 | bale anti-throw rate | |
| 06.0276 | 打捆 | baling | |
| 06.0277 | 压缩打捆 | secondary compression bundling | |
| 06.0278 | 防霉剂 | anti-mold agent | |
| 06.0279 | 干草生产 | hay production | |
| 06.0280 | 干草调制 | hay conditioning | |
| 06.0281 | 干草批次 | hay batch | |
| 06.0282 | 干草储备设施 | hay storage facility | |
| 06.0283 | 草捆 | hay bale | |
| 06.0284 | 谷类干草 | cereal straw | |
| 06.0285 | 混合青干草 | mixed green hay | |
| 06.0286 | 干草吸湿性 | hay moisture absorption | |
| 06.0287 | 捡拾打捆 | collecting and bundling | |
| 06.0288 | 露天堆垛 | open-air stack | |
| 06.0289 | 牧草青饲 | forage green feeding | |
| 06.0290 | 饲草霉变 | forage mildew | |
| 06.0291 | 牧草捡拾损失率 | collecting loss rate on forage | |
| 06.0292 | 牧草压缩损失率 | forage compression loss rate | |
| 06.0293 | 青绿饲料 | green forage | |
| 06.0294 | 田间干燥 | field drying | |
| 06.0295 | 干草褐变 | hay browning | |
| 06.0296 | 压扁茎秆 | pressed stem | |
| 06.0297 | 叶片保存率 | leaf preservation rate | |
| 06.0298 | 草垛 | haystack | |
| 06.0299 | 集拢 | gathering | |
| 06.0300 | 搂草 | crouching grass | |
| 06.0301 | 翻晒 | ted | |
| 06.0302 | 青贮 | silage | |

| 序 号 | 汉 文 名 | 英 文 名 | 注 释 |
|---|---|---|---|
| 06.0303 | 半干青贮 | haylage | |
| 06.0304 | 氨态氮 | ammoniacal nitrogen | |
| 06.0305 | 草捆青贮 | bale silage | |
| 06.0306 | 地面堆贮 | ground heap storage | |
| 06.0307 | 二次发酵 | secondary fermentation | |
| 06.0308 | 发酵促进剂 | fermentation accelerator | |
| 06.0309 | 发酵抑制剂 | fermentation inhibitor | |
| 06.0310 | 高水分青贮 | high moisture silage | |
| 06.0311 | 混合青贮 | mixture silage | |
| 06.0312 | 袋状青贮 | bagged silage | |
| 06.0313 | 灌肠式青贮 | enema type silage | |
| 06.0314 | 添加剂青贮 | additive silage | |
| 06.0315 | 糖化发酵 | saccharification fermentation | |
| 06.0316 | 青贮缓冲能 | silage buffer energy | |
| 06.0317 | 青贮糖差 | carbohydrate difference of silage | |
| 06.0318 | 青贮微生物 | silage microorganism | |
| 06.0319 | 青贮有氧稳定性 | aerobic stability of silage | |
| 06.0320 | 感官评定法 | sensory evaluation method | |
| 06.0321 | 青贮有机酸评定方法 | organic acid assessment method of silage | |
| 06.0322 | 青贮贮成率 | rate of ensiling | |
| 06.0323 | 氨化处理 | ammoniated treatment | |
| 06.0324 | 秸秆发酵 | straw fermentation | |
| 06.0325 | 秸秆微贮 | straw microfermentation | |
| 06.0326 | 秸秆氨化 | straw ammoniation | |
| 06.0327 | 秸秆饲料 | straw feed | |
| 06.0328 | 饲草膨化 | forage grass puffing | |
| 06.0329 | 射线处理 | ray treatment | |
| 06.0330 | 氨化剂 | aminating agent | |
| 06.0331 | 成型饲草 | molding forage grass | |
| 06.0332 | 草颗粒 | pellet feed | |
| 06.0333 | 草砖 | grass brick | |
| 06.0334 | 草饼 | pasture-cake | |
| 06.0335 | 草粉 | green-hay powder | |
| 06.0336 | 颗粒硬度 | pellet hardness | |
| 06.0337 | 粉化率 | pulverization rate | |
| 06.0338 | 含粉率 | powder content | |
| 06.0339 | 草块 | grass block | |

| 序　号 | 汉　文　名 | 英　文　名 | 注　　释 |
| --- | --- | --- | --- |
| 06.0340 | 黏合剂 | adhesive | |
| 06.0341 | 芽菜 | sprouts | |
| 06.0342 | 非饲用草产品 | unedible grass product | |
| 06.0343 | 非常规草产品 | unconventional grass product | |
| 06.0344 | 功能性草产品 | functional grass product | |
| 06.0345 | 配合饲料 | compound feed | |
| 06.0346 | 饲草型全混日粮 | total mixed ration | |
| 06.0347 | 膳食纤维 | dietary fiber | |
| 06.0348 | 叶蛋白饲料 | leaf protein feed | |
| 06.0349 | 草产品检测 | grass product testing | |
| 06.0350 | 草产品检疫 | grass product quarantine | |
| 06.0351 | 分析样品 | analytical sample | |
| 06.0352 | 饲草抽样 | forage grass sampling | |
| 06.0353 | 牧草总损失率 | grass total loss rate | |
| 06.0354 | 饲草粒度 | forage granularity | |
| 06.0355 | 饲草密度 | density of forage grass | |
| 06.0356 | 饲草孔隙率 | forage grass porosity | |
| 06.0357 | 饲草热特性 | thermal characteristics of forage grass | |
| 06.0358 | 饲草流动性 | forage fluidity | |
| 06.0359 | 饲草弯曲型 | bending of forage grass | |
| 06.0360 | 检测样品制备 | test sample preparation | |
| 06.0361 | 送检草样 | sample for check | |
| 06.0362 | 样品采集 | sample collection | |
| 06.0363 | 采样面 | sampled surface | |
| 06.0364 | 草产品饲用价值 | feeding value of grass product | |
| 06.0365 | 草产品质量评价 | grass product quality evaluation | |
| 06.0366 | 总可消化养分 | total digestible nutrient | |
| 06.0367 | 粗饲料相对质量指数 | relative quality index of roughage | |
| 06.0368 | 适口性 | palatability | |

## 06.03　草 业 机 械

| 序　号 | 汉　文　名 | 英　文　名 | 注　　释 |
| --- | --- | --- | --- |
| 06.0369 | 牧草耕作机 | forage cultivation machine | |
| 06.0370 | 草原改良与保护机 | grassland improvement and protection machine | |
| 06.0371 | 草原深松机 | grassland deep loosening machine | |

| 序　号 | 汉　文　名 | 英　文　名 | 注　　释 |
|---|---|---|---|
| 06.0372 | 草原浅松机 | grassland shallow loosening machine | |
| 06.0373 | 草原免耕播种机 | grassland no-till planter | |
| 06.0374 | 草原节水灌溉机 | grassland water-saving irrigation machine | |
| 06.0375 | 草原毒饵撒播机 | grassland poison bait seeding machine | |
| 06.0376 | 草原灭蝗机 | grassland extermination of locust machine | |
| 06.0377 | 草地切根机 | grass root cutting machine | |
| 06.0378 | 草地切根施肥补播复式机 | grass root cutting, fertilization and reseed compound machine | |
| 06.0379 | 耙地机 | grass grader machine | |
| 06.0380 | 牧草播种机 | forage seeder | |
| 06.0381 | 牧草撒播机 | herbage broadcast sower | |
| 06.0382 | 牧草槽轮式播种机 | herbage sheave seeder | |
| 06.0383 | 牧草气吹式播种机 | herbage blowing-type seeder | |
| 06.0384 | 牧草气吸式播种机 | herbage suction-type seeder | |
| 06.0385 | 牧草种子收获机 | herbage seed harvesting machine | |
| 06.0386 | 牧草种子联合收割机 | herbage seed combine-harvester | |
| 06.0387 | 牧草种子站杆采集机 | herbage seed rod collecting machine | |
| 06.0388 | 牧草收获机 | forage harvesting machine | |
| 06.0389 | 割草机 | lawn mower | 又称“剪草机”。 |
| 06.0390 | 往复式割草机 | reciprocation-type mower | |
| 06.0391 | 旋转式割草机 | rotary mower | |
| 06.0392 | 往复割草调制机 | reciprocating mower and conditioner | |
| 06.0393 | 旋转式割草调制机 | rotary mover and conditioner | |
| 06.0394 | 搂草机 | rake | |
| 06.0395 | 横向搂草机 | dump rake | |
| 06.0396 | 侧向滚筒式搂草机 | side drum-type rake | |
| 06.0397 | 指轮式搂草机 | finger-wheel rake | |
| 06.0398 | 水平旋转搂草机 | horizontal vortex rotary rake | |
| 06.0399 | 侧向带式搂草机 | side ribbon-type rake | |
| 06.0400 | 压捆机 | baler | |
| 06.0401 | 方捆机 | square baler | |
| 06.0402 | 圆捆机 | round baler | |
| 06.0403 | 辊筒式圆捆机 | drum roll round baler | |
| 06.0404 | 辊杠式圆捆机 | roll bar style round baler | |
| 06.0405 | 皮带式圆捆机 | belt-type round baler | |
| 06.0406 | 高密度二次压缩机 | high-density secondary compressor | |

| 序　号 | 汉　文　名 | 英　文　名 | 注　　释 |
|---|---|---|---|
| 06.0407 | 缠膜机 | film-wrapping machine | |
| 06.0408 | 圆捆缠膜机 | round bale film-wrapping machine | |
| 06.0409 | 方捆缠膜机 | square bale film-wrapping machine | |
| 06.0410 | 草捆捡拾装载机 | bale pick-up loader | |
| 06.0411 | 方捆捡拾装载机 | square bale pick-up loader | |
| 06.0412 | 滑道式草捆输送器 | chute bale conveyor | |
| 06.0413 | 草捆抛掷器 | bale kicker | |
| 06.0414 | 链条式草捆捡拾机 | chain strapping pick-up machine | |
| 06.0415 | 草捆捡拾码垛机 | bale pick-up stacker crane | |
| 06.0416 | 大方草捆捡拾装载机 | generous square bale pick-up loader | |
| 06.0417 | 圆捆捡拾机 | round bale pick-up machine | |
| 06.0418 | 大圆草捆捡拾装载机 | generous round bale pick-up loader | |
| 06.0419 | 散草捡拾运输车 | scattered grass pickup truck | |
| 06.0420 | 青贮机 | silage machine | |
| 06.0421 | 青贮饲草收获机 | silage forage harvesting equipment | |
| 06.0422 | 青贮饲草收割机 | forage harvester, silage harvester | |
| 06.0423 | 袋式灌装机 | bag filling loader | |
| 06.0424 | 青贮设施 | silage facility | |
| 06.0425 | 青贮窖 | silo pit | |
| 06.0426 | 青贮壕 | bunker silo | |
| 06.0427 | 青贮塔 | tower silo | |
| 06.0428 | 饲草加工机 | forage processing machine | |
| 06.0429 | 饲草碎草加工机 | chopped forage processing machine | |
| 06.0430 | 饲草切碎机 | forage chopper | |
| 06.0431 | 饲草粉碎机 | forage crusher | |
| 06.0432 | 锤片式粉碎机 | hammer mill | |
| 06.0433 | 饲草揉碎机 | forage kneading machine | |
| 06.0434 | 饲草揉切机 | forage cutting and kneading machine | |
| 06.0435 | 饲草制粒机 | forage pellet mill | |
| 06.0436 | 环模制粒机 | hoop standard granulator | |
| 06.0437 | 平模制粒机 | flat die pelleter | |
| 06.0438 | 饲草压块机 | forage briquetting machine | |
| 06.0439 | 田间捡拾干草压块机 | field hay pickup baler | |
| 06.0440 | 小截面压块机 | small section briquetting machine | |
| 06.0441 | 大截面压块机 | large section briquetting machine | |
| 06.0442 | 饲草压饼机 | hay pelleter, forage briquetting machine | |
| 06.0443 | 柱塞式饲草压饼机 | rolling piston forage briquetting ma- | |

| 序 号 | 汉 文 名 | 英 文 名 | 注 释 |
| --- | --- | --- | --- |
| | | chine | |
| 06.0444 | 冲头式饲草压饼机 | ramjet forage briquetting machine | |
| 06.0445 | 模辊式饲草压饼机 | mold roller forage grass briquetting machine | |
| 06.0446 | 轧辊缠绕式饲草压饼机 | roller winding forage grass briquetting machine | |
| 06.0447 | 草辫成型机 | wheat straw braid shaper | |
| 06.0448 | 牧草干燥机 | forage dryer | |
| 06.0449 | 转筒式干燥设备 | rotating drum type drier | |
| 06.0450 | 带式干燥设备 | belt drying equipment | |
| 06.0451 | 远红外线干燥设备 | far infrared ray drying equipment | |
| 06.0452 | 气流干燥设备 | airflow drying equipment | |
| 06.0453 | 过热蒸汽干燥设备 | superheated steam drying equipment | |
| 06.0454 | 组合干燥设备 | combined drying equipment | |
| 06.0455 | 草捆干燥设备 | straw bale drying equipment | |
| 06.0456 | 播种机 | seeder | |
| 06.0457 | 喷播机 | spray seeding machine | |
| 06.0458 | 撒播机 | broadcast sower | |
| 06.0459 | 补播机 | supplementary seeder | |
| 06.0460 | 草坪管理机 | turf management machine | |
| 06.0461 | 施肥机 | fertilizer applicator | |
| 06.0462 | 草坪喷灌系统 | turf sprinkler irrigation system | |
| 06.0463 | 推土机 | bulldozer | |
| 06.0464 | 造型机 | molding machine | |
| 06.0465 | 平地机 | land leveler | |
| 06.0466 | 草坪打孔机 | lawn aerator machine | |
| 06.0467 | 草坪梳草切根机 | lawn comb grass root cutting machine | |
| 06.0468 | 草坪滚压机 | lawn rolling machine | |
| 06.0469 | 草坪覆沙机 | lawn topdressing machine | |
| 06.0470 | 草坪喷药机 | lawn spraying machine | |
| 06.0471 | 草坪清洁机 | lawn cleaning machine | |
| 06.0472 | 草坪切边机 | lawn trimmer | |
| 06.0473 | 捡球机 | picking machine | |

# 07. 草原灾害与保护

## 07.01 草 原 灾 害

| 序 号 | 汉 文 名 | 英 文 名 | 注 释 |
|---|---|---|---|
| 07.0001 | 草原灾害 | grassland disaster | |
| 07.0002 | 白灾 | white disaster | |
| 07.0003 | 草原暴露性 | grassland exposure | |
| 07.0004 | 草原冰雹灾害 | grassland hail disaster | |
| 07.0005 | 草原虫害 | grassland pest | |
| 07.0006 | 草原地质灾害 | grassland geological disaster | |
| 07.0007 | 草原动物疫病灾害 | grassland animal epidemic disease | |
| 07.0008 | 草原风吹雪灾害 | grassland snow drifting disaster | |
| 07.0009 | 草原风沙灾害 | grassland windy and dusty disaster | |
| 07.0010 | 草原干旱 | grassland drought | |
| 07.0011 | 草原旱灾 | grassland drought disaster | |
| 07.0012 | 草原环境污染 | grassland environmental pollution | |
| 07.0013 | 草原荒漠化 | grassland desertification | |
| 07.0014 | 草原蝗灾 | grassland locust disaster | |
| 07.0015 | 草原火 | grassland fire | |
| 07.0016 | 草原火行为 | grassland fire behavior | |
| 07.0017 | 草原火环境 | grassland fire environment | |
| 07.0018 | 草原火险 | grassland fire danger | |
| 07.0019 | 草原火险区划 | grassland fire danger zoning | |
| 07.0020 | 草原火险预测 | grassland fire danger prediction | |
| 07.0021 | 草原火灾 | grassland fire disaster | |
| 07.0022 | 草原火灾风险 | grassland fire risk | |
| 07.0023 | 草原火灾模拟 | grassland fire disaster simulation | |
| 07.0024 | 草原火灾受灾率 | grassland fire disaster rate | |
| 07.0025 | 草原低温冷冻灾害 | grassland freezing disaster | |
| 07.0026 | 草原寒害 | grassland chilling injury, grassland cold injury | |
| 07.0027 | 草原气象灾害 | grassland meteorological disaster | |
| 07.0028 | 草原人为灾害 | grassland man-made disaster | |
| 07.0029 | 草原沙尘暴灾害 | grassland sandstorm disaster | |
| 07.0030 | 草原生态灾害 | grassland ecological disaster | |
| 07.0031 | 草原生物灾害 | grassland biological disaster | |

| 序号 | 汉文名 | 英文名 | 注释 |
| --- | --- | --- | --- |
| 07.0032 | 草原受灾面积 | grassland disaster affected area | |
| 07.0033 | 草原鼠害 | grassland rodent pest | |
| 07.0034 | 草原水土流失 | grassland soil erosion | |
| 07.0035 | 草原水灾 | grassland flood | |
| 07.0036 | 草原外来生物入侵 | grassland alien biological invasion | |
| 07.0037 | 草原雪灾 | grassland snow disaster | |
| 07.0038 | 草原盐渍化 | grassland salinization | |
| 07.0039 | 草原有毒植物灾害 | grassland poisonous plant disaster | |
| 07.0040 | 草原灾害保险 | grassland disaster insurance | |
| 07.0041 | 草原灾害承灾体 | hazard bearing body of grassland disaster | |
| 07.0042 | 草原灾害脆弱性 | grassland disaster vulnerability | |
| 07.0043 | 草原灾害等级 | grassland disaster grade | |
| 07.0044 | 草原灾害动态风险评价 | dynamic risk assessment of grassland disaster | |
| 07.0045 | 草原灾害防治 | grassland disaster prevention | |
| 07.0046 | 草原灾害风险 | grassland disaster risk | |
| 07.0047 | 草原灾害风险辨识 | grassland disaster risk identification | |
| 07.0048 | 草原灾害防灾减灾能力 | disaster prevention and mitigation ability of grassland disaster | |
| 07.0049 | 草原灾害风险分析 | grassland disaster risk analysis | |
| 07.0050 | 草原灾害风险管理 | grassland disaster risk management | |
| 07.0051 | 草原灾害风险管理系统 | grassland disaster risk management system | |
| 07.0052 | 草原灾害风险评估 | grassland disaster risk evaluation | |
| 07.0053 | 草原灾害风险评价 | grassland disaster risk assessment | |
| 07.0054 | 草原灾害风险区划 | grassland disaster risk zoning | |
| 07.0055 | 草原灾害风险应急管理 | grassland disaster risk emergency management | |
| 07.0056 | 草原灾害风险预警 | grassland disaster risk early warning | |
| 07.0057 | 草原灾害风险源 | grassland disaster risk source | |
| 07.0058 | 草原灾害管理 | grassland disaster management | |
| 07.0059 | 草原灾害管理系统 | grassland disaster management system | |
| 07.0060 | 草原灾害间接损失 | indirect loss of grassland disaster | |
| 07.0061 | 草原灾害监测 | grassland disaster monitor | |
| 07.0062 | 草原灾害静态风险评价 | static risk assessment of grassland disaster | |
| 07.0063 | 草原灾害救援 | grassland disaster relief | |

| 序　号 | 汉　文　名 | 英　文　名 | 注　　释 |
|---|---|---|---|
| 07.0064 | 草原灾害链 | grassland disaster chain | |
| 07.0065 | 草原灾害评估 | grassland disaster evaluation | |
| 07.0066 | 草原灾害群 | grassland disaster group | |
| 07.0067 | 草原灾害社会影响 | social impact of grassland disaster | |
| 07.0068 | 草原灾害社会影响评估 | social impact assessment of grassland disaster | |
| 07.0069 | 草原灾害损失 | grassland disaster loss | |
| 07.0070 | 草原灾害损失率 | loss rate of grassland disaster | |
| 07.0071 | 草原灾害损失评估 | grassland disaster loss evaluation | |
| 07.0072 | 草原灾害危险性 | grassland disaster hazard | |
| 07.0073 | 草原灾害学 | science of grassland disaster | |
| 07.0074 | 草原灾害应急管理 | grassland disaster emergency management | |
| 07.0075 | 草原灾害应急管理系统 | grassland disaster emergency management system | |
| 07.0076 | 草原灾害应急救助 | grassland disaster emergency assistance | |
| 07.0077 | 草原灾害应急决策 | grassland disaster emergency decision | |
| 07.0078 | 草原灾害应急抢险 | grassland disaster emergency repair | |
| 07.0079 | 草原灾害应急搜救 | grassland disaster emergency rescue | |
| 07.0080 | 草原灾害应急预案 | grassland disaster emergency plan | |
| 07.0081 | 草原灾害预报 | grassland disaster forecast | |
| 07.0082 | 草原灾害预测 | grassland disaster prediction | |
| 07.0083 | 草原灾害预警 | grassland disaster early warning | |
| 07.0084 | 草原灾害孕灾环境 | hazard inducing environment of grassland disaster | |
| 07.0085 | 草原灾害灾情 | grassland disaster situation | |
| 07.0086 | 草原灾害直接损失 | direct loss of grassland disaster | |
| 07.0087 | 草原灾害指数 | grassland disaster index | |
| 07.0088 | 草原灾害致灾因子 | hazard factor of grassland disaster | |
| 07.0089 | 草原灾情区划 | grassland disaster situation zoning | |
| 07.0090 | 草原植物病害 | grassland plant disease | |
| 07.0091 | 草原自然灾害 | grassland natural disaster | |
| 07.0092 | 过火面积 | burned area | |
| 07.0093 | 过火区 | burned zone | |
| 07.0094 | 黑灾 | black calamity, winter drought disaster | |
| 07.0095 | 火险指数 | fire danger index | |
| 07.0096 | 火源 | source of ignition | |

| 序号 | 汉文名 | 英文名 | 注释 |
| --- | --- | --- | --- |
| 07.0097 | 开垦草原 | grassland reclamation | |
| 07.0098 | 可燃物火险 | combustible fire danger | |
| 07.0099 | 牧区减灾投入 | pastoral area input for disaster mitigation | |
| 07.0100 | 牧区受灾人口 | pastoral area disaster affected population | |
| 07.0101 | 牧区应灾能力 | pastoral area disaster response capacity | |
| 07.0102 | 牧区应灾能力评估 | assessment of pastoral area disaster response capacity | |
| 07.0103 | 牧区灾后重建 | post-disaster reconstruction of pastoral area | |
| 07.0104 | 起火点 | point of origin | |
| 07.0105 | 气象火险 | meteorological fire danger | |

## 07.02 草地保护

| 序号 | 汉文名 | 英文名 | 注释 |
| --- | --- | --- | --- |
| 07.0106 | 草地植物保护 | rangeland plant protection | |
| 07.0107 | 草地有害生物 | rangeland pest | |
| 07.0108 | 草地检疫性有害生物 | rangeland quarantine pest | |
| 07.0109 | 草地非检疫性有害生物 | rangeland non-quarantine pest | |
| 07.0110 | 草地外来入侵生物 | rangeland alien invasive species | |
| 07.0111 | 草地植物检疫 | rangeland plant quarantine | |
| 07.0112 | 国内检疫 | domestic quarantine | |
| 07.0113 | 国际检疫 | international quarantine | |
| 07.0114 | 草地有害生物防治 | rangeland integrated pest management | |
| 07.0115 | 生态治理 | ecological management | |
| 07.0116 | 生物防治 | biological control | |
| 07.0117 | 物理防治 | physical control | |
| 07.0118 | 化学防治 | chemical control | |
| 07.0119 | 昆虫不育防治 | insect control by sterilization | |
| 07.0120 | 草地有害生物预测预报 | rangeland pest forecast | |
| 07.0121 | 发生期预测 | forecast of emergence period | |
| 07.0122 | 发生流行程度预测 | forecast of emergence size | |
| 07.0123 | 危害程度预测 | forecast of damage | |
| 07.0124 | 空间分布型 | spatial distribution pattern | |
| 07.0125 | 不选择性 | non-preference | |

| 序 号 | 汉 文 名 | 英 文 名 | 注 释 |
| --- | --- | --- | --- |
| 07.0126 | 抗生性 | antibiosis | |
| 07.0127 | 耐害性 | tolerance to insect | |
| 07.0128 | 诱导抗虫性 | induced insect resistance | |
| 07.0129 | 形态抗虫性 | morphological insect resistance | |
| 07.0130 | 生化抗虫性 | biochemical insect resistance | |
| 07.0131 | 水平抗虫性 | horizontal resistance to insect | |
| 07.0132 | 垂直抗虫性 | vertical resistance to insect | |
| 07.0133 | 单基因抗性 | monogenic resistance | |
| 07.0134 | 寡基因抗性 | oligogenic resistence | |
| 07.0135 | 多基因抗性 | polygenic resistence | |
| 07.0136 | 天敌 | natural enemy | |
| 07.0137 | 捕食者 | predator | |
| 07.0138 | 捕食作用 | predation | |
| 07.0139 | 寄生 | parasitism | |
| 07.0140 | 内寄生 | endoparasitism | |
| 07.0141 | 外寄生 | ectoparasitism | |
| 07.0142 | 单寄生 | monoparasitism | |
| 07.0143 | 重寄生 | hyperparasitism | |
| 07.0144 | 多寄生 | multiparasitism | |
| 07.0145 | 昆虫病原微生物 | entomopathogenic microorganism | |
| 07.0146 | 昆虫病原真菌 | entomopathogenic fungus | |
| 07.0147 | 昆虫病原细菌 | entomopathogenic bacterium | |
| 07.0148 | 昆虫病原病毒 | entomopathogenic virus | |
| 07.0149 | 昆虫病原线虫 | entomopathogenic nematode | |
| 07.0150 | 农药 | pesticide | |
| 07.0151 | 生物农药 | biological pesticide | |
| 07.0152 | 杀线虫剂 | nematocide | |
| 07.0153 | 杀螨剂 | acaricide, miticide | |
| 07.0154 | 杀菌剂 | fungicide, bactericide, germicide | |
| 07.0155 | 杀虫剂 | insecticide | |
| 07.0156 | 选择性杀虫剂 | selective insecticide | |
| 07.0157 | 广谱性杀虫剂 | broad-spectrum insecticide | |
| 07.0158 | 胃毒剂 | stomach insecticide | |
| 07.0159 | 熏蒸剂 | fumigant, fumigating insecticide | |
| 07.0160 | 触杀剂 | contact insecticide | |
| 07.0161 | 内吸剂 | systemic insecticide | |
| 07.0162 | 拒食剂 | antifeedant | |
| 07.0163 | 忌避剂 | repellent | |

| 序　号 | 汉　文　名 | 英　文　名 | 注　　释 |
| --- | --- | --- | --- |
| 07.0164 | 引诱剂 | attractant | |
| 07.0165 | 不育剂 | chemosterilant | |
| 07.0166 | 神经毒素 | neurotoxin | |
| 07.0167 | 呼吸毒剂 | respiration poison | |
| 07.0168 | 昆虫生长调节剂 | insect growth regulator | |
| 07.0169 | 几丁质合成酶抑制剂 | chitin-synthetase inhibitor | |
| 07.0170 | 灭鼠剂 | rodenticide | |
| 07.0171 | 除草剂 | herbicide | |
| 07.0172 | 广谱性除草剂 | broad-spectrum herbicide | |
| 07.0173 | 选择性除草剂 | selective herbicide | |
| 07.0174 | 灭生性除草剂 | non-selective herbicide | |
| 07.0175 | 触杀性除草剂 | contact herbicide | |
| 07.0176 | 内吸性除草剂 | inner absorbent herbicide | |
| 07.0177 | 填充剂 | filler | |
| 07.0178 | 湿润剂 | wetting agent | |
| 07.0179 | 乳化剂 | emulsifier | |
| 07.0180 | 溶剂 | solvent | |
| 07.0181 | 分散剂 | dispersing agent | |
| 07.0182 | 黏着剂 | sticker | |
| 07.0183 | 稳定剂 | stabilizer | |
| 07.0184 | 增效剂 | synergist | |
| 07.0185 | 剂型 | formulation | |
| 07.0186 | 乳油 | emulsifiable concentrate | |
| 07.0187 | 颗粒剂 | granule | |
| 07.0188 | 可湿性粉剂 | wettable powder | |
| 07.0189 | 可溶性粉剂 | soluble powder | |
| 07.0190 | 浓悬浮剂 | suspension concentrate | |
| 07.0191 | 胶体剂 | colloidal formulation | |
| 07.0192 | 粉剂 | dustable powder | |
| 07.0193 | 种子处理剂 | seed treatment product | |
| 07.0194 | 油剂 | oil solution | |
| 07.0195 | 缓释剂 | controlled release formulation | |
| 07.0196 | 烟剂 | smoke agent | |
| 07.0197 | 原药 | technical material | |
| 07.0198 | 有效成分 | effectual component | |
| 07.0199 | 喷雾法 | spray method | |
| 07.0200 | 喷粉法 | dusting method | |
| 07.0201 | 土壤处理 | soil treatment | |

| 序 号 | 汉 文 名 | 英 文 名 | 注 释 |
| --- | --- | --- | --- |
| 07.0202 | 毒饵 | poison bait | |
| 07.0203 | 残留 | residue | |
| 07.0204 | 残效 | residual effect, residual activity | |
| 07.0205 | 残毒 | residual toxicity | |
| 07.0206 | 生物测定 | bioassay | |
| 07.0207 | 致死剂量 | lethal dosage | |
| 07.0208 | 有效中量 | median effective dose | |
| 07.0209 | 最低有效剂量 | minimum effective dose | |
| 07.0210 | 半数致死量 | median lethal dose | |
| 07.0211 | 最低致死剂量 | minimum lethal dose | |
| 07.0212 | 致死中浓度 | median lethal concentration | |
| 07.0213 | 抑制中浓度 | median inhibitory concentration | |
| 07.0214 | 有效中浓度 | median effective concentration | |
| 07.0215 | 剂量对数-机值回归线 | log dosage probability line, LD-P line | |
| 07.0216 | 抗药性 | insecticide resistance | |
| 07.0217 | 交互抗性 | cross resistance | |
| 07.0218 | 负交互抗性 | negative cross resistance | |
| 07.0219 | 代谢抗性 | metabolic resistance | |
| 07.0220 | 靶标抗性 | target resistance | |
| 07.0221 | 行为抗性 | behavior resistance | |
| 07.0222 | 抗性基因频率 | resistance gene frequency | |
| 07.0223 | 抗药性指数 | insecticide resistance index | |
| 07.0224 | 抗药性监测 | monitoring for insecticide resistance | |
| 07.0225 | 抗药性治理 | insecticide resistance management | |
| 07.0226 | 剂量反应 | dose response | |
| 07.0227 | 不可逆抑制剂 | irreversible inhibitor | |
| 07.0228 | 可逆性抑制剂 | reversible inhibitor | |
| 07.0229 | 滞育 | diapause | |
| 07.0230 | 迁飞 | migration | |
| 07.0231 | 出生率 | natality | |
| 07.0232 | 死亡率 | mortality | |
| 07.0233 | 内禀增长率 | innate rate of increase | |
| 07.0234 | 性比 | sex ratio | |
| 07.0235 | 种群结构 | population structure | |
| 07.0236 | 种群增长 | population growth | |
| 07.0237 | 种群波动 | population fluctuation | |
| 07.0238 | 生命表 | life table | |
| 07.0239 | 存活曲线 | survivorship curve | |

| 序 号 | 汉 文 名 | 英 文 名 | 注 释 |
|---|---|---|---|
| 07.0240 | 关键因子分析 | key factor analysis | |
| 07.0241 | 均匀分布 | uniform distribution | |
| 07.0242 | 随机分布 | random distribution | |
| 07.0243 | 聚集分布 | aggregated distribution | 又称"集群分布"。 |
| 07.0244 | 信息素 | pheromone | |
| 07.0245 | 性外激素 | sex pheromone | |
| 07.0246 | 聚集信息素 | aggregation pheromone | |
| 07.0247 | 示踪信息素 | trail pheromone | |
| 07.0248 | 报警信息素 | alarm pheromone | |
| 07.0249 | 交配干扰 | mating disruption | |
| 07.0250 | 信息素诱捕 | pheromone trap | |
| 07.0251 | 食性 | food habit | |
| 07.0252 | 植食性 | phytophagy | |
| 07.0253 | 捕食性 | predatism | |
| 07.0254 | 腐食性 | saprophagy | |
| 07.0255 | 杂食性 | omnivory | |
| 07.0256 | 单食性 | monophagy | |
| 07.0257 | 寡食性 | oligophagy | |
| 07.0258 | 多食性 | polyphagy | |
| 07.0259 | 经济损失允许水平 | economic injury level | |
| 07.0260 | 经济阈值 | economic threshold, control index | |
| 07.0261 | 趋性 | taxis | |
| 07.0262 | 正趋性 | positive taxis | |
| 07.0263 | 负趋性 | negative taxis | |
| 07.0264 | 趋化性 | chemotaxis | |
| 07.0265 | 趋光性 | phototaxis | |
| 07.0266 | 趋声性 | phonotaxis | |
| 07.0267 | 地下害虫 | soil insect | |
| 07.0268 | 植物病害 | plant disease | |
| 07.0269 | 侵染性病害 | infectious disease | |
| 07.0270 | 非侵染性病害 | non-infectious disease | |
| 07.0271 | 收获后病害 | post-harvest disease | |
| 07.0272 | 寄生性病害 | parasitic disease | |
| 07.0273 | 病原学 | etiology | |
| 07.0274 | 病原物 | pathogen | |
| 07.0275 | 病三角 | disease triangle | |
| 07.0276 | 病程 | pathogenesis | |
| 07.0277 | 病四角 | disease square | |

| 序　号 | 汉 文 名 | 英 文 名 | 注　　释 |
|---|---|---|---|
| 07.0278 | 病害监测 | disease monitoring | |
| 07.0279 | 植物病害流行学 | plant disease epidemiology | |
| 07.0280 | 感病体 | suscept | |
| 07.0281 | 感病性 | disease susceptibility | |
| 07.0282 | 过敏性 | hypersensitivity | |
| 07.0283 | 致病性 | pathogenicity | |
| 07.0284 | 抗生素 | antibiotic | |
| 07.0285 | 避病性 | disease escaping | |
| 07.0286 | 侵染 | infection | |
| 07.0287 | 侵染性 | infectivity | |
| 07.0288 | 初侵染 | primary infection | |
| 07.0289 | 主动抗病性 | active resistance | |
| 07.0290 | 再次侵染 | secondary infection | |
| 07.0291 | 潜伏侵染 | latent infection | |
| 07.0292 | 侵染循环 | cycle of infection | |
| 07.0293 | 侵入方式 | mode of entry | |
| 07.0294 | 主动免疫 | active immunity | |
| 07.0295 | 保卫反应 | defense reaction | |
| 07.0296 | 传播 | transmission | |
| 07.0297 | 伤口寄生物 | wound parasite | |
| 07.0298 | 水平抗病性 | horizontal resistance | |
| 07.0299 | 垂直抗病性 | vertical resistance | |
| 07.0300 | 植物病理学 | plant pathology | |
| 07.0301 | 毒性基因 | virulence gene | |
| 07.0302 | 生理小种 | physiological race | |
| 07.0303 | 并发症 | complication | |
| 07.0304 | 单孢分离 | single spore isolation | |
| 07.0305 | 单胞分离 | single cell isolation | |
| 07.0306 | 带病体 | carrier | |
| 07.0307 | 潜伏病毒 | latent virus | |
| 07.0308 | 潜育期 | incubation period | |
| 07.0309 | 斑驳 | mottle | |
| 07.0310 | 条斑 | streak | |
| 07.0311 | 条纹 | stripe | |
| 07.0312 | 斑枯病 | spot blotch | |
| 07.0313 | 锈病 | rust disease | |
| 07.0314 | 无毒基因 | avirulence gene | |
| 07.0315 | 植原体 | phytoplasma | |

| 序　号 | 汉 文 名 | 英 文 名 | 注　　释 |
| --- | --- | --- | --- |
| 07.0316 | 环斑 | ring spot | 又称“轮纹病”。 |
| 07.0317 | 霉 | mold | |
| 07.0318 | 诊断 | diagnosis | |
| 07.0319 | 矮化 | dwarf, stunt | |
| 07.0320 | 症状 | symptom | |
| 07.0321 | 有性阶段 | sexual stage | |
| 07.0322 | 异核现象 | heterokaryosis | |
| 07.0323 | 土壤消毒 | soil sterilization | |
| 07.0324 | 温汤浸种 | hot water treatment | |
| 07.0325 | 接种 | inoculation | |
| 07.0326 | 接种体 | inoculum | |
| 07.0327 | 接触传染 | contagion | |
| 07.0328 | 菌根 | mycorrhiza | |
| 07.0329 | 菌核 | sclerotium | |
| 07.0330 | 协同共生 | synergism | |
| 07.0331 | 流胶 | gummosis | |
| 07.0332 | 菌落 | colony | |
| 07.0333 | 越冬 | overwintering | |
| 07.0334 | 半知菌 | deuteromycetes | |
| 07.0335 | 锈菌 | rust | |
| 07.0336 | 休眠孢子 | resting spore | |
| 07.0337 | 植物保卫素 | phytoalexin | |
| 07.0338 | 毒性 | toxity | |
| 07.0339 | 毒素 | toxin | |
| 07.0340 | 病程相关蛋白 | pathogenesis related protein | |
| 07.0341 | 病毒 | virus | |
| 07.0342 | 病毒粒体 | virion | |
| 07.0343 | 类病毒 | viroid | |
| 07.0344 | 持久性病毒 | persistent virus | |
| 07.0345 | 非持久性病毒 | non-persistent virus | |
| 07.0346 | 寄主 | host | |
| 07.0347 | 转主寄生 | heteroecism | |
| 07.0348 | 转主寄主 | alternate host | |
| 07.0349 | 寄生物 | parasite | |
| 07.0350 | 外寄生物 | ectoparasite | |
| 07.0351 | 内寄生物 | endoparasite | |
| 07.0352 | 共生 | symbiosis | |
| 07.0353 | 专性寄生物 | obligate parasite | |

| 序 号 | 汉 文 名 | 英 文 名 | 注 释 |
|---|---|---|---|
| 07.0354 | 腐生物 | saprophyte | |
| 07.0355 | 抗体 | antibody | |
| 07.0356 | 单克隆抗体 | monoclonal antibody | |
| 07.0357 | 多克隆抗体 | polyclonal antibody | |
| 07.0358 | 抗原 | antigen | |
| 07.0359 | 抗血清 | antiserum | |
| 07.0360 | 拮抗[作用] | antagonism | |
| 07.0361 | 基因转移 | gene transfer | |
| 07.0362 | 成株抗病性 | adult plant resistance | |
| 07.0363 | 抗性 | resistance | |
| 07.0364 | 获得抗病性 | acquired resistance | |
| 07.0365 | 免疫 | immune | |
| 07.0366 | 免疫性 | immunity | |
| 07.0367 | 获得免疫性 | acquired immunity | |
| 07.0368 | 土传病害 | soil-borne disease | |
| 07.0369 | 气传病害 | aero-borne disease | |
| 07.0370 | 种传病害 | seed-borne disease | |
| 07.0371 | 杂草 | weed | |
| 07.0372 | 单子叶杂草 | monocot weed | |
| 07.0373 | 双子叶杂草 | dicot weed | |
| 07.0374 | 寄生型杂草 | parasitic weed | |
| 07.0375 | 半寄生型杂草 | semi-parasitic weed | |
| 07.0376 | 一年生杂草 | annual weed | |
| 07.0377 | 二年生杂草 | biennial weed | |
| 07.0378 | 多年生杂草 | perennial weed | |
| 07.0379 | 直立型杂草 | erect stem weed | |
| 07.0380 | 匍匐型杂草 | creeping stem weed | |
| 07.0381 | 蔓生型杂草 | trailing weed | |
| 07.0382 | 水生杂草 | aquatic weed | |
| 07.0383 | 浮游型杂草 | free floating weed | |
| 07.0384 | 沉水型杂草 | submersed weed | |
| 07.0385 | 挺生型杂草 | emersed weed | |
| 07.0386 | 恶性杂草 | noxious weed | |
| 07.0387 | 机械除草 | mechanical weed control | |
| 07.0388 | 生物除草 | biological weed control | |
| 07.0389 | 化学除草 | chemical weed control | |
| 07.0390 | 转基因抗除草剂作物 | herbicide-tolerant transgenic crop | |
| 07.0391 | 害鼠 | rodent pest | |

| 序　号 | 汉　文　名 | 英　文　名 | 注　　释 |
| --- | --- | --- | --- |
| 07.0392 | 急性灭鼠剂 | acute rodenticide | |
| 07.0393 | 慢性灭鼠剂 | subacute rodenticide | |
| 07.0394 | 鼠类的社群行为 | rodent social behavior | |
| 07.0395 | 共生鼠 | commensal rodent | |
| 07.0396 | 觅食对策 | foraging strategy | |
| 07.0397 | 栖息地选择 | habitat selection | |
| 07.0398 | 交配系统 | mating system | |
| 07.0399 | 社群序位 | social hierarchy | |
| 07.0400 | 领域行为 | territory behavior | |
| 07.0401 | 鼠密度 | rodent density | |
| 07.0402 | 器械灭鼠 | mechanical control of rodent pest | |
| 07.0403 | 化学灭鼠 | chemical control of rodent pest | |
| 07.0404 | 生物灭鼠 | biological control of rodent pest | |

# 08. 草原文化

| 序　号 | 汉　文　名 | 英　文　名 | 注　　释 |
| --- | --- | --- | --- |
| 08.0001 | 草原文明 | grassland civilization | |
| 08.0002 | 草原生态文明 | grassland eco-civilization | |
| 08.0003 | 游牧文明 | nomadic civilization | |
| 08.0004 | 草原文化 | grassland culture | |
| 08.0005 | 草原畜牧文化 | grassland animal husbandry culture | |
| 08.0006 | 游牧文化 | nomadic culture | |
| 08.0007 | 游牧文化圈 | nomadic culture circle | |
| 08.0008 | 游牧生产方式 | nomadic mode of production | |
| 08.0009 | 游牧民族 | nomads | |
| 08.0010 | 游牧社会 | nomadic society | |
| 08.0011 | 游牧部落 | nomadic tribe | |
| 08.0012 | 游牧族群 | nomadic ethnic group | |
| 08.0013 | 马背民族 | horseback nation | |
| 08.0014 | 草原农耕文化 | grassland farming culture | |
| 08.0015 | 草原采集文化 | grassland collecting culture | |
| 08.0016 | 草原狩猎文化 | grassland hunting culture | |
| 08.0017 | 骑猎文化 | riding and hunting culture | |
| 08.0018 | 鹰猎文化 | falconry culture | |
| 08.0019 | 高寒草原文化 | alpine grassland culture | |
| 08.0020 | 绿洲草原文化 | oasis grassland culture | |

| 序　号 | 汉 文 名 | 英 文 名 | 注　　释 |
|---|---|---|---|
| 08.0021 | 草原文化创造主体 | creative subject of grassland culture | |
| 08.0022 | 中华多元一体文化 | Chinese pluralistic and integrative culture | |
| 08.0023 | 匈奴文化 | Hun culture | |
| 08.0024 | 突厥文化 | Turkic culture | |
| 08.0025 | 鲜卑文化 | Xianbei culture | |
| 08.0026 | 藏族文化 | Tibetan culture | |
| 08.0027 | 藏语 | Tibetan | |
| 08.0028 | 藏传佛教 | Tibetan Buddhism | |
| 08.0029 | 藏医 | Tibetan medicine | |
| 08.0030 | 藏袍 | Tibetan cloak | |
| 08.0031 | 哈达 | Khata | |
| 08.0032 | 契丹文化 | Khitan culture | |
| 08.0033 | 契丹文 | Khitan script | |
| 08.0034 | 澶渊之盟 | alliance of Chan Yuan | |
| 08.0035 | 女真文化 | Jurchen culture | |
| 08.0036 | 女真文 | Jurchen script | |
| 08.0037 | 金边墙 | great wall of Chin | |
| 08.0038 | 蒙元文化 | Mongol-Yuan culture | |
| 08.0039 | 蒙古文 | Mongolian writing | |
| 08.0040 | 回鹘式蒙古文 | uighur-style Mongolian | |
| 08.0041 | 新蒙文 | cyrillic Mongolian | |
| 08.0042 | 八思巴文 | Phags pa script | |
| 08.0043 | 蒙古包 | ger, yurt | |
| 08.0044 | 勒勒车 | lele che | |
| 08.0045 | 套马杆 | horse pole | |
| 08.0046 | 那达幕 | nadam | |
| 08.0047 | 马头琴 | morin khuur | |
| 08.0048 | 祭敖包 | oboo festival | |
| 08.0049 | 蒙医学 | Mongolian medicine | |
| 08.0050 | 蒙古袍 | Mongolian gown | |
| 08.0051 | 蒙古象棋 | Mongolian chess | |
| 08.0052 | 蒙古族长调民歌 | Mongolian long-tune folk song | |
| 08.0053 | 鼻烟壶 | snuff bottle | |
| 08.0054 | 古列延 | Kriyen | |
| 08.0055 | 阿吾勒 | Awil | |
| 08.0056 | 阿寅勒 | Ayil | |
| 08.0057 | 孛斡勒 | Bool | |

| 序　号 | 汉　文　名 | 英　文　名 | 注　　释 |
|---|---|---|---|
| 08.0058 | 那颜 | Noyan | |
| 08.0059 | 呼麦 | hoomei | |
| 08.0060 | 驿站制度 | posthouse system | |
| 08.0061 | 哈萨克文化 | Kazakh culture | |
| 08.0062 | 哈萨克语 | Kazakh language | |
| 08.0063 | 哈萨克医药学 | Kazakh medicine | |
| 08.0064 | 哈萨克毡房 | Kazakh yurt | |
| 08.0065 | 姑娘追 | Kazak girl chase | |
| 08.0066 | 叼羊 | buzkashi | |
| 08.0067 | 满族文化 | Manchu culture | |
| 08.0068 | 满文 | Manchu script | |
| 08.0069 | 盟旗制度 | League-Banner system | |
| 08.0070 | 蒙古族政策 | Mongolian policy | |
| 08.0071 | 西藏政策 | Tibetan policy | |
| 08.0072 | 汉族政策 | Han policy | |
| 08.0073 | 八旗 | eight Banners | |
| 08.0074 | 草原文化遗产 | grassland cultural heritage | |
| 08.0075 | 兴隆洼文化 | Xinglongwa culture | |
| 08.0076 | 扎赉诺尔文化 | Zhalainuoer culture | |
| 08.0077 | 赵宝沟文化 | Zhao Baogou culture | |
| 08.0078 | 富河文化 | Fuhe culture | |
| 08.0079 | 小河沿文化 | Xiaoheyan culture | |
| 08.0080 | 夏家店上层文化 | upper Xiajiadian culture | |
| 08.0081 | 夏家店下层文化 | lower Xiajiadian culture | |
| 08.0082 | 红山文化 | Hongshan culture | |
| 08.0083 | 元上都遗址 | site of Xanadu | |
| 08.0084 | 成吉思汗陵 | mausoleum of Genghis Khan | |
| 08.0085 | 乌孙文化 | Wusun culture | |
| 08.0086 | 西夏文化 | Xixia culture | |
| 08.0087 | 史诗 | epic | |
| 08.0088 | 草原文化产业 | grassland culture industry | |
| 08.0089 | 草原文化节 | grassland culture festival | |
| 08.0090 | 昭君文化节 | Zhaojun culture festival | |
| 08.0091 | 乌兰牧骑 | Wulanmuqi | |
| 08.0092 | 草原文化旅游 | grassland cultural tourism | |
| 08.0093 | 草原影视文化 | grassland film and television culture | |
| 08.0094 | 草原文化研究 | grassland culture research | |
| 08.0095 | 草原文化传承 | grassland cultural inheritance | |

| 序　号 | 汉 文 名 | 英 文 名 | 注　　释 |
| --- | --- | --- | --- |
| 08.0096 | 草原文化史研究 | grassland culture history research | |
| 08.0097 | 文化冲突 | cultural conflict | |
| 08.0098 | 文化碰撞 | cultural collision | |
| 08.0099 | 文化融合 | cultural fusion | |
| 08.0100 | 草原丝绸之路 | grassland silk road | |
| 08.0101 | 草原商队 | grassland caravan | |
| 08.0102 | 茶马贸易 | tea-horse trade | |
| 08.0103 | 砖茶货币 | tea money | |
| 08.0104 | 牲畜货币 | livestock money | |
| 08.0105 | 行商 | itinerant trader | |
| 08.0106 | 坐商 | tradesman | |
| 08.0107 | 闯关东 | brave the journey to northeast | |
| 08.0108 | 走西口 | zou xikou | |
| 08.0109 | 岩画文化 | cliff painting culture | |
| 08.0110 | 阴山岩画 | Yinshan cliff painting | |
| 08.0111 | 曼德拉山岩画 | Mandela mountain rock painting | |
| 08.0112 | 新疆岩画 | rock painting in Xinjian | |
| 08.0113 | 西藏岩画 | Tibetan cliff painting | |
| 08.0114 | 贺兰山岩画 | Helan mountain cliff painting | |
| 08.0115 | 草原饮食文化 | grassland food culture | |
| 08.0116 | 酸马奶 | koumiss | |
| 08.0117 | 酸奶疙瘩 | yogurt ball | |
| 08.0118 | 马奶酒 | kumiss | |
| 08.0119 | 奶皮子 | vrum | |
| 08.0120 | 奶豆腐 | hurood | |
| 08.0121 | 奶油 | cream | |
| 08.0122 | 奶茶 | milk tea | |
| 08.0123 | 奶酪 | cheese | |
| 08.0124 | 炒米 | fried rice | |
| 08.0125 | 糌粑 | tsamba | |
| 08.0126 | 手抓肉 | shouzhua meat, hand-held meat | |
| 08.0127 | 牛肉干 | beef jerky | |

# 英 汉 索 引

## A

age composition 年龄组成 02.0135
aged grassland 老化草地 02.0118
age distribution 年龄分布 02.0133
age group 龄组 02.0121
age structure 年龄结构 02.0134
aggregated distribution 聚集分布，*集群分布 07.0243
aggregation pheromone 聚集信息素 07.0246
agricultural resources information 农业资源信息 03.0462
agricultural threshold temperature 农业界限温度 03.0619
*Agrobacterium*-mediated transformation 农杆菌转化 05.0146
*Agrobacterium rhizogenes* 发根农杆菌 05.0150
*Agrobacterium tumefaciens* 根癌农杆菌 05.0149
agroclimatic division 农业气候区划 03.0518
agroclimatic index 农业气候指标 03.0528
agroclimatic resources 农业气候资源 03.0478
agroforestry 复合农林业 03.0246
agronomic trait 农艺性状 06.0072
agrostology 草学 01.0002
air-dried weight 牧草风干重 03.0109
airflow drying equipment 气流干燥设备 06.0452
airport turf 机场草坪 04.0700
air seeding 飞播 02.0417
air temperature 气温 03.0600
akasu capsid 赤须盲蝽 06.0119
akene 瘦果 04.0035
alarm pheromone 报警信息素 07.0248
albedo 反照率 03.0578
albedo of underlying surface 下垫面反照率 03.0577
albino seedling 白化苗 05.0078
albumin 清蛋白 04.0040
alfalfa aphid 苜蓿蚜 06.0113
alfalfa armyworm 苜蓿夜蛾 06.0104
alfalfa fall dormancy 苜蓿的秋眠性 06.0242
alfalfa leaf miner 紫云英潜叶蝇 06.0105
alfalfa pod 苜蓿荚果 04.0182
alfalfa seed chalcid 苜蓿籽蜂 06.0111
alfalfa weevil 苜蓿象甲 06.0103
alien name of germplasm 种质外文名 04.0600
alkaline stress 碱胁迫 04.0428
alkali tolerance 耐碱性 04.0478
alliance of Chan Yuan 澶渊之盟 08.0034
allochthonous flora 外来种群落 02.0311
alluvial plain 冲积平原 03.0291
all-year grazing rangeland 全年放牧草地 03.0154
alpine desert 高寒荒漠 03.0051
alpine desert steppe 高寒荒漠草原 03.0050
alpine grassland culture 高寒草原文化 08.0019
alpine meadow 高寒草甸 03.0061
alpine meadow steppe 高寒草甸草原 03.0048
alpine steppe 高寒草原 02.0023
alpine typical steppe 高寒典型草原 03.0049
alternate grazing 交替放牧 02.0493
alternate host 转主寄主 07.0348
alternative promoter 可变启动子 05.0144
ambient blast drying 常温鼓风干燥 06.0202
amensalism 偏害共生 02.0137
aminating agent 氨化剂 06.0330
ammoniacal nitrogen 氨态氮 06.0304
ammoniated treatment 氨化处理 06.0323
amount of collected bulb 收集鳞茎数量 04.0645
amount of collected cutting 收集插条数量 04.0646
amount of collected root and tuber 收集块根块茎数量 04.0644
amount of collected sample 收集标本数量 04.0648
amount of collected seed 收集种子数量 04.0642
amplified fragment length polymorphism 扩增片段长度多态性 05.0005
amylase 淀粉酶 04.0044
analytical sample 分析样品 06.0351
analytic label 分析标签 04.0327
anchored PCR 锚定 PCR 05.0037
androecium 雄蕊 04.0021
animal husbandry 畜牧业 01.0073
animal husbandry climatic resources 牧业气候资源 03.0479
animal husbandry in the mountainous region 山地畜牧业 02.0185
animal night penning 家畜宿营法 01.0061
annual mean 年平均 03.0538
annual precipitation total in origin 原产地年均降雨量 04.0613
annual range 年较差 03.0537
annual rangeland 一年生草地 03.0079
annual turfgrass 一年生草坪草 04.0725
annual variation rate of forage yield 产草量年变率 03.0104

annual weed　一年生杂草　07.0376
annual yield of forage　草地年可食草产量　03.0100
annual yield of grassland　草地年产草量　03.0099
antagonism　拮抗[作用]　07.0360
antagonistic symbiosis　对抗共生　02.0046
anther culture　花药培养　05.0065
anthesis　开花期　06.0062
anthracnose　炭疽病　06.0097
antibiosis　抗生性　07.0126
antibiotic　抗生素　07.0284
antibody　抗体　07.0355
antifeedant　拒食剂　07.0162
antigen　抗原　07.0358
anti-mold agent　防霉剂　06.0278
antinutritional factor　抗营养因子　04.0454
antiserum　抗血清　07.0359
antivirulence　抗病毒　04.0435
aphids　蚜虫类　06.0118
apomixis　无融合生殖　04.0508
apparent competition　似然竞争　02.0267
appropriate harvest time　适宜收割时期　06.0192
apron　果岭裙　04.0833
aquatic weed　水生杂草　07.0382
arbitrarily primed PCR　随机引物 PCR　05.0038
arid climate　干旱气候　03.0533
aridity　干燥度　03.0704
arid-tropical shrub tussock scattered with tree　干热稀树灌草丛　03.0058
arillus　假种皮　04.0033
armyworms　黏虫类　06.0115
artificial accelerated aging　人工加速老化　04.0262
artificial drying　人工干燥　02.0581
artificial grassland　人工草地　05.0239
artificial microclimate　人工小气候　03.0522
artificial mutation　人工诱变　04.0495
artificial precipitation　人工降水　03.0676
artificial seed　人工种子　05.0072
artificial seedbed　全人工型坪床　04.0757
artificial selection　人工选择　04.0494
artificial turf　人造草坪　04.0750
*Arundo donax*　芦竹　04.0595
asexual propagation　无性繁殖　04.0682
aspection succession　季相演替　02.0087
assembly　小群落　02.0341
assessment of atmospheric environment　大气环境评价　03.0547
assessment of pastoral area disaster response capacity　牧区应灾能力评估　07.0102
assimilation　同化作用　02.0304
associes　演替群丛　02.0350
assuring ratio of natural resources　自然资源保证率　03.0279
asymmetric competition　非对称竞争　02.0053
asymptotic population　饱和种群　02.0004
atavism　返祖[现象]　02.0050
atmosphere pollution　大气污染　03.0305
atmospheric background　大气本底[值]　03.0545
atmospheric circulation　大气环流　03.0298
atmospheric cleaning　大气净化　03.0546
atmospheric composition　大气成分　03.0541
atmospheric diffusion　大气扩散　03.0554
atmospheric mass　大气质量　03.0555
atmospheric ozone　大气臭氧　03.0543
atmospheric resources　大气资源　03.0540
atmospheric trace gas　大气痕量气体　03.0542
attractant　引诱剂　07.0164
attribute database for resources information　资源信息属性数据库　03.0320
attributive data of resources information　资源信息属性数据　03.0344
autogenic succession　自发演替　02.0389
autolysis phase　*自体溶解阶段　02.0577
autumn grass　秋草　02.0574
autumn pasture　秋季牧场　01.0032
available area of rangeland　草地可利用面积　03.0117
avirulence gene　无毒基因　07.0314
Awil　阿吾勒　08.0055
Ayil　阿寅勒　08.0056
azonal lowland meadow　低地草甸　03.0059
azonal rangeland　非地带性草地　03.0075

# B

backcross　回交　04.0416
backcross breeding　回交转育　04.0417
backup of resources information data　资源信息数据备份　03.0386
bactericide　杀菌剂　07.0154
bag filling loader　袋式灌装机　06.0423
bagged silage　袋状青贮　06.0312
balance between forage supply and livestock demand　草畜平衡　02.0013
bale anti-throw rate　草捆抗摔率　06.0275
bale density　草捆密度　06.0274
bale kicker　草捆抛掷器　06.0413
bale pick-up loader　草捆捡拾装载机　06.0410
bale pick-up stacker crane　草捆捡拾码垛机　06.0415
baler　压捆机　06.0400
bale rate　成捆率　06.0273
bale silage　草捆青贮　06.0305
baling　打捆　06.0276
ball mark　球痕　04.0864
ball rebound　球反弹性　04.0855
ball roll distance　球滚动距离　04.0863
banned grazing　禁牧　02.0444
banner　翼瓣　04.0024
barn feeding　舍饲　02.0609
barnyard manure　厩肥　02.0592
barren tolerance　耐瘠薄　04.0477
basal coverage　基盖度　03.0121
base fertilizer　底肥　06.0185
basic rangeland　基本草原　03.0020
basic seed　基础种子　04.0311
basin　盆地　03.0288
bean hawk moth　豆天蛾　06.0128
bean pod borer　豆荚螟　06.0126
bean turnip　豆芫菁　06.0106
beef jerky　牛肉干　08.0127
beet webworm　草地螟　04.0807
behavioral plasticity　行为可塑性　02.0077
behavioral regulation　行为调节　02.0078
behavioral selection　行为选择　02.0079
behavior resistance　行为抗性　07.0221
belt drying equipment　带式干燥设备　06.0450
belt grazing　条带放牧　02.0506
belt reseeding　带状补播　02.0507
belt-type round baler　皮带式圆捆机　06.0405
bending of forage grass　饲草弯曲型　06.0359
best pasture grazing　最佳放牧场放牧　02.0563
between paper　纸间　04.0115
bidirectional promoter　双向启动子　05.0145
biennial　二年生　06.0147
biennial forage　两年生牧草　03.0034
biennial weed　二年生杂草　07.0377
BiFC　双分子荧光互补技术　05.0228
bimolecular fluorescence complementation　双分子荧光互补技术　05.0228
binary vector　双元载体　05.0133
bioassay　生物测定　07.0206
biochemical insect resistance　生化抗虫性　07.0130
biochemical test for viability　生活力生化测定　04.0128
bioclimatic law　生物气候定律　03.0513
biocoenosium　生物群落　02.0245
biodegradable plastic produced from plant　植物生产生物可降解塑料　05.0188
biodiversity conservation　生物多样性保护　03.0227
biodiversity inventory　生物多样性编目　03.0239
biodiversity of rangeland resources　草地资源生物多样性　03.0008
bioenergy　生物质能源　04.0555
bioenergy industry　生物质能源产业　04.0559
bioenergy product　生物质能源产品　04.0556
biogeochemical cycle　生物地球化学循环　03.0193
biological control　生物防治　07.0116
biological control of rodent pest　生物灭鼠　07.0404
biological control of weed　杂草生物防治　02.0600
biological diversity　生物多样性　02.0240
biological feed　生物饲料　06.0251
biological fence　生物围栏　02.0595
biological invasion　生物入侵　02.0246
biological isolation　生物隔离　02.0241
biological network　生物网　02.0248
biological nitrogen fixation　生物固氮　05.0255

biological pesticide 生物农药 07.0151
biological productivity 生物生产力 02.0247
biological resources information 生物资源信息 03.0464
biological status of accession 种质类型 04.0630
biological weed control 生物除草 07.0388
biological zero point 生物学零度 03.0618
biomass 生物量 02.0242
biomass 生物质 04.0554
biomass conversion 生物质转化 04.0563
biomass conversion efficiency 生物质转化效率 04.0564
biomass degradation 生物质降解 04.0562
biomass density 生物质密度 04.0576
biomass dynamic 生物量动态 02.0243
biomass energy 生物质能源 04.0555
biomass energy density 生物质能源密度 04.0577
biomass energy industry 生物质能源产业 04.0559
biomass energy product 生物质能源产品 04.0556
biomass feedstock 生物质原料 04.0557
biomass feedstock logistic system 生物质原料收储运体系 04.0583
biomass feedstock production standardization system 生物质原料生产标准化体系 04.0582
biomass feedstock quality 生物质原料品质 04.0558
biomass feedstock standardization production technique 生物质原料标准化生产技术 04.0581
biomass feedstock supply system 生物质原料供应体系 04.0584
biomass gasification 生物质气化 04.0566
biomass-generated electricity of energy grass 能源草生物质发电 04.0572
biomass harvest 生物质收获 04.0578
biomass pretreatment 生物质预处理 04.0561
biomass production 生物质产量 04.0560
biomass storage 生物质储藏 04.0580
biomass thermal cracking 生物质热裂解 04.0567
biomass transportation 生物质运输 04.0579
biomass yield 生物质产量 04.0560
bioreactor 生物反应器 05.0183
bio-safety 生物安全 03.0233
biosphere reserve 生物圈保护区 03.0237
biotic community 生物群落 02.0245
biotic energy 生物能 02.0244
biotic factor 生物因子 02.0250
biotope 群落生境，*生态单元，*生物小区 02.0159
biotype 生物型 02.0249
black calamity 黑灾 07.0094
black spot 黑斑病 06.0095
black turfy soil 生草黑土 02.0192
blast drying 鼓风干燥 06.0270
blending 种内混播，*混合播种 04.0775
body-size differentiation 体型分化 02.0300
Bool 孛斡勒 08.0057
booting stage 孕穗期 06.0059
botanical characteristics 植物学特征 06.0043
bottom leaf grass 下繁草 02.0464
bough length 主枝长度 06.0078
bough number 主枝数 06.0073
branch 分枝 04.0366
branching stage 分枝期 06.0055
branch number 分枝数 06.0074
brand strategy of seed 种子品牌策略 04.0238
brave the journey to northeast 闯关东 08.0107
bred variety 育成品种 04.0530
breeder isolation 育种家分离种子 04.0309
breeder's seed 原原种 04.0317
breeding institute 选育单位 04.0623
breeding method 选育方法 04.0625
breeding objective 育种目标 04.0532
breeding period 生殖期 02.0257
bristle 刚毛 04.0011
broadcast sower 撒播机 06.0458
broadcast sowing 撒播 06.0169
broadly informatics 广义信息论 03.0313
broad-spectrum herbicide 广谱性除草剂 07.0172
broad-spectrum insecticide 广谱性杀虫剂 07.0157
brown midrib 褐色中脉 04.0397
brown spot 褐斑病 06.0093
brushing 刷草 04.0814
bud differentiation 芽分化 05.0050
bulk selection 群体选择，*集团选择 04.0422
bulldozer 推土机 06.0463
bunch grass 丛生禾草 02.0407
bunch planting 点播，*穴播 06.0174
bunker silo 青贮壕 06.0426
bur 种球 04.0074
burned area 过火面积 07.0092
burned-over land 烧草地 02.0189
burned zone 过火区 07.0093

burning　烧草　02.0188

buzkashi　叼羊　08.0066

# C

$C_3$ plant　$C_3$ 植物　03.0037
$C_4$ plant　$C_4$ 植物　03.0038
callus　愈伤组织　05.0048
calorific value　热值　02.0169
calyx　花萼　04.0019
canopy coverage　冠盖度　03.0122
capitulum　头状花序　04.0017
capping inversion　覆盖逆温　03.0608
CAPS　切割扩增多态性序列　05.0008
capsids　盲蝽类　06.0110
carbohydrate difference of silage　青贮糖差　06.0317
carbon and nitrogen coupling　碳氮耦合　03.0203
carbon assimilation　碳同化　02.0294
carbon balance　碳平衡　02.0293
carbon cycle　碳循环　02.0295
carbon cycle of forest　森林碳循环　03.0550
carbon cycle on rangeland　草地碳循环　03.0012
carbon dioxide concentration within canopy　株间二氧化碳浓度　03.0551
carbon dioxide sink　二氧化碳汇　03.0549
carbon dioxide source　二氧化碳源　03.0548
carbon reserve　碳储量　02.0292
carex layland meadow　薹草荒地草甸　02.0291
carex tundra　薹草冻原　02.0290
carrier　带病体　07.0306
caryopsis　颖果　04.0036
cattle unit　牛单位　01.0026
cDNA library　cDNA 文库　05.0030
CE　消费效率　02.0338
cell fusion　细胞融合　05.0084
cell fusion induced chromosome　细胞融合诱导染色体　05.0102
cell fusion technology　细胞融合技术　05.0088
cell line　细胞系　05.0055
cell suspension culture　细胞悬浮培养　05.0073
cell totipotency　细胞全能性　05.0046
cellulose-to-ethanol model plant　纤维素乙醇模式植物　04.0511
cellulosic ethanol　纤维素乙醇，*纤维素酒精　04.0574
cell wall recalcitrance to degradation　细胞壁抗降解屏障　04.0565
cell wall regeneration　细胞壁再生　05.0082
centenary succession　世纪演替　02.0266
cereal　禾谷类　06.0022
cereal straw　谷类干草　06.0284
certification standard and requirement　认证标准及要求　04.0319
certified label　认证标签　04.0328
certified seed　审定种子　04.0325
certified seed class　审定种子等级　04.0308
certified seed of first generation　认证一代种子　04.0313
certified seed of second generation　认证二代种子　04.0314
chaff　颖包　04.0037
chain strapping pick-up machine　链条式草捆捡拾机　06.0414
chaplet　花冠　04.0020
characteristics analysis of somatic cell fusion product　体细胞融合产物性状分析　05.0100
characteristic species　特征种　02.0297
character of climatic resources　气候资源特征　03.0482
character of monsoon climate　季风气候特征　03.0514
character of mountain climatic resources　山区气候资源特征　03.0515
character of resources information　资源信息特征　03.0339
cheese　奶酪　08.0123
chemical composition of forage seed　牧草种子化学成分　04.0049
chemical control　化学防治　07.0118
chemical control of rangeland weed　草地化学除莠　03.0179
chemical control of rodent pest　化学灭鼠　07.0403
chemical desiccant　化学干燥剂　06.0201
chemical desiccation　化学脱叶　04.0180
chemically induced cell fusion　化学诱导细胞融合　05.0089
chemical mowing　化学修剪　04.0828
chemical mutagenesis　化学诱变　04.0409
chemical weed control　化学除草　07.0389

chemosterilant 不育剂 07.0165
chemotaxis 趋化性 07.0264
chilling damage 低温冷害 03.0710
chilling injury 寒害 04.0393
chilling resistance evaluation 抗寒性鉴定 04.0446
chimera 嵌合体 05.0076
Chinese pluralistic and integrative culture 中华多元一体文化 08.0022
Chinese Programme for Natural Protection 中国自然保护纲要 03.0230
Chinese silvergrass 芒 04.0587
chitin-synthetase inhibitor 几丁质合成酶抑制剂 07.0169
chloroplast transformation system 叶绿体转化系统 05.0197
chopped forage processing machine 饲草碎草加工机 06.0429
chromatin immune coprecipitation sequencing 染色质免疫共沉淀测序 05.0221
chromosome addition 染色体附加 05.0106
chromosome diminution 染色体消减 05.0103
chromosome doubling 染色体加倍 04.0493
chromosome substitution 染色体取代 05.0109
chromosome variation 染色体变异 05.0244
chromosome walking 染色体步移, *染色体步查 05.0035
chute bale conveyor 滑道式草捆输送器 06.0412
circular economy 循环经济 03.0252
classification of natural conservation area 自然保护区分类 03.0222
classification of resources information 资源信息分类 03.0317
classification of steppe 斯太普草地类组 02.0286
cleaved amplified polymorphism sequence 切割扩增多态性序列 05.0008
cliff painting culture 岩画文化 08.0109
climate 气候 03.0483
climate model 气候模式 03.0493
climate modification 人工影响气候 03.0521
climate simulation 气候模拟 03.0492
climatic analogy 气候相似原理 03.0497
climatic anomaly 气候异常 03.0490
climatic belt 气候带 03.0524
climatic change 气候变化 03.0484
climatic circumstance 气候环境 03.0507
climatic deterioration 气候恶化 03.0512
climatic division 气候区划 03.0517
climatic domestication 气候驯化 02.0143
climatic fluctuation 气候振动 03.0489
climatic forecast 气候预报 03.0498
climatic impact assessment 气候影响评价 03.0516
climatic index 气候指标 03.0499
climatic non-periodic variation 气候非周期性变化 03.0509
climatic periodic variation 气候周期性变化 03.0508
climatic potential productivity 气候资源生产潜力 03.0539
climatic probability 气候概率 03.0510
climatic reconstruction 气候重建 03.0511
climatic resources assessment 气候资源评价 03.0481
climatic resources classification 气候资源分类 03.0477
climatic resources information 气候资源信息 03.0461
climatic resources protection 气候资源保护 03.0520
climatic resources 气候资源 03.0474
climatic resources element 气候资源要素 03.0475
climatic resources survey 气候资源调查 03.0500
climatic sensitivity 气候敏感性 03.0487
climatic trend 气候趋势 03.0488
climatic type 气候型 03.0495
climatic variability 气候变率 03.0486
climatic variation 气候变迁 03.0485
climatography 气候志 03.0496
climatological assessment 气候评价 03.0491
climatological information 气候情报 03.0502
climatological survey 气候考察 03.0501
climax 顶极 02.0034
climax area 顶极群落区 02.0037
climax biome 顶极群系 02.0038
climax community 顶极群落 02.0036
climax dominant species 顶极优势种 02.0040
climax pattern hypothesis 顶极格局假说 02.0035
climax species 顶极物种 02.0039
climax vegetation 顶极植被 02.0041
clipping 草屑 04.0787
clonal growth 克隆生长 02.0537
clonal propagation 克隆繁殖 05.0247
cloning vector 克隆载体 05.0039
closed grassland 封闭草地 03.0081

cloud water resources　云水资源　03.0675
cluster　株丛　04.0544
coarse grinding　粗磨　04.0142
coated seed　丸衣种子　02.0596
coated seed testing　包衣种子检验　04.0153
co-cultivation　共培养　05.0125
codominance　共优势　02.0069
codominant community　共优种群落　02.0071
codominant species　共优种　02.0070
coefficient of wind pressure　风压系数　03.0561
cohort　同生群　02.0305
cold injury　寒害　04.0393
cold resistance　抗寒性，*抗冷性　04.0445
cold storageroom　冷藏库　04.0296
cold stress　冷胁迫　04.0459
cold wave　寒潮　03.0716
collar　果岭环　04.0831
collar tillering type　根蘖型　06.0140
collecting and bundling　捡拾打捆　06.0287
collecting loss rate on forage　牧草捡拾损失率　06.0291
collecting number　采集号　04.0605
collection　收集　04.0641
colloidal formulation　胶体剂　07.0191
colony　菌落　07.0332
combination breeding　组合育种　04.0553
combined drying equipment　组合干燥设备　06.0454
combustible fire danger　可燃物火险　07.0098
comfort current　舒适气流　03.0627
comfort index　舒适指数　03.0626
comfort temperature　舒适温度　03.0623
commensal　偏利共生生物　02.0139
commensalism　偏利共生，*共栖　02.0138
commensalism　共栖　02.0067
commensalism ecotype　共栖生态型　02.0068
commensal rodent　共生鼠　07.0395
commercial seed　商品种子　04.0315
common pasture　公共放牧地　01.0057
community　群落　02.0150
community classification　群落分类　02.0152
community complex　群落复合体　02.0153
community composition　群落组成　02.0163
community convergence　群落趋同　02.0158
community dynamics　群落动态　02.0151
community ecology　群落生态学　02.0160
community equilibrium　群落平衡　02.0157
community stability　群落稳定性　02.0161
community structure　群落结构　02.0155
community succession　群落演替　02.0162
community type　群落类型　02.0156
compacting　镇压　06.0156
companion crop　伴生作物　02.0001
companion plant　伴生植物　02.0002
companion species　伴生种　02.0003
compensation factor　补偿因子　02.0007
compensation point　补偿点　02.0005
compensation point of carbon dioxide　二氧化碳补偿点　03.0553
compensatory growth　补偿性生长　02.0508
compensatory mortality hypothesis　补偿死亡率假说　02.0006
competition　竞争　02.0095
competition coefficient　竞争系数　02.0101
competition equilibrium　竞争平衡　02.0099
competition of resources utilization　资源利用性竞争　02.0388
competition theory　竞争学说　02.0102
competitive coexistence　竞争共存　02.0096
competitive displacement　竞争替代　02.0100
competitive exclusion　竞争排斥　02.0097
competitive exclusion principle　竞争排斥原理　02.0098
competitive species　竞争种　02.0103
complementary grazing　互补放牧　02.0613
complete test　完全检验　04.0083
complication　并发症　07.0303
compositae forage　菊科牧草　05.0236
composite sample　混合样品　04.0055
compound feed　配合饲料　06.0345
compound fertilizer　复合肥料　06.0033
compression of resources information　资源信息压缩　03.0380
computer　计算机　03.0416
computer emulation　计算机仿真　03.0453
computer software　计算机软件　03.0420
computer technology　计算机技术　03.0419
concentrated feed　精饲料　02.0617
conformity of resources information　资源信息整合　03.0373
conservation biology　保护生物学　03.0235

conservative use　保护性利用　02.0621
conserve water in rangeland　草地水源涵养　03.0014
consocies　单优种演替群落　02.0031
consocion　单优群落　02.0030
constancy　永久性　02.0360
constitutive promoter　组成型启动子　05.0141
constructive species　建群种　02.0092
consumer　消费者　02.0339
consumption　消费　02.0449
consumption efficiency　消费效率　02.0338
contact herbicide　触杀性除草剂　07.0175
contact insecticide　触杀剂　07.0160
contagion　接触传染　07.0327
contaminated plant　污染植物　04.0163
continental climate　大陆性气候　03.0529
continuous backcross　连续回交　04.0461
continuous grazing　连续放牧　02.0495
continuous precipitation　连续性降水　03.0653
contradiction between ecological strategy　生态对策矛盾　03.0208
control index　经济阈值　07.0260
controlled deterioration　控制劣变　04.0263
controlled grazing　控制放牧　02.0113
controlled release formulation　缓释剂　07.0195
control of disease and pest　病虫害防治　06.0130
control test　对照检验　04.0331
convergent adaptation　趋同适应　02.0146
conversion coefficient for calculation of standard hay　标准干草折算系数　03.0105
cool damage　冷害　03.0707
cooling and dehumiliting storage method　低温除湿贮藏法　04.0298
cooling degree-day　冷却度日　03.0630
cool-season turfgrass　冷季型草坪草，* 冷地型草坪草　04.0723
copy number　拷贝数　05.0169
core germplasm　核心种质　04.0637
coring　打孔　04.0824
corolla　花冠　04.0020
cost of seed enterprise　种子企业成本　04.0240
cost-plus pricing of seed product　种子成本加成定价　04.0220
counting board　数种板　04.0111
country of origin　原产国　04.0609
courtyard turf　庭院草坪　04.0703
cover plant　覆盖植物　02.0063
cover type　覆盖类型　02.0062
cream　奶油　08.0121
creative subject of grassland culture　草原文化创造主体　08.0021
creeping stem weed　匍匐型杂草　07.0380
creeping type　匍匐型　06.0145
critical moisture content　临界水分　04.0278
critical pasturage　临界贮草量　01.0022
critical period of water requirement　需水临界期　03.0694
critical precipitation　降水临界值　03.0678
crop-pasture system　草田系统　04.0350
crop yield estimation by remote sensing　农作物遥感估产　03.0505
cross breeding　杂交育种　04.0535
cross resistance　交互抗性　07.0217
cross sowing　交叉播种　06.0176
crouching grass　搂草　06.0300
crown gall　冠瘿瘤　05.0151
crown width　冠幅　04.0388
crude ash　粗灰分　02.0544
crude fat　粗脂肪　06.0211
crude fiber　粗纤维　02.0543
crude protein　粗蛋白　06.0210
crushed dry　压扁干燥　06.0268
cryptic species　隐存种　02.0355
cultivar　栽培种　04.0537
cultivar　品种　04.0490
cultivated grassland　栽培草地　02.0367
cultural collision　文化碰撞　08.0098
cultural conflict　文化冲突　08.0097
cultural fusion　文化融合　08.0099
current asset of seed enterprise　种子企业流动资产　04.0241
cut　茬次　06.0257
cuttage propagation　扦插育苗　04.0491
cutting and flattening machine　切割压扁机　02.0573
cutting frequency　刈割次数　06.0259
cutting height　刈割高度　06.0258
cutting time　刈割时间　02.0517
cutting with leakage　漏割带　02.0590
cutworm　地老虎　06.0124
cyanide-contained plant　含氰植物　04.0392

cybernetic system 控制论系统 02.0114
cybrid 胞质杂种 05.0098
cycle of infection 侵染循环 07.0292
Cyperaceae plant 莎草科植物 02.0405
cyrillic Mongolian 新蒙文 08.0041
cytoplasmic inheritance 细胞质遗传 04.0510

# D

daily gain 日增重 02.0171
daily herbage allowance 日牧草给量 02.0170
daily intake for livestock 家畜日食量 03.0167
daily intake per sheep unit 羊单位日食量 03.0170
damaged ecosystem 受损生态系统 02.0284
dark frost 黑霜 03.0712
database software 数据库软件 03.0421
data coding of resources information 资源信息数据编码 03.0384
dead seed 死种子 04.0097
de-awning 除芒，*去芒 04.0181
debris flow 泥石流 03.0300
decision-making of seed marketing 种子经营决策 04.0233
decision support system for resources utilization 资源利用决策支持系统 03.0403
decision tree 决策树 03.0448
decline phase of seed product 种子产品衰退期 04.0211
decomposer 分解者 02.0060
decomposition 分解 02.0448
decreaser 减少者 02.0410
dedifferentiation 脱分化 05.0047
defense reaction 保卫反应 07.0295
deffered rotational grazing 延迟轮牧 02.0560
defferred grazing 延迟放牧 02.0530
deficiency 缺失 05.0112
deflected climax 偏途顶极 02.0140
deflected fluctuation 偏途性波动 02.0141
deflected succession 偏途演替 02.0142
defoliation 落叶 02.0450
degenerated turf 退化草坪 04.0751
degree-day 度日 03.0628
dense bunch type 密丛型 06.0143
densified solid biomass fuel 生物质固体成型燃料 04.0575
density 密度 03.0126
density compensation 密度补偿 02.0124
density dependence 密度制约 02.0127
density dependent factor 密度制约因子 02.0128
density effect 密度效应 02.0126
density independence 非密度制约 02.0054
density independent factor 非密度制约因子 02.0055
density measure 密度测度 02.0125
density of forage grass 饲草密度 06.0355
density ratio 密度比 02.0123
depression of dew point 露点差 03.0613
depth of sowing 播种深度 04.0773
descriptive quadrat 描述样方 03.0129
desert grassland 荒漠草地 02.0179
desert steppe 荒漠草原 02.0022
desiccant dryness 干燥剂干燥 06.0269
desiccation injury 干燥损伤 04.0303
detailed survey of rangeland resources 草地资源详查 03.0085
detergent fiber 洗涤纤维 06.0254
determination of moisture content 水分测定 04.0140
determination of other seeds by number 其他植物种子数测定 04.0082
dethatching 疏草 04.0815
detoxication processing of forage with low toxicity 低毒牧草去毒加工 06.0247
deuteromycetes 半知菌 07.0334
development 发育 06.0238
development phase of seed product 种子产品开发期 04.0206
dew 露 03.0666
dew point 露点 03.0612
diagnosis 诊断 07.0318
diameter of plant 株丛直径 06.0079
diapause 滞育 07.0229
dicot weed 双子叶杂草 07.0373
dicotyledonous forage 双子叶牧草 04.0003
dictionary of resources information data 资源信息数据词典 03.0338
dietary fiber 膳食纤维 06.0347
differential species 区别种 02.0145

differentiation　分化　02.0059
diffuse coevolution　扩散协同进化　02.0116
diffuse competition　扩散竞争　02.0115
diffuse disturbance　扩散性干扰　02.0117
digested energy　消化能　02.0340
digestibility　消化率　02.0436
digestible dry matter　可消化干物质　06.0214
digital map of natural resources　自然资源数字地图　03.0272
digital resources information　数字资源信息　03.0347
digitizing of resources information　资源信息数字化　03.0376
direct competition　直接竞争　02.0370
dircct examination　直接检验　04.0136
direct harvesting　一次收获，*直接收获　04.0178
direct interference　直接干涉　02.0369
direct introduction　简单引种　04.0427
directional selection　定向选择　02.0042
directional succession　定向演替　02.0043
direct loss of grassland disaster　草原灾害直接损失　07.0086
direct utilization　直接利用　04.0673
disaster prevention and mitigation ability of grassland disaster　草原灾害防灾减灾能力　07.0048
discontinuous distribution　间断分布　02.0090
discount strategy of seed pricing　种子定价折让策略　04.0228
discrete disturbance　离散型干扰　02.0120
discrete generation　离散世代　02.0119
disease　病害　06.0090
disease control of rangeland plant　草地牧草病害防治　03.0176
disease escape　避病　04.0344
disease escaping　避病性　07.0285
disease monitoring　病害监测　07.0278
disease resistance　抗病性　04.0439
disease-resistant evaluation　抗病鉴定　04.0437
disease-resistant gene　抗病基因　04.0436
disease-resistant material　抗病材料　04.0434
disease-resistant variety　抗病品种　04.0438
disease square　病四角　07.0277
disease susceptibility　感病　04.0375
disease susceptibility　感病性　07.0281
disease tolerance　耐病性　04.0474
disease triangle　病三角　07.0275
disjunctive distribution　间断分布　02.0090
disjunctive symbiosis　间断共生　02.0091
disoperation　侵害　02.0144
dispersal　散布　02.0175
dispersal barrier　散布障碍　02.0176
disperse grass　散草　06.0264
dispersing agent　分散剂　07.0181
dissipative structure theory　耗散结构理论　02.0080
distance effect　距离效应　02.0104
distributing management of resources information　资源信息分布式管理　03.0325
distribution pattern　分布格局　02.0057
distribution type　分布型　02.0058
disturbance　干扰　02.0064
disturbance climax　干扰顶极　02.0065
ditching, molding and ridging　开沟培土与作垄　06.0158
diurnal range　日较差　03.0536
divergence　趋异　02.0147
divergent adaptation　趋异适应　02.0149
divergent evolution　趋异进化　02.0148
diversity distribution　多样性分布　02.0049
DNA binding protein　DNA 结合蛋白　05.0226
DNA molecular hybridization　DNA 分子杂交　05.0173
dollar spot　币斑病　04.0801
domain of attraction　吸引域　02.0326
domestication　驯化　04.0514
domestic quarantine　国内检疫　07.0112
dominance　优势度　02.0361
dominance index　优势度指数　02.0362
dominance type　优势型　02.0364
dominant age class　优势年龄组　02.0363
dominant species　优势种　03.0119
donor accession number　保存单位编号　04.0608
donor institute　保存单位　04.0622
dormancy　休眠　04.0689
dormant forage seed　休眠牧草种子　04.0046
dormant species　休眠种　04.0690
dormant state　休眠状态　04.0275
dose response　剂量反应　07.0226
double cross　双交　04.0502
double sampler　双管扦样器　04.0062
dough stage　蜡熟期　06.0065
downy mildew　霜霉病　06.0092

drill 条播 06.0170
drip irrigation 滴灌 02.0421
drizzle 毛毛雨 03.0658
drought 干旱 03.0701
drought injury 旱害 04.0394
drought resistance 抗旱性 04.0675
drought tolerance 耐旱性 04.0476
drum roll round baler 辊筒式圆捆机 06.0403
dry hay 晾晒干草 06.0261
dry hot wind 干热风 03.0714
drying 烘干 06.0272
drying hay 烘干干草 06.0262
dry matter 干物质 02.0467
dry matter intake 干物质采食量 06.0215
dry spell 干期 03.0699
dual-purpose of energy and animal feeding 能饲兼用型 04.0487
dual-purpose of grain and forage 粮饲兼用型 04.0462
dual-purpose pasture 兼用草地 02.0524
dump rake 横向搂草机 06.0395
duplicate certificate 复本证书 04.0166
duplication 重复 05.0111
duration of possible sunshine 可照时数 03.0573
duration of the test 试验持续时间 04.0110
dustable powder 粉剂 07.0192
dusting method 喷粉法 07.0200
dwarf 矮化 07.0319
dynamic equilibrium 动态平衡 02.0044
dynamic risk assessment of grassland disaster 草原灾害动态风险评价 07.0044
dynamics of annual forage yield 草地年产草量动态 03.0101
dynamic steady 动态稳态 02.0045

# E

early poding stage 结荚初期 06.0066
early successional species 演替早期物种 02.0352
earth observation for resources 资源对地观测 03.0367
earth observation system 地球观测系统 03.0426
earth resources information 地球资源信息 03.0457
ecoclimate 生态气候 02.0224
eco-dynamics 生态动力学 02.0207
eco-kinetics 生态动力学 02.0207
eco-landscape 生态景观 02.0219
ecological adaptability 生态适应性 02.0227
ecological age 生态年龄 02.0223
ecological agriculture 生态农业 03.0244
ecological amplitude 生态幅 02.0213
ecological animal husbandry 生态畜牧业 03.0245
ecological balance 生态平衡 03.0210
ecological capacity 生态承载力 03.0215
ecological classification 生态分类 02.0212
ecological compensation 生态补偿 03.0251
ecological conservation 生态保护 03.0240
ecological consumption 生态消费 03.0260
ecological county 生态县 03.0256
ecological deficit 生态赤字 03.0216
ecological demonstration region 生态示范区 03.0254
ecological disaster 生态灾害 03.0219
ecological distribution 生态分布 02.0211
ecological efficiency 生态效率 03.0209
ecological engineering 生态工程 03.0243
ecological environment 生态环境 02.0216
ecological feedback 生态反馈 02.0209
ecological field 生态场 02.0205
ecological flow 生态流 02.0220
ecological footprint 生态足迹 03.0214
ecological grass 生态草 04.0497
ecological grass industry 生态草业 02.0204
ecological group 生态群 02.0225
ecological invasion 生态入侵 02.0226
ecological isolation 生态隔离 02.0214
ecological management 生态治理 07.0115
ecological planning 生态规划 03.0242
ecological prevention and treatment 生态防治 02.0210
ecological process 生态过程 02.0215
ecological province 生态省 03.0257
ecological reference area 生态参照区 02.0203
ecological remainder 生态盈余 03.0217
ecological restoration 生态恢复 02.0217
ecological simulation 生态模拟 02.0221
ecological site 生态地境 02.0206
ecological strategy 生态对策 02.0208

ecological stress 生态胁迫 03.0212
ecological succession 生态演替 03.0207
ecological tolerance 生态耐性 02.0222
ecological village 生态村 03.0255
ecological water requirement 生态需水 03.0696
ecologist 生态学家 02.0239
ecology of rangeland resources 草地资源生态学 03.0011
economic group of rangeland plant 草地植物经济类群 03.0027
economic injury level 经济损失允许水平 07.0259
economic plant resources of natural rangeland 草地野生经济植物资源 03.0023
economic threshold 经济阈值 07.0260
economic trait 经济性状 04.0431
economic value 经济价值 02.0547
economic yield 经济产量 04.0430
economy of grassland resources 草地资源经济 03.0182
ecophenotype 生态表型 02.0202
ecoscape 生态景观 02.0219
ecosystem 生态系统 02.0232
ecosystem development 生态系统发育 02.0233
ecosystem diversity 生态系统多样性 03.0225
ecosystem dynamic of grassland resources 草地资源生态系统动态 03.0191
ecosystem environment 生态系统环境 02.0235
ecosystem function 生态系统功能 02.0234
ecosystem function of grassland resources 草地资源生态系统功能 03.0190
ecosystem of rangeland resources 草地资源生态系统 03.0010
ecosystem service 生态系统服务 03.0213
ecosystem service of rangeland 草地生态系统服务 03.0013
ecosystem service value 生态系统服务价值 03.0228
ecosystem stability 生态系统稳定性 02.0237
ecosystem structure 生态系统结构 02.0236
ecosystem structure of grassland resources 草地资源生态系统结构 03.0189
ecotone 群落交错区 02.0154
ecotourism 生态旅游 02.0620
ecotype 生态型 04.0635
ecotype character 生态特性 02.0228
ecotype selection 生态型选择 02.0238
ecovalue 生态价 02.0218
ectoparasite 外寄生物 07.0350
ectoparasitism 外寄生 07.0141
edaphic climax community 土壤顶极群落 02.0307
edging 切边 04.0812
edibility 可食性 02.0549
edible grass 食用草 04.0501
effective accumulated temperature 有效积温 03.0621
effective precipitation 有效降水 03.0677
effective temperature 有效温度 03.0616
effective wind speed 有效风速 03.0556
effectual component 有效成分 07.0198
efficient construction of expression vector 高效表达载体构建 05.0200
eight Banners 八旗 08.0073
electric fence 电围栏 01.0060
electrofusion technology 电融合技术 05.0091
electrophoretic mobility 电泳迁移率 05.0225
electroporation 电击法 05.0162
element beneficial cycle 物质良性循环 02.0319
ELISA 酶联免疫吸附测定 05.0182
embryo culture 胚胎培养 05.0063
embryogenic callus 胚性愈伤组织 05.0054
embryoless seed 无胚种子 04.0099
embryo mutation breeding 体胚诱变育种 05.0241
embryo rescue technique 胚拯救技术 05.0077
emergence stage 出苗期 06.0053
emersed weed 挺生型杂草 07.0385
empty seed 空种子 04.0098
emulsifiable concentrate 乳油 07.0186
emulsifier 乳化剂 07.0179
enclosed grassland 围栏草地 02.0312
enclosed grazing land 封闭放牧地 01.0055
encrusted seed 包膜种子 04.0078
endemic species 特有种 04.0639
endomycete 内生真菌 05.0178
endoparasite 内寄生物 07.0351
endoparasitism 内寄生 07.0140
endophyte 内生菌 05.0256
endophytic fungi 内生真菌 05.0178
enema type silage 灌肠式青贮 06.0313
energy grass 能源草 04.0570
energy grass variety 能源草品种 04.0488
energy plant colonization 能源植物定植 04.0585
energy resources information 能源资源信息 03.0466

enhancer 增强子 05.0136
enjoyment 观赏性 04.0387
entomopathogenic bacterium 昆虫病原细菌 07.0147
entomopathogenic fungus 昆虫病原真菌 07.0146
entomopathogenic microorganism 昆虫病原微生物 07.0145
entomopathogenic nematode 昆虫病原线虫 07.0149
entomopathogenic virus 昆虫病原病毒 07.0148
environmental pollution 环境污染 03.0306
environmental stress 环境胁迫 04.0411
environment type of origin 原产地环境类型 04.0615
environment variable 环境变量 02.0081
enzyme-linked immunosorbent assay 酶联免疫吸附测定 05.0182
EOS 地球观测系统 03.0426
epic 史诗 08.0087
epigeal germination 子叶出土型 04.0126
epigenetics 表观遗传学 05.0252
equal compensation 等补偿 02.0509
ERA 生态参照区 02.0203
erect stem weed 直立型杂草 07.0379
essential seedling structure 幼苗主要构造 04.0088
etiolation 黄化 04.0413
etiolation seedling 黄化苗 04.0412
etiology 病原学 07.0273
eukaryotic expression 真核表达 05.0043
eukaryotic expression system 真核表达系统 05.0044
eukaryotic expression vector 真核表达载体 05.0132
european corn borer 玉米螟 06.0123
evaluation 评价 04.0659
evaluation index system for sustainable development 可持续发展评价指标体系 03.0409
evaluation nursery 鉴定圃 04.0429
evaporation 蒸发 03.0689
evaporation capacity 蒸发量 06.0137
evapotranspiration 蒸散 03.0691
evolution 进化 02.0093
evolutionary stability 进化稳定性 02.0094
examination of growing plant 生长植株检查 04.0139
examination of imbibed seed 吸胀种子检验 04.0137
examination of organisms removed by washing 洗涤物检验 04.0138
excellent forage 优质牧草 03.0029
exchange rate 交换率 05.0020
excised embryo test 离体胚测定 04.0129
excision of embryo 胚分离 04.0134
exclusion of grazing 排除放牧 02.0443
exempt stock 赦免家畜 02.0190
exogenous chromosome addition 外源染色体附加 05.0108
exogenous gene 外源基因 05.0130
exotic germplasm 外来种质 04.0505
exotic species 外来种 02.0310
expert system 专家系统 02.0484
expert system of resources evaluation 资源评价专家系统 03.0402
explant 外植体 05.0053
exploitation of grassland resources 草地资源开发 03.0137
expression vector 表达载体 05.0040
*ex situ* conservation 易地保护 03.0232
*ex situ* gene bank 异地基因库 04.0525
*ex situ* preservation 异地保存 04.0663
extensive grazing management 粗放放牧管理 02.0479
extreme grazing 极度放牧 02.0454

# F

facilitation rate of high temperature in earing time 高温促进率 03.0633
facultative apomixis 兼性无融合生殖 04.0425
fair forage 中质牧草 03.0031
fairway 球道 04.0836
fairy ring 仙环病，*蘑菇圈 04.0799
falconry culture 鹰猎文化 08.0018
family contract system of public grassland 草地有偿家庭承包制 03.0152
family ranch 家庭牧场 02.0519
far infrared ray drying equipment 远红外线干燥设备 06.0451
farming system 耕作制度 06.0019
fattening grassland 育肥草地 03.0080
feeding rate 采食速率 02.0434
feeding time 采食时间 02.0430

feeding value 饲用价值 02.0548
feeding value of grass product 草产品饲用价值 06.0364
feed intake 采食量 02.0010
feed leafy vegetable 饲用叶菜类 06.0025
fence 围栏 01.0059
fenced pasture 围封牧场 01.0034
fermentation accelerator 发酵促进剂 06.0308
fermentation drying 发酵干燥 06.0198
fermentation inhibitor 发酵抑制剂 06.0309
fermented hay 发酵干草 06.0263
fertility 育性 04.0531
fertilization and reseed compound machine 草地切根施肥补播复式机 06.0378
fertilizer applicator 施肥机 06.0461
fertilizer for turf 草坪专用肥 04.0788
fetter grazing 羁绊放牧 02.0557
FEU 食物当量 02.0262
fiber 纤维 06.0253
field drying 田间干燥 06.0294
field hay pickup baler 田间捡拾干草压块机 06.0439
field identification 田间鉴定 04.0658
field inspection 田间检验 04.0329
field microorganism 田间微生物 04.0286
field moisture capacity 田间持水量 03.0103
filler 填充剂 07.0177
film-wrapping machine 缠膜机 06.0407
fine grinding 细磨 04.0143
fine mapping 精细作图 05.0017
fine shaping 细平整 04.0760
finger-wheel rake 指轮式搂草机 06.0397
fire control of grassland 草原防火 03.0175
fire danger index 火险指数 07.0095
fire management 火管理 02.0083
fish scale pit 鱼鳞坑 02.0587
fixed grazing 固定放牧 02.0505
fixed mowing pasture 固定割草地 02.0569
fixed stocking rate 固定载畜率 02.0513
flat die pelleter 平模制粒机 06.0437
flea beetles 跳甲类 06.0117
flexible rotational grazing 灵活性轮牧 02.0566
flood 洪涝 03.0703
flooding tolerance 耐涝性 04.0480
floodplain 河漫滩 03.0292
flowering adjustment 花期调节 04.0404
flowering asynchronism 花期不遇 04.0403
flowering habit 开花习性 04.0433
flow of natural resources 自然资源流 03.0270
fluorescent *in situ* hybridization 荧光原位杂交 05.0114
fluorescent protein 荧光蛋白 05.0229
fodder legume 饲用豆类 06.0023
fodder melon 饲用瓜类 06.0024
fog 雾 03.0673
follicle 蓇葖果 04.0032
food chain 食物链 02.0263
food equivalent unit 食物当量 02.0262
food habit 食性 07.0251
food web 食物网 02.0264
forage 饲草，*牧草 06.0232
forage accumulation 饲草积累 01.0069
forage allowance 牧草供给量 01.0068
forage breeding 牧草育种 04.0473
forage briquetting machine 饲草压块机 06.0438
forage briquetting machine 饲草压饼机 06.0442
forage chopper 饲草切碎机 06.0430
forage compression loss rate 牧草压缩损失率 06.0292
forage crop 饲料作物，*饲用作物 06.0021
forage crusher 饲草粉碎机 06.0431
forage cultivation 牧草栽培 03.0036
forage cultivation machine 牧草耕作机 06.0369
forage cultivation science 牧草栽培学 01.0010
forage cutting and kneading machine 饲草揉切机 06.0434
forage degeneration 牧草退化 02.0129
forage dryer 牧草干燥机 06.0448
forage fluidity 饲草流动性 06.0358
forage genetics and breeding science 牧草遗传育种学 01.0008
forage germplasm resources 牧草种质资源 04.0598
forage germplasm resources bank 牧草种质资源库 04.0297
forage germplasm resources science 牧草种质资源学 01.0009
forage granularity 饲草粒度 06.0354
forage grass porosity 饲草孔隙率 06.0356
forage grass puffing 饲草膨化 06.0328
forage grass sampling 饲草抽样 06.0352
forage green feeding 牧草青饲 06.0289
forage harvester 青贮饲草收割机 06.0422

forage harvesting 采食牧草 02.0009
forage harvesting machine 牧草收获机 06.0388
forage kneading machine 饲草揉碎机 06.0433
forage-livestock integration 草畜一体化 04.0345
forage mass 饲草生物量 02.0288
forage mildew 饲草霉变 06.0290
forage palatability 牧草适口性 03.0039
forage pellet mill 饲草制粒机 06.0435
forage plant resources of rangeland 草地饲用植物资源 03.0022
forage processing machine 饲草加工机 06.0428
forage processing science 饲草加工学 01.0011
forage production 饲草生产 01.0072
forage production science 饲草生产学 06.0233
forage quality 饲草品质，*饲草质量 02.0287
forage-quality improvement 牧草品质改良 04.0471
forage reproducibility 牧草再生 02.0130
forage-resistance breeding 牧草抗性育种 04.0470
forage science 牧草学 01.0007
forage seed 牧草种子 04.0001
forage seed administrative measures 草种管理办法 04.0198
forage seed administrative penalty 牧草种子行政处罚 04.0196
forage seed administrative reconsideration 牧草种子行政复议 04.0197
forage seed administrative supervision 牧草种子行政监察 04.0195
forage seed breeding license 草种生产许可证 04.0200
forage seed business license 草种经营许可证 04.0202
forage seed business permit 草种经营许可 04.0201
forage seed company 牧草种子公司 04.0194
forage seeder 牧草播种机 06.0380
forage seed production 牧草种子生产 04.0171
forage seed production permit 草种生产许可 04.0199
forage seed quarantine 草种子检疫 04.0203
forage seed yield 牧草种子产量 04.0172
forage supply 牧草供给 01.0064
forage utilization 饲草利用 01.0070
forage variety 牧草品种 04.0472
foraging 采食 02.0008
foraging behavior 采食行为 02.0475
foraging diet 采食食谱 02.0611
foraging station 采食站 02.0489
foraging strategy 觅食对策 07.0396
foraging theory 觅食理论 02.0122
forbidden rangeland 禁用草地 03.0157
forb rangeland 杂类草草地 03.0069
forbs 杂类草 02.0532
forecast of damage 危害程度预测 07.0123
forecast of emergence period 发生期预测 07.0121
forecast of emergence size 发生流行程度预测 07.0122
foreign soil 客土 04.0781
forest resources information 林业资源信息 03.0463
forest steppe 森林草原 02.0177
formation of resources information 资源信息产生 03.0314
formulation 剂型 07.0185
forward grazing 优先放牧 02.0365
fractal theory 分形理论 02.0061
fracture forage stem 压裂牧草茎秆 06.0200
free floating weed 浮游型杂草 07.0383
free range 自由放牧地 01.0063
freezing rain 冻雨 03.0657
frequency quadrat 频度样方 03.0131
fresh grass yield 鲜草产量 06.0085
fresh seed 新鲜种子 04.0096
fried rice 炒米 08.0124
frontal inversion 锋面逆温 03.0610
frost 霜 03.0667
frost-free period 无霜期 06.0138
frost injury 霜冻 03.0711
frost tolerance 耐霜冻性 04.0676
frost yellow grass 霜黄草 02.0575
frozen soil 冻土 03.0297
fruit characteristic 果实特征 06.0049
fruit-grass-grazing system 果草牧系统 04.0391
Fuhe culture 富河文化 08.0078
full-bloom stage 盛花期 06.0063
full poding stage 结荚盛期 06.0067
full ripe stage 完熟期 06.0068
fumigant 熏蒸剂 07.0159
fumigating insecticide 熏蒸剂 07.0159
functional analysis 功能分析 05.0209
functional gene 功能基因 05.0018
functional grass product 功能性草产品 06.0344
functional law 功能规律 02.0066
functional pollen sterility 功能性花粉不育 04.0385

fungicide 杀菌剂 07.0154

furrow drilling 沟播 04.0777

fusant 融合子 05.0093

fusarium blight 镰刀菌枯萎病 04.0803

# G

gathering 集拢 06.0299

gene bank number 种质库编号 04.0603

gene bank preservation 基因库保存 04.0667

gene chip 基因芯片 05.0216

gene cloning 基因克隆 05.0029

gene expression profile analysis 基因表达谱分析 05.0215

gene knock-out 基因敲除 05.0116

general survey of rangeland resources 草地资源概查 03.0086

generous round bale pick-up loader 大圆草捆捡拾装载机 06.0418

generous square bale pick-up loader 大方草捆捡拾装载机 06.0416

gene silencing 基因沉默 05.0210

gene site-directed mutation 基因定点突变 05.0208

genetically modified variety 转基因品种 04.0549

genetic control 遗传防治 06.0133

genetic distance 遗传距离 05.0021

genetic diversity 遗传多样性 05.0012

genetic improvement 遗传改良 04.0524

genetic linkage map 遗传连锁图谱 05.0010

genetic stock 遗传材料 04.0633

genetic transformation system 遗传转化体系 05.0121

gene transfer 基因转移 07.0361

gene trapping technology 基因诱捕技术 05.0230

gene trapping vector 基因诱捕载体 05.0231

genomics 基因组学 05.0023

genotype 基因型 05.0013

geographical information system 地理信息系统 03.0387

geographical information system of rangeland resources 草地资源地理信息系统 03.0094

geo-resources science 资源地学 03.0264

geotropism 向地性 04.0105

ger 蒙古包 08.0043

germicide 杀菌剂 07.0154

germination percentage 发芽率 06.0240

germination potential 发芽势 06.0241

germination stage 萌芽期 04.0466

germination test 发芽试验 04.0087

germplasm 种质 04.0597

germplasm collection 种质资源征集 04.0543

germplasm conservation 种质保存 04.0538

germplasm innovation 种质创新 04.0540

germplasm materials 种质材料 04.0539

germplasm preservation type 种质保存类型 04.0628

germplasm repository 种质资源圃 05.0251

germplasm resources of rangeland plant 草地植物种质资源 03.0005

germplasm resources 种质资源 04.0541

germplasm resources bank 种质资源库 04.0542

get rid of topsoil hardening 表土板结破除 06.0180

GI 生长指数 02.0256

GIS 地理信息系统 03.0387

GIS software 地理信息系统软件 03.0422

glacier 冰川 03.0296

glass state 玻璃化状态 04.0276

global positioning system 全球定位系统 03.0452

global warming 全球变暖 03.0302

globulin 球蛋白 04.0041

glume 颖包 04.0037

glutelin 谷蛋白 04.0042

good forage 良质牧草 03.0030

GPS 全球定位系统 03.0452

gradient 梯度 02.0298

gradient analysis 梯度分析 02.0299

grain feed 子实饲料 06.0245

1000-grain weight 千粒重 06.0088

Gramineae plant 禾本科植物 02.0404

gramineous forage 禾本科牧草 04.0004

grand period of growth 生长大周期 02.0252

granule 颗粒剂 07.0187

graphic data of resources information 资源信息图形数据 03.0342

graphic editing of resources information 资源信息图形编辑 03.0382

grass 禾本科植物 02.0404

grass 草 01.0001，禾草 05.0237

grass-animal husbandry 草牧业 04.0347
grass block 草块 06.0339
grass brick 草砖 06.0333
grass bunker 草坑 04.0835
grass energy crop 草本能源作物 04.0569
grass energy plant 草本能源植物 04.0568
grass grader machine 耙地机 06.0379
grassland 草地 02.0014
grassland agriculture economics and management 草地农业经济与管理 01.0018
grassland alien biological invasion 草原外来生物入侵 07.0036
grassland animal epidemic disease 草原动物疫病灾害 07.0007
grassland animal husbandry culture 草原畜牧文化 08.0005
grassland animal industry 草地畜牧业 01.0074
grassland availability 草地可利用性 01.0020
grassland biological disaster 草原生物灾害 07.0031
grassland caravan 草原商队 08.0101
grassland carbon balance 草地碳平衡 03.0201
grassland carbon emission 草地碳排放 03.0199
grassland carbon fixation 草地碳固定 03.0198
grassland carbon flux 草地碳通量 03.0200
grassland carbon pool 草地碳库 03.0196
grassland carbon sink 草地碳汇 03.0195
grassland carbon source 草地碳源 03.0194
grassland carbon storage 草地碳贮量，* 草地碳储量 03.0197
grassland chilling injury 草原寒害 07.0026
grassland civilization 草原文明 08.0001
grassland class 草地等 03.0115
grassland classification 草地分类 03.0040
grassland closing 草地封育 02.0594
grassland cold injury 草原寒害 07.0026
grassland collecting culture 草原采集文化 08.0015
grassland cultivation 草地培育 02.0016
grassland cultivator-drill 牧草松土补播机 04.0190
grassland cultural heritage 草原文化遗产 08.0074
grassland cultural inheritance 草原文化传承 08.0095
grassland cultural tourism 草原文化旅游 08.0092
grassland culture 草原文化 08.0004
grassland culture festival 草原文化节 08.0089
grassland culture history research 草原文化史研究 08.0096
grassland culture industry 草原文化产业 08.0088
grassland culture research 草原文化研究 08.0094
grassland deep loosening machine 草原深松机 06.0371
grassland degeneration 草地退化 03.0185
grassland desertification 草原荒漠化 07.0013
grassland disaster 草原灾害 07.0001
grassland disaster affected area 草原受灾面积 07.0032
grassland disaster chain 草原灾害链 07.0064
grassland disaster early warning 草原灾害预警 07.0083
grassland disaster emergency assistance 草原灾害应急救助 07.0076
grassland disaster emergency decision 草原灾害应急决策 07.0077
grassland disaster emergency management 草原灾害应急管理 07.0074
grassland disaster emergency management system 草原灾害应急管理系统 07.0075
grassland disaster emergency plan 草原灾害应急预案 07.0080
grassland disaster emergency repair 草原灾害应急抢险 07.0078
grassland disaster emergency rescue 草原灾害应急搜救 07.0079
grassland disaster evaluation 草原灾害评估 07.0065
grassland disaster forecast 草原灾害预报 07.0081
grassland disaster grade 草原灾害等级 07.0043
grassland disaster group 草原灾害群 07.0066
grassland disaster hazard 草原灾害危险性 07.0072
grassland disaster index 草原灾害指数 07.0087
grassland disaster insurance 草原灾害保险 07.0040
grassland disaster loss 草原灾害损失 07.0069
grassland disaster loss evaluation 草原灾害损失评估 07.0071
grassland disaster management 草原灾害管理 07.0058
grassland disaster management system 草原灾害管理系统 07.0059
grassland disaster monitor 草原灾害监测 07.0061
grassland disaster prediction 草原灾害预测 07.0082
grassland disaster prevention 草原灾害防治 07.0045
grassland disaster relief 草原灾害救援 07.0063
grassland disaster risk 草原灾害风险 07.0046
grassland disaster risk analysis 草原灾害风险分析 07.0049

grassland disaster risk assessment 草原灾害风险评价 07.0053

grassland disaster risk early warning 草原灾害风险预警 07.0056

grassland disaster risk emergency management 草原灾害风险应急管理 07.0055

grassland disaster risk evaluation 草原灾害风险评估 07.0052

grassland disaster risk identification 草原灾害风险辨识 07.0047

grassland disaster risk management 草原灾害风险管理 07.0050

grassland disaster risk management system 草原灾害风险管理系统 07.0051

grassland disaster risk source 草原灾害风险源 07.0057

grassland disaster risk zoning 草原灾害风险区划 07.0054

grassland disaster situation 草原灾害灾情 07.0085

grassland disaster situation zoning 草原灾情区划 07.0089

grassland disaster vulnerability 草原灾害脆弱性 07.0042

grassland drought 草原干旱 07.0010

grassland drought disaster 草原旱灾 07.0011

grassland eco-civilization 草原生态文明 08.0002

grassland ecological assessment 草地生态评估 03.0188

grassland ecological disaster 草原生态灾害 07.0030

grassland ecology 草地生态 02.0521

grassland ecosystem 草地生态系统 02.0017

grassland environmental pollution 草原环境污染 07.0012

grassland exposure 草原暴露性 07.0003

grassland extermination of locust machine 草原灭蝗机 06.0376

grassland farming culture 草原农耕文化 08.0014

grassland fencing 草地围栏 03.0150

grassland film and television culture 草原影视文化 08.0093

grassland fire 草原火 07.0015

grassland fire behavior 草原火行为 07.0016

grassland fire danger 草原火险 07.0018

grassland fire danger prediction 草原火险预测 07.0020

grassland fire danger zoning 草原火险区划 07.0019

grassland fire disaster 草原火灾 07.0021

grassland fire disaster rate 草原火灾受灾率 07.0024

grassland fire disaster simulation 草原火灾模拟 07.0023

grassland fire environment 草原火环境 07.0017

grassland fire risk 草原火灾风险 07.0022

grassland flood 草原水灾 07.0035

grassland food culture 草原饮食文化 08.0115

grassland for cutting and grazing 割草放牧兼用草地 03.0133

grassland freezing disaster 草原低温冷冻灾害 07.0025

grassland geological disaster 草原地质灾害 07.0006

grassland grade 草地级 03.0116

grassland hail disaster 草原冰雹灾害 07.0004

grassland health 草地健康 02.0472

grassland hunting culture 草原狩猎文化 08.0016

grassland improvement 草地改良 02.0480

grassland improvement and protection machine 草原改良与保护机 06.0370

grassland locust disaster 草原蝗灾 07.0014

grassland management *草地管理学 01.0005

grassland management 草地经营 02.0477

grassland management 草地管理 02.0015

grassland man-made disaster 草原人为灾害 07.0028

grassland meteorological disaster 草原气象灾害 07.0027

grassland multifunctionality 草地多功能性 02.0473

grassland multiple trophic level 草地多营养级 02.0474

grassland multiple use 草地多重利用 02.0623

grassland natural disaster 草原自然灾害 07.0091

grassland no-till planter 草原免耕播种机 06.0373

grassland over-supply 草地赢供 01.0065

grassland pest 草原虫害 07.0005

grassland pest management 草地保护学 01.0012

grassland plant disease 草原植物病害 07.0090

grassland plant appearing rate 草地植物出现率 02.0550

grassland poison bait seeding machine 草原毒饵撒播机 06.0375

grassland poisonous plant disaster 草原有毒植物灾害 07.0039

grassland productivity 草地生产力 03.0136

grassland property right 草原产权 03.0151

grassland reclamation 开垦草原 07.0097

grassland remote sensing survey 草地遥感调查 03.0186

grassland resources division 草地资源区划 03.0096

grassland resources evaluation 草地资源评价 03.0159

grassland resources monitoring 草地资源监测 03.0173

grassland resources protection 草地资源保护 03.0187

grassland rodent pest 草原鼠害 07.0033

grassland salinization　草原盐渍化　07.0038
grassland sandstorm disaster　草原沙尘暴灾害　07.0029
grassland science　*草原科学　01.0002
grassland shallow loosening machine　草原浅松机　06.0372
grassland silk road　草原丝绸之路　08.0100
grassland snow disaster　草原雪灾　07.0037
grassland snow drifting disaster　草原风吹雪灾害　07.0008
grassland soil　草地土壤　03.0717
grassland soil erosion　草原水土流失　07.0034
grassland succession　草地演替　02.0552
grassland under-supply　草地亏供　01.0066
grassland utilization　草地利用　01.0019
grassland utilization ratio　草地利用率　03.0132
grassland vegetation　草地植被　02.0018
grassland water-saving irrigation machine　草原节水灌溉机　06.0374
grassland windy and dusty disaster　草原风沙灾害　07.0009
grasslike　类禾草　02.0423
grass plant disease　草类植物病害　04.0346
grass plug　草塞　04.0769
grass product quality evaluation　草产品质量评价　06.0365
grass product quarantine　草产品检疫　06.0350
grass product testing　草产品检测　06.0349
grass ridge　草垄　06.0266
grass-ridge turn　翻晒草垄　06.0199
grass root cutting　草地切根施肥补播复式机　06.0378
grass root cutting machine　草地切根机　06.0377
grass seed de-awner　牧草种子除芒机　04.0193
grass seed collecting harvester　牧草种子采集机　04.0191
grass seed metering device　牧草种子排种器　04.0189
grass slope　草坡　02.0527
grass species　草的种类　05.0234
grass tillage-sowing machine　牧草耕播机　04.0192
grass total loss rate　牧草总损失率　06.0353
grass variety　草品种　04.0348
grass wilting period　牧草凋萎期　02.0576
grass yield　产草量　04.0351
grazing　放牧　01.0071
grazing cycle　放牧周期　03.0141
grazing density　放牧密度　02.0428
grazing ecology　放牧生态学　02.0052
grazing efficiency　放牧效率　02.0612
grazing for season suitability　季节适宜性放牧　02.0562
grazing frequency　放牧频度　03.0142
grazing grassland　放牧草地　03.0134
grazing intensity　放牧强度　03.0140
grazing land　放牧地　01.0048
grazing land management　放牧地管理　01.0050
grazing land type　放牧地类型　01.0051
grazing management　放牧管理　02.0476
grazing management unit　放牧管理单元　02.0486
grazing optimization hypothesis　放牧优化假说　02.0607
grazing paddock　放牧小区　01.0062
grazing period　放牧期　02.0399
grazing pressure　放牧压　02.0429
grazing pressure index　放牧压指数　02.0491
grazing rangeland for cold season　冷季放牧草地　03.0153
grazing rangeland for warm season　暖季放牧草地　03.0155
grazing rate　放牧率　02.0051
grazing season　放牧季　02.0490
grazing system　放牧系统，*放牧制度　02.0610
grazing time　放牧时间　02.0398
grazing tolerance　耐牧　02.0131
grazing unit　放牧单元　01.0053
grazing use of grassland　草地放牧利用　03.0139
great wall of Chin　金边墙　08.0037
green　果岭　04.0830
green chop　青刈饲料　06.0252
green consumption　绿色消费　03.0261
green forage　青绿饲料　06.0293
green-hay powder　草粉　06.0335
green hay storage　青干草贮藏　06.0244
greenhouse effect　温室效应　03.0506
greenhouse gas　温室气体　02.0318
grille grazing　隔栏放牧　02.0614
grinding　磨碎　04.0141
gross primary production　总初级生产量　02.0391
gross production　总生产量　02.0394
gross radiation intensity　太阳辐射总量　03.0568
gross secondary production　总次级生产量　02.0392
ground drying　地面干燥　06.0196
ground heap storage　地面堆贮　06.0306
ground remote sensing　地面遥感　03.0430

growing period　生长期　03.0634
growing season　生长季　02.0253
growth　生长　06.0237
growth and development period　生育期　02.0251
growth days　生长天数　04.0499
growth form　生长型　02.0255
growth habit　生长习性　04.0851
growth index　生长指数　02.0256
growth phase of seed product　种子产品增长期　04.0215
growth potential　生长潜力　04.0159
growth rate　生长率　02.0254
grub　蛴螬　04.0805
gummosis　流胶　07.0331
gynoecia　雌蕊　04.0022

# H

habitat　生境　02.0199
habitat segregation　生境隔离　02.0200
habitat selection　栖息地选择　07.0397
habitat separation　生境隔离　02.0200
habitat type　生境型　02.0201
hail damage　雹灾　03.0715
hail storm　雹暴　03.0665
hairy root system　毛状根系统　05.0207
half settled grazing　半定居放牧　02.0556
half working sample　半试样　04.0071
halophyte　盐生植物　04.0515
hammer mill　锤片式粉碎机　06.0432
hand halving method　四分法　04.0068
hand-held meat　手抓肉　08.0126
hand method　徒手分样　04.0067
Han policy　汉族政策　08.0072
haploid breeding　单倍体育种　04.0355
hardening　抗性锻炼　04.0450
hardening off seedling　炼苗　05.0071
hard seed　硬实种子　06.0037
hard seed content　种子硬实率　04.0683
hard-to-use rangeland　难利用草地　03.0156
hardy crop　耐寒作物　06.0217
harmful plant　有害植物　02.0424
harrowing　耙地　06.0154
harvest　收获　06.0260
harvested seed yield　实际种子产量　04.0176
harvesting method of forage seed　牧草种子收获方法　04.0188
harvesting system　收割制度　06.0191
harvest intensity　收割强度　06.0193
harvest pattern　收割方式　06.0194
harvest time　收获期　06.0256
hay　干草　03.0024
hay bale　草捆　06.0283
hay batch　干草批次　06.0281
hay browning　干草褐变　06.0295
hay conditioning　干草调制　06.0280
haylage　半干青贮　06.0303
hay moisture absorption　干草吸湿性　06.0286
hay pelleter　饲草压饼机　06.0442
hay production　干草生产　06.0279
hay quality identification　干草品质鉴定　06.0206
hayrack drying　草架干燥　06.0197
hay shed storage　草棚贮藏　06.0205
haystack　草垛　06.0298
hay storage facility　干草储备设施　06.0282
hay yield　干草产量　06.0086
hazard bearing body of grassland disaster　草原灾害承灾体　07.0041
hazard factor of grassland disaster　草原灾害致灾因子　07.0088
hazard inducing environment of grassland disaster　草原灾害孕灾环境　07.0084
heading stage　抽穗期　06.0060
heat balance　热量平衡　03.0636
heat balance in field　农田热量平衡　03.0641
heat balance in forest　森林热量平衡　03.0645
heat exchange in field soil　农田土壤热交换　03.0644
heat increment　热增耗　02.0168
heating degree-day　采暖度日　03.0629
heat resistance　耐热性　04.0481
heat resources　热量资源　03.0599
heat sink　热汇　03.0638
heat source　热源　03.0637
heat wave　热浪　03.0648
heavy grazing　重度放牧　02.0453
heavy rain　大雨　03.0661

height of leaf layer 叶层高度 06.0076
Helan mountain cliff painting 贺兰山岩画 08.0114
heraceous grassland 草本草原 02.0011
herb 草 01.0001
herbaceous energy crop 草本能源作物 04.0569
herbaceous energy plant 草本能源植物 04.0568
herbaceous plant 草本植物 02.0425
herbage blowing-type seeder 牧草气吹式播种机 06.0383
herbage broadcast sower 牧草撒播机 06.0381
herbage seed 草种子 04.0170
herbage seed combine-harvester 牧草种子联合收割机 06.0386
herbage seed harvesting machine 牧草种子收获机 06.0385
herbage seed rod collecting machine 牧草种子站杆采集机 06.0387
herbage sheave seeder 牧草槽轮式播种机 06.0382
herbage suction-type seeder 牧草气吸式播种机 06.0384
herbage yield of regeneration 再生草产量 02.0441
herbicide 除草剂 07.0171
herbicide resistance 抗除草剂 04.0442
herbicide-tolerant transgenic crop 转基因抗除草剂作物 07.0390
herbivorial animal industry 草食畜牧业 01.0078
herbosa 草本群落，*草本植被 02.0012
herder 牧民，*牧人 01.0035
herds natural fertilizing 畜群自然施肥 02.0593
heteroecism 转主寄生 07.0347
heterokaryosis 异核现象 07.0322
heterosis 杂种优势 04.0536
hierarchy 等级分工 02.0033
high constant temperature drying 高恒温烘干法 04.0145
high-density secondary compressor 高密度二次压缩机 06.0406
high intesity and low frequency grazing 高强度低频率放牧 02.0496
high moisture silage 高水分青贮 06.0310
high quality 优质 04.0679
high resistance 高抗 04.0379
high sensitivity 高感 04.0378
high-temperature rapid drying 高温快速干燥 06.0203
high yield 高产 04.0678
hired herdsman 牧工 01.0037
histone 组蛋白 05.0223
homogeneous mutant 同质突变体 05.0242
homokaryon 同核体 05.0096
homologous chromosome addition 同源染色体附加 05.0107
homologous cloning 同源克隆 05.0031
homozygote identification 纯合子鉴定 05.0177
Hongshan culture 红山文化 08.0082
hoomei 呼麦 08.0059
hoop standard granulator 环模制粒机 06.0436
horizontal resistance 水平抗病性 07.0298
horizontal resistance to insect 水平抗虫性 07.0131
horizontal vortex rotary rake 水平旋转搂草机 06.0398
horseback nation 马背民族 08.0013
horse pole 套马杆 08.0045
host 寄主 07.0346
hot damage 热害 03.0706
hot desert 热带荒漠 02.0166
hot hay 发热干草 06.0267
hot water treatment 温汤浸种 07.0324
humid climate 湿润气候 03.0535
humification 腐殖化 06.0005
Hun culture 匈奴文化 08.0023
hurood 奶豆腐 08.0120
hybrid variety 杂交品种 04.0534
hybrid variety certification 混合品种认证 04.0340
hydrological cycle 水分循环 03.0683
hydroseeding technology 喷播技术 04.0768
hyperparasitism 重寄生 07.0143
hypersensitivity 过敏性 07.0282
hyperspectral remote sensing 高光谱分辨率遥感 03.0436
hypogeal germination 子叶留土型 04.0127

# I

ice and snow resources 冰雪资源 03.0674
identification 鉴定 04.0656
identification of nutritional component 营养成分鉴定 06.0208
identification of protoplast regeneration wall 原生质体再生壁鉴定 05.0083

identification under natural stress　自然逆境鉴定　04.0550
idling time　游走时间　02.0431
illuminance　[光]照度　03.0575
illumination length　光照长度　03.0580
image data of resources information　资源信息影像数据　03.0343
image processing of resources remote sensing　资源遥感图像处理　03.0379
imbibitional chilling injury　吸胀冷害　04.0302
imbibitional injury　吸胀损伤　04.0301
immature embryo culture　幼胚培养　04.0528
immune　免疫　07.0365
immunity　免疫性　07.0366
improved grassland　改良草地　03.0019
improved variety　改良品种　04.0374
inactivated protoplast fusion　灭活原生质体融合　05.0087
incubation period　潜育期　07.0308
indemnificatory of non-renewable resources　不可再生资源保障度　03.0278
indicator plant　指示植物　03.0118
indirect loss of grassland disaster　草原灾害间接损失　07.0060
indirect utilization　间接利用　04.0674
individual　个体　04.0381
individual development　个体发育　04.0383
individual selection　单株选择　04.0357
individual variation　个体变异　04.0382
induced fusion agent　诱导融合剂　05.0094
induced insect resistance　诱导抗虫性　07.0128
inducible promoter　诱导型启动子　05.0142
industrialized seedling production　工厂化育苗　05.0069
inert matter　无生命杂质　04.0156
infection　侵染　07.0286
infectious disease　侵染性病害　07.0269
infectivity　侵染性　07.0287
inferior forage　低质牧草　03.0032
inflorescence aesthetics　花序美感　04.0406
inflorescence characteristic　花序特征　06.0048
inflorescence length　花序长度　04.0407
information flow　信息流　02.0344
information management　信息管理　02.0485
information of climate　气候信息　03.0503
information of science of resources　资源学科信息　03.0456
information system for synthetical evaluation of resources　资源综合评价信息系统　03.0408
information technology　信息技术　03.0415
information theory　信息论　03.0311
initial bloom stage　初花期　04.0353
initial grazing　始牧期　02.0265
initial time of flowering　始花期　06.0061
innate rate of increase　内禀增长率　07.0233
inner absorbent herbicide　内吸性除草剂　07.0176
inoculation　接种　07.0325
inoculum　接种体　07.0326
inorganic fertilizer　无机肥　06.0035
in sand　砂中　04.0118
insect control by sterilization　昆虫不育防治　07.0119
insect-damaged seed　虫伤种子　04.0100
insect growth regulator　昆虫生长调节剂　07.0168
insecticide　杀虫剂　07.0155
insecticide resistance　抗药性　07.0216
insecticide resistance index　抗药性指数　07.0223
insecticide resistance management　抗药性治理　07.0225
insect pest　虫害　06.0102
insect resistance　抗虫性　04.0441
insect-resistant variety　抗虫品种　04.0440
insect susceptibility　感虫　04.0376
*in silico* cloning　电子克隆　05.0034
*in situ* conservation　就地保护　03.0231
*in situ* preservation　原生境保存　04.0662
*in situ* transformation　原位转化　05.0153
intact seedling　完整种苗　04.0090
intake　采食　02.0008
intake per bite　单口采食量　02.0435
integration of resources information　资源信息集成　03.0374
intelligence cultivation　智能化栽培　06.0151
intensive grazing management　集约放牧管理　02.0478
inter agency certification　机构间认证　04.0338
intercepting current　截伏流　02.0422
intercropping　套种　06.0030
intermittent grazing　间断放牧　02.0618
internal selective herbicide　内吸选择性除莠剂　02.0598
international quarantine　国际检疫　07.0113
Internet　因特网　03.0423
interplant　间作　06.0028

inter-row sowing　间行播种　06.0177
interseeding　间播　04.0776
interspecific competition　种间竞争　02.0378
intertillage　中耕　06.0157
intranet　内联网　03.0424
intraspecific competition　种内竞争　02.0380
intraspecific relationship　种内关系　02.0379
introduced species　引进品种　04.0526
introduced variety　引进品种　04.0526
introduction　引种　04.0527
introduction from other country　国外引种　04.0655
introduction number　引种号　04.0606
introductory phase of seed product　种子产品试销期　04.0210
introgression line　渗入系　05.0119
invader　侵入者　02.0411
invasive plant　入侵植物　05.0240
inversion layer　逆温层　03.0611
investigation and collection　考察搜集　04.0649
*in vitro* culture　离体培养　04.0460
involucre　总苞　04.0012
iodine value　碘值，*碘价　04.0039
irradiance　辐照度　03.0576
irreversible inhibitor　不可逆抑制剂　07.0227
irrigation　灌溉　06.0187
irrigation frequency　灌溉次数　06.0190
irrigation quota　灌溉定额　02.0591
irrigation time　灌溉时间　06.0188
irrigation volume　灌溉量　06.0189
isolated with high stalk plant　高秆植物隔离　04.0377
isolation belt　隔离带　04.0380
itinerant trader　行商　08.0105

# J

jointing stage　拔节期　06.0057
Jurchen culture　女真文化　08.0035
Jurchen script　女真文　08.0036

# K

karez　坎儿井　02.0589
karst landform　喀斯特地貌　03.0293
karst physiognomy　喀斯特地貌　03.0293
karst plain　喀斯特平原　03.0295
karst process　喀斯特作用　03.0294
karyotype analysis　核型分析　05.0115
karyotyping　核型分析　05.0115
Kazak girl chase　姑娘追　08.0065
Kazakh culture　哈萨克文化　08.0061
Kazakh language　哈萨克语　08.0062
Kazakh medicine　哈萨克医药学　08.0063
Kazakh yurt　哈萨克毡房　08.0064
keel　龙骨瓣　04.0025
keep generation and reserve seed for planting　继代留种　04.0423
key factor analysis　关键因子分析　07.0240
key fruit　翅果　04.0030
key species　关键种　02.0074
keystone competitor　关键竞争者　02.0073
keystone mutualist　关键互利共生者　02.0072
Khata　哈达　08.0031
Khitan culture　契丹文化　08.0032
Khitan script　契丹文　08.0033
killing by touch　触杀灭生　02.0599
koumiss　酸马奶　08.0116
Kriyen　古列延　08.0054
kumiss　马奶酒　08.0118

# L

laboratory identification　室内鉴定　04.0657
laboratory test　室内检验　04.0330
lack region of natural resources　自然资源贫乏区　03.0267

lactation net energy　泌乳净能　02.0466
LAI　叶面积指数　03.0125
land leveler　平地机　06.0465
landrace　地方品种　04.0632
land resources information　土地资源信息　03.0459
landscape diversity　景观多样性　03.0226
landscape resources of rangeland　草地景观资源　03.0009
landslide　滑坡　03.0299
large-scale cultivation of energy grass　能源草规模化种植　04.0571
large-scale survey of rangeland resources　大比例尺精度草地资源调查　03.0091
large section briquetting machine　大截面压块机　06.0441
laser remote sensing　激光遥感　03.0438
latent heat　潜热　03.0639
latent heat exchange in field　农田潜热交换　03.0643
latent infection　潜伏侵染　07.0291
latent virus　潜伏病毒　07.0307
late period of hay drying　牧草干燥后期　02.0577
lateral rake　侧向搂草机　02.0578
late spring coldness　倒春寒　03.0708
latitudinal zonation　纬度地带性　03.0280
lawn aerator machine　草坪打孔机　06.0466
lawn cleaning machine　草坪清洁机　06.0471
lawn comb grass root cutting machine　草坪梳草切根机　06.0467
lawn garden　草坪花园　04.0705
lawn grass cutworm　淡剑夜蛾　04.0806
lawn mower　割草机，*剪草机　06.0389
lawn rolling machine　草坪滚压机　06.0468
lawn spraying machine　草坪喷药机　06.0470
lawn topdressing machine　草坪覆沙机　06.0469
lawn trimmer　草坪切边机　06.0472
LD-P line　剂量对数-机值回归线　07.0215
leader-follower grazing　优先放牧　02.0365
leaf area index　叶面积指数　03.0125
leaf characteristic　叶特征　06.0047
leaf-cutter bee　切叶蜂　04.0026
leaf disk transformation　叶盘法　05.0147
leafhoppers　叶蝉类　06.0122
leaf length　叶长　04.0523
leaf preservation rate　叶片保存率　06.0297
leaf protein feed　叶蛋白饲料　06.0348
leaf shape　叶形　04.0522
leaf spot　叶斑病　06.0099
leaf width　叶宽　04.0521
League-Banner system　盟旗制度　08.0069
legume forage　豆科牧草　05.0235
legume rangeland　豆科草草地　03.0066
leisurely grazing　自由采食　02.0390
leisure turf　游憩草坪　04.0701
lele che　勒勒车　08.0044
lethal dosage　致死剂量　07.0207
level trench　水平沟　02.0586
licence of seed selling　种子经营许可证　04.0234
life cycle of seed product　种子产品生命周期　04.0208
life table　生命表　07.0238
light and temperature potential productivity　光温生产潜力　03.0597
light compensation point　光补偿点　06.0222
light degradation　轻度退化　02.0582
light grazing　轻度放牧　02.0452
light rain　小雨　03.0659
light resources　光资源　03.0566
light saturation　光饱和现象　06.0221
light saturation point　光饱和点　03.0588
light sensitive index　感光指数　03.0591
limited test　有限检验　04.0084
limiting factor　限制因素　02.0335
linkage inheritance　连锁遗传　05.0019
lipid produced from plant　植物生产脂　05.0189
liquid biofuel　液体生物燃料　04.0573
liquid culture　液体培养　05.0068
liquid medium　液体培养基　05.0061
litter　凋落物，*枯枝落叶　03.0127
livestock　家畜　02.0088
livestock behavior　家畜行为　02.0089
livestock feeding equivalent　家畜采食当量　02.0459
livestock money　牲畜货币　08.0104
livestock product　畜产品　01.0023
livestock product unit　畜产品单位　01.0024
livestock sold　出栏量　01.0076
livestock stock　存栏量　01.0075
livestock unit-day　家畜单位日　03.0168
livestock unit equivalent　家畜单位当量　01.0027
livestock unit-month　家畜单位月　03.0169
livestock unit with proper stock capacity　合理载畜量家畜单位　03.0162

livestock unit-year　家畜单位年　02.0481
local precipitation　地方性降水　03.0663
locust　蝗虫　04.0808
lodging resistance　抗倒伏性　04.0443
log dosage probability line　剂量对数-机值回归线　07.0215
longitudinal cutting　纵切　04.0131
longitudinal zonation　经度地带性　03.0281
long-term gene bank　长期库　04.0670
long-term preservation　长期保存　04.0665
long vegetative branch　长营养枝　02.0534
looped-structure　环状结构　04.0108
loose bunch type　疏丛型　06.0141
loosely twisted　轻度扭曲　04.0106
loosening soil　松土　02.0413
loss rate of grassland disaster　草原灾害损失率　07.0070
lower-stem-cutting tolerance　耐低刈　04.0475
lower Xiajiadian culture　夏家店下层文化　08.0081
low price strategy of seed　种子低价策略　04.0222
low resistance　低抗　04.0358
low temperature damage in autumn　寒露风　03.0709
low temperature drying　低温烘干法　04.0146
lunar resources information　月球资源信息　03.0472

# M

maintainer　保持系　04.0342
maintenance　维持　02.0313
major community　主要群落　02.0385
major gene resistance　主效基因抗性　04.0546
male sterility　雄性不育　04.0512
management of grassland ecosystem　草地生态系统管理　03.0192
management of seed product life cycle　种子产品生命周期管理　04.0209
management system of resources information　资源信息管理系统　03.0324
Manchu culture　满族文化　08.0067
Manchu script　满文　08.0068
Mandela mountain rock painting　曼德拉山岩画　08.0111
manual weed control　人工防除杂草　06.0181
map-based cloning　图位克隆　05.0032
map of grassland resources　草地资源图　03.0088
marine climate　海洋性气候　03.0530
marine resources information　海洋资源信息　03.0467
marker gene　标记基因　05.0138
market concept of seed marketing　种子营销市场观念　04.0250
marsh type rangeland　沼泽草地　03.0062
material and energy conversion　物质与能量转化　02.0555
material cycle　物质循环　02.0321
mating disruption　交配干扰　07.0249
mating system　交配系统　07.0398
matter cycle　物质循环　02.0321
mature period of seed　种子成熟期　04.0183
mature seed　成熟种子　04.0005
mature stage　成熟期　06.0069
maturity　熟性　06.0083
maturity phase of seed product　种子产品成熟期　04.0205
mausoleum of Genghis Khan　成吉思汗陵　08.0084
maximum depth of frozen ground　最大冻土深度　03.0635
maximum design wind speed　最大设计平均风速　03.0557
maximum sustainable yield　最大持续产量　03.0218
maximum temperature　最高温度　04.0289
meadow　草甸　02.0019
meadow steppe　草甸草原　02.0020
mean annual temperature　年均温　06.0134
mean annual temperature in origin　原产地年均温度　04.0612
mechanical control of rodent pest　器械灭鼠　07.0402
mechanical divider method　机械分样法　04.0064
mechanical scarification seed coat　机械划破种皮　04.0124
mechanical weed control　机械除草　07.0387
median effective concentration　有效中浓度　07.0214
median effective dose　有效中量　07.0208
median inhibitory concentration　抑制中浓度　07.0213
median lethal concentration　致死中浓度　07.0212
median lethal dose　半数致死量　07.0210
medicinal protein produced from plant　植物生产药用蛋白质　05.0191
medium grass rangeland　中禾草草地　03.0064
medium-scale survey of rangeland resources　中比例尺精度

草地资源调查 03.0092
medium-term gene bank 中期库 04.0669
medium-term preservation 中期保存 04.0666
meiyu 梅雨 03.0681
melanin 黑素 04.0398
mericarp 分果瓣 04.0073
mesophytia 中生群落 02.0376
metabolic resistance 代谢抗性 07.0219
metabolizable energy 代谢能 02.0457
metabonomics 代谢组学 05.0025
metadatabase of resources information 资源信息元数据库 03.0337
metadata standard of resources information 资源信息元数据标准 03.0336
metapopulation 集合种群，*异质种群 02.0085
meteorological element 气象要素 03.0476
meteorological fire danger 气象火险 07.0105
method of climatic resources analysis 气候资源分析方法 03.0519
method of virus induced cell fusion 病毒法诱导细胞融合 05.0092
methodology of resources informatics 资源信息学方法论 03.0309
microbial silage 微贮 06.0250
microclimate 小气候 03.0480
microcoenose 小群落 02.0341
microcommunity 小群落 02.0341
microhabitat 小生境 02.0342
microinjection method 显微注射法 05.0159
microprojectile bombardment 基因枪转化法 05.0158
microwave remote sensing 微波遥感 03.0434
migration 迁飞 07.0230
milk stage 乳熟期 06.0064
milk tea 奶茶 08.0122
mineral resources information 矿产资源信息 03.0465
minimal medium 基本培养基 05.0059
minimum effective dose 最低有效剂量 07.0209
minimum lethal dose 最低致死剂量 07.0211
minimum temperature 最低温度 04.0288
minimum viable population 最小可生存种群 03.0234
minimum weight of working sample 试验样品最低重量 04.0058
minor drainage basin management 小流域治理 03.0249
minor gene related to disease resistance 微效基因抗病性 04.0506
*Miscanthus floridulus* 五节芒 04.0588
*Miscanthus sinensis* 芒 04.0587
miticide 杀螨剂 07.0153
mixed cropping 混作 06.0029
mixed drought 混合干旱 04.0418
mixed grass prairie 混合草原 02.0603
mixed grazing 混合放牧 02.0494
mixed green hay 混合青干草 06.0285
mixed line seed reproduction 混系繁殖 04.0421
mixed variety 混合品种 04.0419
mixture seeding 种间混播 04.0774
mixture silage 混合青贮 06.0311
mobile turf 移动式草坪 04.0838
model plant 模式植物 04.0467
mode of entry 侵入方式 07.0293
moderate degradation 中度退化 02.0583
moderate grazing 中度放牧 02.0455
moderate interference theory 中度干扰理论 02.0605
moderate rain 中雨 03.0660
modified halving method 改良对分分样法 04.0066
modified mass selection 改良混合选择 04.0373
modular mobile turf 模块移动式草坪 04.0839
moist meadow 湿草甸 02.0260
moisture content 含水量 06.0209
moisture index 湿润度 03.0705
mold 霉 07.0317
molding forage grass 成型饲草 06.0331
molding machine 造型机 06.0464
molding process 成型工艺 06.0248
mold roller forage grass briquetting machine 模辊式饲草压饼机 06.0445
mole crickets 蝼蛄类 06.0121
molecular breeding 分子育种 05.0246
molecular detection 分子检测 05.0172
molecular marker 分子标记 05.0001
molecular marker assistant breeding 分子标记辅助育种 05.0009
molecular marker technology 分子标记技术 05.0002
Mongolian chess 蒙古象棋 08.0051
Mongolian gown 蒙古袍 08.0050
Mongolian long-tune folk song 蒙古族长调民歌 08.0052
Mongolian medicine 蒙医学 08.0049
Mongolian policy 蒙古族政策 08.0070

Mongolian writing　蒙古文　08.0039
Mongol-Yuan culture　蒙元文化　08.0038
monitoring for insecticide resistance　抗药性监测　07.0224
monoclonal antibody　单克隆抗体　07.0356
mono-community　单一群落　02.0029
monocot weed　单子叶杂草　07.0372
monocotyledonous forage　单子叶牧草　04.0002
monodominant community　单优群落　02.0030
monogenic resistance　单基因抗性　07.0133
monoparasitism　单寄生　07.0142
monophagy　单食性　07.0256
monosome　单体　05.0104
monostand　单播　06.0026
monostand community　单植草坪群落　04.0737
mop grazing　风暴式放牧　02.0501
morin khuur　马头琴　08.0047
morphological insect resistance　形态抗虫性　07.0129
mortality　死亡率　07.0232
mottle　斑驳　07.0309
mountain　山地　03.0286
mountain climate　山地气候　03.0531
mountain grassland　山地草地　02.0180
mountain meadow　山地草甸　02.0181
mountain meadow soil　山地草甸土　02.0183
mountain meadow-steppe soil　山地草甸草原土　02.0182
mountain pasture　山地放牧地　02.0186
mountain steppe　山地草原　02.0184
mountain with grass　草山　02.0526
moving observation　流动观测　03.0365
mowing　割草，*刈割　02.0403
mowing frequency　修剪频率　04.0784
mowing height　修剪高度　04.0785
mowing meadow　割草草地　02.0523
mowing method　刈割方法　02.0567
mowing pattern　修剪模式　04.0786
mow roration system　轮刈制度　06.0195
MSY　最大持续产量　03.0218
mulching　覆盖　04.0779
multi-dimension analysis for resources information　资源信息多维分析　03.0406
multifunctional forage　多功能牧草　02.0048
multigerm seed unit　复胚种子单位　04.0093
multiparasitism　多寄生　07.0144
multiple bulk selection　多次混合选择　04.0362
multiple cross　复合杂交　04.0372
multiple individual selection　多次单株选择　04.0361
multiple male-paternal cross　多父本杂交　04.0363
multiple pollination　混合授粉　04.0420
multiple seed unit　复粒种子单位　04.0094
multiple-trait comprehensive assessment　考种　04.0455
multispectral remote sensing　多谱段遥感　03.0435
mutant　突变体　04.0504
mutation breeding　诱变育种　04.0529
mutualism　互利共生　02.0067
MVP　最小可生存种群　03.0234
mycorrhiza　菌根　07.0328

# N

nadam　那达幕　08.0046
nanoparticle-mediated transgene　纳米颗粒介导的转基因　05.0165
napier grass　象草　04.0591
narrowly informatics　狭义信息论　03.0312
natality　出生率　07.0231
national park　国家公园　03.0236
native forage　天然牧草　02.0301
native herbage　乡土草　05.0238
native vegetation　天然植被　02.0302
natural aging　自然老化　04.0261
natural drying　自然干燥　02.0580
natural enemy　天敌　07.0136
natural forest conservation　天然林保护　03.0248
natural grazing land　天然放牧地　01.0056
naturalized species　逸生种　04.0638
natural rangeland-conservation area　草地自然保护区　03.0174
natural resources atlas　自然资源地图集　03.0271
natural resources information　自然资源信息　03.0458
natural seedbed　天然型坪床　04.0755
natural selection　自然选择　04.0551
nature conservation　自然保护　03.0220
nature grassland　*天然草地　01.0040
nature reserve　自然保护区　03.0221
necrosis　坏死　04.0410

nectary 蜜腺 04.0027
negative accumulated temperature 负积温 03.0622
negative cross resistance 负交互抗性 07.0218
negative taxis 负趋性 07.0263
nematocide 杀线虫剂 07.0152
net energy 净能 02.0461
net energy for maintenance 维持净能 02.0314
network of resources information 资源信息网络 03.0358
neurotoxin 神经毒素 07.0166
neutral detergent fiber 中性洗涤纤维 06.0212
new germplasm 新种质 04.0636
new strain 新品系 05.0249
new variety strategy of seed pricing 种子新品种定价策略 04.0245
next stubble 后茬 04.0399
niche 生态位 02.0229
niche overlap 生态位重叠 02.0231
niche separation 生态位分离 02.0230
nitrogen cycle 氮循环 03.0202
nitrogen-free extract 无氮浸出物 02.0545
Nobbe trier 诺培扦样器, *单管扦样器 04.0061
nodule weevils 根瘤象甲类 06.0107
nomadic civilization 游牧文明 08.0003
nomadic culture 游牧文化 08.0006
nomadic culture circle 游牧文化圈 08.0007
nomadic ethnic group 游牧族群 08.0012
nomadic grazing 游牧 02.0608
nomadic mode of production 游牧生产方式 08.0008
nomadic society 游牧社会 08.0010
nomadic tribe 游牧部落 08.0011
nomads 游牧民族 08.0009
non-dormancy forage seed 非休眠牧草种子 04.0047
non-embryogenic callus 非胚性愈伤组织 05.0056
non-infectious disease 非侵染性病害 07.0270
non-persistent virus 非持久性病毒 07.0345
non-preference 不选择性 07.0125
non-protein nitrogen content 非蛋白质含氮物 02.0542
non-selective grazing 非选择放牧 02.0502
non-selective herbicide 灭生性除草剂 07.0174
normal seedling 正常种苗 04.0089
no-tillage method 免耕法 06.0164
noxious weed 恶性杂草 07.0386
Noyan 那颜 08.0058
nuclear localization sequence 核定位序列 05.0137
nuclear transformation system 核转化系统 05.0196
nucleoprotein 核蛋白 04.0043
nucleus seed 核心种子 04.0310
nullisomic 缺体 05.0105
number of collected root sucker 收集根蘖数量 04.0647
number of grain per pod 单荚粒数 06.0080
nursery number 种质圃编号 04.0604
nutrient cycle 养分循环 02.0354
nutrient flow 养分流 02.0353
nutritional gross of rangeland 草地营养物质总量 03.0113
nutritional ratio of rangeland 草地营养比 03.0114
nutritional value 营养价值 02.0460
nutritional value dynamic 营养价值动态 02.0541
nutritive evaluation of grassland resources 草地资源营养评价 03.0112
nutritive value of forage 牧草营养价值 03.0111

# O

oasis grassland culture 绿洲草原文化 08.0020
obligate parasite 专性寄生物 07.0353
oboo festival 祭敖包 08.0048
observation location 观测地点 04.0626
observation of fixed station 定位观测 03.0364
observation year 观测年份 04.0627
observing station network 观测台站网络 03.0366
offspring identify 后代鉴定 04.0400
off-type 变异株 04.0152
oil solution 油剂 07.0194
old grassland 老化草地 02.0118
oligogenic resistence 寡基因抗性 07.0134
oligophagy 寡食性 07.0257
omics 组学 05.0022
omnivory 杂食性 07.0255
on-off grazing 限制时间放牧 02.0334
ontogeny 个体发育 04.0383
open-air stack 露天堆垛 06.0288
open-air storage 露天贮藏 06.0204
opening date 开放日期 03.0158

open pollination　开放授粉　04.0432
open range　开放牧场　02.0110
open storage method　*开放贮藏法　04.0300
optimum moisture content　最适含水量　04.0270
optimum temperature　最适温度　04.0290
order grazing　顺序放牧　02.0504
ordinary silage　普通青贮　02.0568
ordinary storageroom　普通贮藏库　04.0295
organic acid assessment method of silage　青贮有机酸评定方法　06.0321
organic fertilizer　有机肥　06.0034
organic matter　有机质　02.0468
origin　原产地　04.0611
original seed　原种　04.0316
ornamental grass　观赏草　04.0386
ornamental period　观赏期　04.0405
ornamental turf　观赏草坪　04.0699
orographic rain　地形雨　03.0664
orthodox seed　正常型种子　04.0687
osmotic condtioning　渗透调节　04.0267
other forage　其他科牧草　06.0216
outer space resources information　太空资源信息　03.0471
oven-dried weight　牧草烘干重　03.0110
over-compensation　超补偿　02.0511
over grazing　过度放牧　02.0076
overground biomass of rangeland　草地地上部生物量　03.0097
overseeding　交播，*覆播，*盖播　04.0778
overwintering　越冬　07.0333
ozone hole　臭氧空洞　03.0303
ozonosphere　大气臭氧层　03.0544

# P

paddock　轮牧小区　02.0487
palatability　适口性　06.0368
pampas　南美草原，*潘帕斯　01.0043
panicle　圆锥花序　04.0016
*Panicum virgatum*　柳枝稷　04.0586
parasite　寄生物　07.0349
parasitic disease　寄生性病害　07.0272
parasitic weed　寄生型杂草　07.0374
parasitism　寄生　07.0139
park turf　公园草坪　04.0707
pastoral area disaster affected population　牧区受灾人口　07.0100
pastoral area disaster response capacity　牧区应灾能力　07.0101
pastoral area input for disaster mitigation　牧区减灾投入　07.0099
pasture　放牧地　01.0048
pasture　牧场　01.0028
pasture and forage crop breeding　牧草及饲料作物育种学　04.0469
pasturecake　草饼　06.0334
pasture user　牧场使用者　01.0036
pathogen　病原物　07.0274
pathogenesis　病程　07.0276
pathogenesis related protein　病程相关蛋白　07.0340
pathogenicity　致病性　07.0283
pea weevil　豌豆象　06.0129
pedicel　花梗　06.0236
pedigree breeding　系统育种　04.0509
pellet feed　草颗粒　06.0332
pellet hardness　颗粒硬度　06.0336
pellet seed　丸粒种子　04.0077
*Pennisetum alopecuroides*　狼尾草　04.0590
*Pennisetum purpureum*　象草　04.0591
percentage of sunshine　日照百分率　03.0574
percentage of weed　杂草率　04.0852
perennial　多年生　06.0148
perennial forage　多年生牧草　03.0035
perennial grasses dynamic of production　多年生草类产量动态　02.0540
perennial rangeland　多年生草地　03.0078
perennial turfgrass　多年生草坪草　04.0726
perennial weed　多年生杂草　07.0378
permenant grassland　永久草地　01.0054
persistence　持久性　02.0026
persistent virus　持久性病毒　07.0344
pesticide　农药　07.0150
Phags pa script　八思巴文　08.0042
*Phalars arundinacea*　虉草　04.0592
phenological phenomenon　物候现象　03.0526

phenomics 表型组学 05.0028
phenophase 物候期 03.0527
phenotype 表[现]型 05.0014
pheromone 信息素 07.0244
pheromone trap 信息素诱捕 07.0250
phonotaxis 趋声性 07.0266
photochemical reaction 光化反应 03.0595
photochemistry conversion 光化转换 03.0584
photolysis 光解作用 03.0589
photonasty 感光性 03.0590
photoperiodism 光周期现象 06.0224
photophase 光照阶段 03.0581
photorespiration 光呼吸 03.0586
photosynthesis 光合作用 06.0220
photosynthetically active radiation 光合有效辐射 03.0571
photosynthetic intensity 光合强度 03.0587
photosynthetic potential 光合势 03.0592
photosynthetic potential productivity 光合生产潜力 03.0596
phototaxis 趋光性 07.0265
photothermal conversion 光热转换 03.0582
photovoltaic conversion 光电转换 03.0583
phreatic water 潜水 02.0418
physical and mechanical control 物理及机械防治 06.0132
physical control 物理防治 07.0117
physically induced cell fusion 物理诱导细胞融合 05.0090
physical mutagenesis 物理诱变 04.0408
physiological adaptation 生理适应性 04.0496
physiological race 生理小种 07.0302
physiological water requirement 生理需水 03.0695
phytoalexin 植物保卫素 07.0337
phytophagy 植食性 07.0252
phytoplasma 植原体 07.0315
phytotron 人工气候室 03.0523
picker-baler 拣拾压捆机 02.0579
picking machine 捡球机 06.0473
piercing 刺穿 04.0130
pistil 雌蕊 04.0022
plaggen epipedon 生草表层 02.0191
plain 平原 03.0287
plan of seed marketing 种子营销计划 04.0247
plant architecture 株型 04.0545
plant bioreactor 植物生物反应器 05.0184
plant bioreactor technology 植物生物反应器技术 05.0194
plant cell suspension culture 植物细胞悬浮培养 05.0206
plant community 植物群落 06.0230
plant coverage 植物种盖度 03.0124
plant disease 植物病害 07.0268
plant disease epidemiology 植物病害流行学 07.0279
plant expression system 植物表达系统 05.0195
plant genetic transformation system 植物遗传转化体系 05.0205
plant height 植株高度 06.0077
plantibody 植物抗体 05.0193
planting pattern 种植模式 06.0020
planting quality 种用质量 04.0306
planting zone for turfgrass 草坪草区划 04.0727
plant pathology 植物病理学 07.0300
plant preferential codon 植物偏爱密码子 05.0201
plant production of rangeland resources 草地资源的植物生产 03.0144
plant protoplast culture 植物原生质体培养 05.0079
plant quarantinine 植物检疫 06.0131
plant recombinant protein 植物重组蛋白 05.0203
plant temperature 植物体温 03.0603
plant tissue culture 植物组织培养 05.0045
plant tissue culture technology 植物组织培养技术 05.0058
plant vaccine 植物疫苗 05.0192
plant virus vector system 植物病毒载体系统 05.0202
plateau 高原 03.0285
plateau climate 高原气候 03.0532
platform resources number 平台资源号 04.0602
playing quality 运动质量 04.0853
pleated paper 褶皱纸 04.0116
ploidy breeding 倍性育种 04.0343
plugging 塞植 04.0770
plum rain 梅雨 03.0681
pod 荚果 04.0029
pod spliting habit 裂荚性 06.0081
point of origin 起火点 07.0104
poison bait 毒饵 07.0202
poisonous plant 有毒植物 02.0597

pollen culture　花粉培养　05.0064
pollen sterility　花粉不育性　04.0401
pollen-tube pathway method　花粉管通道法　05.0160
polyclonal antibody　多克隆抗体　07.0357
polycross　多系杂交　04.0364
polyethylene glycol method　聚乙二醇法　05.0161
polygenic resistence　多基因抗性　07.0135
polyphagy　多食性　07.0258
polyploid　多倍体　04.0359
polyploid breeding　多倍体育种　04.0360
polyploid breeding technique　多倍体育种技术　05.0243
polystand community　混植草坪群落　04.0738
pool of natural resources　自然资源汇　03.0269
poor forage　劣质牧草　03.0033
population　居群　04.0651
population cultivar　群体品种　04.0492
population density　种群密度　02.0382
population dynamics　种群动态　02.0381
population fluctuation　种群波动　07.0237
population growth　种群增长　07.0236
population number　种群数量　02.0383
population resources information　人口资源信息　03.0468
population structure　种群结构　07.0235
population turnover　种群周转　02.0384
positive screening　正向筛选　05.0180
positive silage sugar difference　正青贮糖差　06.0228
positive taxis　正趋性　07.0262
post-control plot　后对照小区　04.0333
post-disaster reconstruction of pastoral area　牧区灾后重建　07.0103
post-harvest disease　收获后病害　07.0271
posthouse system　驿站制度　08.0060
potential evaporation　潜在蒸发　03.0690
potential evapotranspiration　潜在蒸散　03.0693
potential seed yield　潜在种子产量　04.0174
powder content　含粉率　06.0338
powdery mildew　白粉病　06.0091
prairie　北美草原，＊普雷里　01.0042
pratacultural industry　草业　03.0183
pratacultural management　草业经营，＊草业管理　01.0017
pratacultural natural resources　草业自然资源　02.0025
pratacultural resources　草业资源　02.0024
pratacultural science　＊草业科学　01.0002

prechilling　预先冷冻　04.0122
precipitation　降水量　03.0650
precipitation intensity　降水强度　03.0651
precipitation resources　降水资源　03.0649
precipitation variability　降水量变率　03.0680
precontrol plot　前对照小区　04.0332
preculture　预培养　05.0124
predation　捕食作用　07.0138
predatism　捕食性　07.0253
predator　捕食者　07.0137
predominant wind direction　主导风向　03.0562
predrying　预先烘干法　04.0144
preference　嗜食性　02.0427
preference index　嗜食性指数　02.0492
preference ranking　嗜食性分级　02.0283
preferred grazing　优先放牧　02.0365
presentation seed yield　表现种子产量　04.0175
preservation　保存　04.0660
preservation method　保存方式　04.0661
pressed stem　压扁茎秆　06.0296
prevailing wind　盛行风　03.0563
prevention and control of grassland natural disaster　草地自然灾害防治　03.0177
prevention and control of poisonous plant in grassland　草地有毒植物防治　03.0178
prewashing　预先洗涤　04.0125
price difference between seed buying and selling　种子购销差价　04.0230
price difference between seed wholesale and retail　种子批零差价　04.0236
price difference of seed　种子差价　04.0214
pricing of seed　种子定价　04.0226
pricing strategy of seed　种子定价策略　04.0227
primary consumer　初级消费者　02.0028
primary infection　初侵染　07.0288
primary producer　初级生产者　02.0027
primary production　初级生产　02.0553
primary production of rangeland　草地初级生产　03.0145
primary productivity of rangeland　草地初级生产力　03.0146
primary rangeland　原生草地　03.0016
primary sample　初次样品，＊原始样品　04.0054
principle of 3R　3R 原则　03.0258
processing of forage seed　牧草种子加工　04.0184

producer 生产者 02.0196
production concept of seed marketing 种子营销生产观念 04.0249
production of special carbohydrate 生产特殊碳水化合物 05.0187
production of industrial and agricultural using enzyme 生产工农业用酶 05.0186
productive value 生产价值 02.0546
productivity 生产力 02.0437
productivity-diversity relationship 生产力与多样性关系 02.0195
product of resources information system 资源信息系统产品 03.0395
proficiency test 能力验证 04.0169
profit of seed marketing 种子营销利润 04.0248
prokaryotic expression 原核表达 05.0041
prokaryotic expression system 原核表达系统 05.0042
proluvium fan 洪积扇 03.0290
promoter 启动子 05.0134
promotion concept of seed marketing 种子营销推销观念 04.0251
propagation 扩繁 04.0692
proper grazing 适当放牧 02.0268
properly functioning 机能正常 02.0084
proper stock capacity 合理载畜量 03.0161
proper stocking rate 适度放牧量 02.0269
proper utilization index 适度利用指数 02.0270
protected cultivation 保护种植 06.0027
protein analysis of somatic hybrid chloroplast component 体细胞杂种叶绿体组分蛋白质分析 05.0101
protein target positioning 蛋白质靶向定位 05.0204
proteomics 蛋白质组学 05.0024
protoplast culture 原生质体培养 05.0062
protoplast fusion 原生质体融合 05.0086
province of origin 原产省 04.0610
provisional certificate 临时证书 04.0167
publication of resources information 资源信息发布 03.0354
pulverization rate 粉化率 06.0337
pure line breeding 纯系育种 04.0354
pure pellet 净丸粒种子 04.0154
purification of protoplast 原生质体纯化 05.0081
purity 纯度 04.0162
purity analysis 净度分析 04.0069
putting green structure 果岭坪床结构 04.0832
pyramiding breeding 聚合育种 05.0245
pythium blight 腐霉枯萎病 04.0798

# Q

qualitative trait 质量性状 05.0015
quantitative remote sensing 定量遥感 03.0439
quantitative trait 数量性状 05.0016
quantitative trait loci 数量性状位点 05.0011
quantum efficiency of photosynthesis 光合作用量子效率 03.0585

# R

raceme 总状花序 04.0014
rachilla 穗轴 04.0034
radiation balance 辐射平衡 03.0579
radiation balance in field 农田辐射平衡 03.0593
radiation balance in forest 森林辐射平衡 03.0594
radiation dose 辐射剂量 04.0368
radiation induced mutation 辐射诱变 04.0371
radiation inversion 辐射逆温 03.0607
radiation resistance 辐射抗性 04.0369
radiation sensitivity 辐射敏感性 04.0370
rain 雨 03.0654
rain day 雨日 03.0655
rainfall [amount] 雨量 03.0656
rainy season 雨季 03.0682
rake 搂草机 06.0394
ramet 分株 04.0367
ramjet forage briquetting machine 冲头式饲草压饼机 06.0444
rancher 牧场主 01.0038
random amplified polymorphism DNA 随机扩增多态性 DNA 05.0004
random cup method 随机杯分样法 04.0065

random distribution　随机分布　07.0242
range classification system of China　中国草地分类系统　03.0041
range condition　草地基况　02.0471
rangeland　草原　01.0040
rangeland alien invasive species　草地外来入侵生物　07.0110
rangeland area unit with proper stock capacity　合理载畜量草地面积单位　03.0164
rangeland ecology　草原生态学，＊草地生态学　01.0004
rangeland integrated pest management　草地有害生物防治　07.0114
rangeland management　草原管理学　01.0005
rangeland non-quarantine pest　草地非检疫性有害生物　07.0109
rangeland pest　草地有害生物　07.0107
rangeland pest forecast　草地有害生物预测预报　07.0120
rangeland plant protection　草地植物保护　07.0106
rangeland plant quarantine　草地植物检疫　07.0111
rangeland plant resources　草地植物资源　03.0004
rangeland quarantine pest　草地检疫性有害生物　07.0108
rangeland recreation　草地游憩　03.0015
rangeland resources database　草地资源数据库　03.0095
rangeland resources function　草地资源功能　03.0003
rangeland resources　草地资源　03.0001
rangeland resources science　草地资源学　03.0002
rangeland resources science　草原资源学　01.0006
rangeland salification　草地盐渍化　03.0172
rangeland sandification　草地沙化　03.0171
rangeland soil and water erosion　草地水土流失　03.0181
rangeland type　草地类型　03.0042
range management　草原管理　02.0520
range science　草地学，＊草原学　01.0003
range utilization unit　草地利用单元　02.0368
RAPD　随机扩增多态性DNA　05.0004
rapid propagation　快繁　04.0458
rare and endangered species　珍稀濒危种　04.0640
rate of ensiling　青贮贮成率　06.0322
rational close planting　合理密植　06.0178
rational utilization of grassland resources　草地资源合理利用　03.0138
ration grazing　日粮放牧　02.0445
ratio of material flow　物质流通率　02.0320
ratoon stunting　矮化病　06.0101
ray treatment　射线处理　06.0329
reality grazing capacity　现实载畜量　03.0166
realized niche　实际生态位　02.0261
real time fluorogenic quantitative PCR　实时荧光定量PCR　05.0176
real time PCR　实时PCR　05.0222
recalcitrant seed　顽拗型种子　04.0688
recipient cell　受体细胞　05.0122
reciprocating mower and conditioner　往复割草调制机　06.0392
reciprocation-type mower　往复式割草机　06.0390
reclamation of mining area　矿区复垦　03.0250
recombinant cloning　重组克隆　05.0233
recovery culture　恢复培养　05.0126
recurrent parent　轮回亲本　04.0464
recurrent phenotypic selection　轮回表型选择法　04.0463
recurrent selection　轮回选择　04.0465
redifferentiation　再分化　05.0049
reduced-limited test　简化有限检验　04.0086
reduced test　简化检验　04.0085
redundancy theory　冗余理论　02.0606
reflected infrared remote sensing　反射红外遥感　03.0432
regeneration　再生　02.0538
regeneration intesity　再生强度　02.0439
regeneration rate　再生速度　02.0438
regeneration seedling　再生苗　05.0057
regeneration system　再生体系　05.0123
regeneration times　再生次数　02.0440
regionalization of forage seed production　牧草种子生产区划　04.0177
regionalization of natural resources　自然资源地带律　03.0273
regional strategy of seed pricing　种子地区定价策略　04.0223
registered seed　登记种子　04.0312
regreen stage　返青期　06.0054
regular storage method　普通贮藏法　04.0300
regulation of resources information sharing　资源信息共享规则　03.0353
Regulations of the People's Republic of China on Nature Reserves　中华人民共和国自然保护区条例　03.0224
rejuvenation　复壮　04.0691
related resources　相关资源　02.0336
relative air humidity　相对空气湿度　04.0283

relative feed value 相对饲料价值，＊相对饲用价值 02.0462
relative forage quality 相对饲草质量 02.0465
relative humidity 相对湿度 03.0685
relative quality index of roughage 粗饲料相对质量指数 06.0367
relative quantification 相对定量 05.0220
relative soil moisture 土壤相对湿度 03.0102
relatvie dominant 相应优势 02.0337
releasing year 育成年份 04.0624
remainder 剩余量 02.0442
remaining rate of withered grass 枯草保存率 03.0128
remote sensing data 遥感数据 03.0441
remote sensing image 遥感图像 03.0442
remote sensing image fusion 遥感图像融合 03.0447
remote sensing in disaster 灾害遥感 03.0369
remote sensing information 遥感信息 03.0440
remote sensing information extraction 遥感信息提取 03.0443
remote sensing information of climatic resources 遥感气候资源信息 03.0504
remote sensing in grassland 草地遥感 03.0368
remote sensing model 遥感模型 03.0451
remote sensing retrieval 遥感反演 03.0450
remote sensing survey of rangeland resources 草地资源遥感调查 03.0084
remote sensing technology 遥感技术 03.0425
remote sensor 遥感器 03.0446
renewable resources non-regionalization 可再生资源非地带性 03.0275
renewable resources regionalization 可再生资源地带性 03.0274
repellent 忌避剂 07.0163
reporter gene 报告基因，＊报道基因 05.0140
reproduction days 生育天数 04.0498
reproduction way 繁殖方式 04.0680
reseeding 补播 02.0414
residual activity 残效 07.0204
residual effect 残效 07.0204
residual toxicity 残毒 07.0205
residue 残留 07.0203
resilience 弹性 02.0032
resilience 回弹性 02.0082
resistance 抗性 07.0363
resistance gene frequency 抗性基因频率 07.0222
resistance screening 抗性筛选 05.0179
resistant callus 抗性愈伤组织 05.0128
resistant gene 抗性基因 04.0451
resistant plantlet 抗性苗 05.0129
resistant to storage capacity 耐贮藏能力 04.0160
resistant variety 抗性品种 04.0452
resistence 阻抗 02.0395
resolution 分辨率 03.0445
resources census statistics 资源普查统计 03.0371
resources dynamic monitoring 资源动态监测 03.0370
resources evaluation index framework 资源评价指标体系 03.0400
resources evaluation model 资源评价模型 03.0401
resources geography 资源地理学 03.0262
resources geology 资源地质学 03.0263
resources informatics 资源信息学 03.0308
resources information acquisition 资源信息获取 03.0316
resources information application 资源信息应用 03.0329
resources information code 资源信息编码 03.0334
resources information communication 资源信息通信 03.0396
resources information conception model 资源信息概念模型 03.0397
resources information construction 资源信息建设 03.0326
resources information criterion 资源信息规范 03.0332
resources information database 资源信息数据库 03.0319
resources information data display 资源信息数据显示 03.0391
resources information data input 资源信息数据输入 03.0388
resources information data output 资源信息数据输出 03.0389
resources information evaluation 资源信息评价 03.0350
resources information fusion 资源信息融合 03.0381
resources information increment 资源信息增量 03.0349
resources information inputting 资源信息录入 03.0375
resources information maintenance 资源信息维护 03.0327
resources information management 资源信息管理 03.0323
resources information mathematic model 资源信息数学模型 03.0399

resources information metadata 资源信息元数据 03.0335
resources information mining 资源信息挖掘 03.0394
resources information model base 资源信息模型库 03.0414
resources information observation 资源信息观测 03.0363
resources information processing 资源信息处理 03.0322
resources information quality 资源信息质量 03.0351
resources information quantity 资源信息量 03.0348
resources information replay 资源信息回放 03.0390
resources information search 资源信息检索 03.0392
resources information sharing 资源信息共享 03.0352
resources information standard 资源信息标准 03.0331
resources information storage 资源信息存储 03.0318
resources information structure 资源信息结构 03.0340
resources information structure model 资源信息结构模型 03.0398
resources information transmission 资源信息传输 03.0328
resources information update 资源信息更新 03.0393
resources information warehouse 资源信息仓库 03.0385
resources information worth 资源信息价值 03.0355
resources remote sensing survey 资源遥感调查 03.0362
resources 资源 02.0386
resources sampling statistics 资源抽样统计 03.0372
resources scenario 资源情景 03.0412
resources shortage 资源短缺 03.0304
resources nursery 资源圃 04.0671
resources partition 资源分割 02.0387
respiration poison 呼吸毒剂 07.0167
respiratory intensity 呼吸强度 04.0277
rest grazing 休牧 02.0451
resting spore 休眠孢子 07.0336
restoration ecology 恢复生态学 03.0241
restored degree 恢复度 04.0414
restoring line 恢复系 04.0415
restriction fragment length polymorphism 限制性片段长度多态性 05.0003
rest rotational grazing 休闲轮牧 02.0561
rest time 卧息时间 02.0433
retarded root 滞生根 04.0102
return farmland to forestland or grassland 退耕还林还草 03.0247
reversible inhibitor 可逆性抑制剂 07.0228
RFLP 限制性片段长度多态性 05.0003
rhizobium inoculation 根瘤菌接种 06.0042
rhizoma 根瘤 06.0235
rhizomatous grass 根茎禾草 02.0408
rhizomatous loose bunch type 根茎-疏丛型 06.0142
rhizome breeding 根茎育苗 04.0384
rhizome type 根茎型 06.0139
rhizosphere 根际 02.0624
rhizospheric microorganism 根际微生物 02.0625
richness 丰富度 02.0551
ridge culture and subsoiling tillage method 垄作与深松耕法 06.0163
riding and hunting culture 骑猎文化 08.0017
rigid rotational grazing 硬性轮牧 02.0565
ring spot 环斑，*轮纹病 07.0316
Ri plasmid Ri质粒 05.0156
river terrace 河流阶地 03.0289
RNA binding protein RNA结合蛋白 05.0227
RNA interference RNA干扰 05.0117
RNA molecular hybridization RNA分子杂交 05.0174
RNomics RNA组学 05.0027
rock painting in Xinjian 新疆岩画 08.0112
rodent control 鼠害防治 03.0180
rodent density 鼠密度 07.0401
rodenticide 灭鼠剂 07.0170
rodent pest 害鼠 07.0391
rodent social behavior 鼠类的社群行为 07.0394
roll bar style round baler 辊杠式圆捆机 06.0404
rolled sod 草皮卷 04.0740
roller winding forage grass briquetting machine 轧辊缠绕式饲草压饼机 06.0446
roll friction 滚动摩擦力 04.0862
rolling 滚压 04.0826
rolling piston forage briquetting machine 柱塞式饲草压饼机 06.0443
roof turf 屋顶草坪 04.0704
root tiller type 根系分蘖类型 06.0044
root cutting 切根 02.0416
root differentiation 根分化 05.0051
root nodule 根瘤 06.0235
root rot 根腐病 06.0098
root system 根系 06.0234
root tuber 块根 06.0225
rotary mover and conditioner 旋转式割草调制机 06.0393

rotary mower　旋转式割草机　06.0391
rotating drum type drier　转筒式干燥设备　06.0449
rotation　轮作　06.0031
rotational grazing　划区轮牧　02.0396
rotational grazing cycle　轮牧周期　02.0400
rotational resistance　转动阻力　04.0861
rotation of mowing pasture　割草场轮刈　02.0518
rotation of seasonal pasture　放牧地轮换，*放牧场轮换　01.0052
rough　高草区　04.0837
roughage　粗饲料　02.0616
rough grading　粗平整　04.0759
round bale film-wrapping machine　圆捆缠膜机　06.0408
round bale pick-up machine　圆捆捡拾机　06.0417
round baler　圆捆机　06.0402
routine survey of rangeland resources　草地资源常规调查　03.0083
50%-rule　50%规则　04.0109
ruminant time　反刍时间　02.0432
rust　锈菌　07.0335
rust disease　锈病　07.0313
rust resistance　抗锈性　04.0453

# S

saccharification fermentation　糖化发酵　06.0315
*Saccharum arundinaceum*　斑茅　04.0594
*Saccharum spontaneum*　割手密　04.0593
safe moisture content　安全含水量　04.0292
sage semi-bush rangeland　蒿类半灌木草地　03.0070
saline-alkali soil　盐碱土　06.0015
salinity-tolerance cultivar　耐盐品种　04.0484
salinity tolerant　耐盐碱性　04.0677
salt stress　盐胁迫　04.0516
salt tolerance　耐盐性　04.0485
samara　翅果　04.0030
sample　样本　04.0652
sample altitude　采集地海拔　04.0618
sample collection　样品采集　06.0362
sampled surface　采样面　06.0363
sample for check　送检草样　06.0361
sample latitude　采集地纬度　04.0620
sample location　采集地　04.0617
sample longitude　采集地经度　04.0619
sample source　来源地　04.0616
sample year　采集年份　04.0621
sampling　取样，*扦样　04.0050
sand-burial tolerance　耐沙埋　04.0482
sand steppe　沙地草原　02.0178
sandstorm　沙尘暴　03.0307
saprophagy　腐食性　07.0254
saprophyte　腐生物　07.0354
SAR　合成孔径雷达　03.0437
satellite remote sensing　卫星遥感　03.0428
saturation difference　饱和差　03.0688
saturation moisture capacity　饱和持水量　03.0206
saturation phase of seed product　种子产品饱和期　04.0204
saturation point of carbon dioxide　二氧化碳饱和点　03.0552
saturation vapor pressure　饱和水汽压　03.0687
savanna　萨瓦纳，*稀树草原　02.0172
savory grazing　塞沃里放牧　02.0174
scarabs　金龟子类　06.0108
scattered grass pickup truck　散草捡拾运输车　06.0419
science of climatic resources　气候资源学　03.0473
science of grassland disaster　草原灾害学　07.0073
sclerotium　菌核　07.0329
screening and identification of hybrid cell　杂种细胞筛选和鉴定　05.0099
screening culture　筛选培养　05.0127
SDR　综合算术优势度　03.0120
sealed　封缄　04.0060
sealed storage method　密封贮藏法　04.0299
seasonal animal industry　季节畜牧业　01.0077
seasonal grazing　季节放牧　02.0503
seasonal pasture　季节牧场　01.0029
seasonal succession　季节演替　02.0086
secondary compression bundling　压缩打捆　06.0277
secondary fermentation　二次发酵　06.0307
secondary infection　再次侵染　07.0290
secondary metabolite produced from plant　植物生产次生代谢产物　05.0190
secondary production　次级生产　02.0554
secondary production of rangeland　草地次级生产

03.0147
secondary productivity of rangeland 草地次级生产力 03.0148
secondary rangeland 次生草地 03.0017
sedentary grazing 定居放牧 02.0528
sedge 莎草科植物 02.0405
seed 种子 06.0036
seed after-ripening 种子的后熟作用 04.0279
seed aging 种子老化 04.0259
seed aging and deterioration 种子老化与劣变 04.0161
seed awn removing and disinfection 种子去芒与消毒 06.0040
seedbed 坪床 04.0753
seedbed structure 坪床结构 04.0754
seed-borne disease 种传病害 07.0370
seed brand 种子品牌 04.0237
seed brochure 种子产品目录 04.0207
seed catalogue 种子产品目录 04.0207
seed certification 种子认证 04.0304
seed certification procedure 种子认证程序 04.0324
seed characteristic 种子特征 06.0050
seed coating 种子包衣 06.0041
seed cost 种子成本 04.0219
seed deterioration 种子劣变 04.0260
seed dewing 种子结露 04.0282
seed dormancy 种子休眠 06.0038
seed drying 种子干燥 04.0686
seeder 播种机 06.0456
seed fumigation 种子熏蒸 04.0293
seed germination 种子萌发 04.0048
seed germination rate 种子发芽率 04.0271
seed granule 种子颗粒 04.0079
seed hair 种毛 04.0007
seed harvest time 种子收获时间 04.0186
seed health testing 种子健康测定 04.0135
seed imbibition 种子吸胀 04.0266
seed industrialization 种子产业化 04.0217
seed industry 种子产业 04.0216
seeding rate 播种量 06.0168
seed label 种子标签 04.0326
seedling growth potential 种苗生长势 04.0158
seedling survival rate 成苗率 04.0352
seedling with slight defect 轻微缺陷种苗 04.0091
seed longevity 种子寿命 04.0258
seed lot 种子批 04.0051
seed lot certificate 种子批证书 04.0164
seed lot size 种子批的大小 04.0052
seed management system 种子管理体系 04.0231
seed market forecasting 种子市场预测 04.0244
seed marketing 种子营销 04.0246
seed marketing mix 种子营销组合 04.0255
seed market segmentation 种子市场划分 04.0243
seed market survey 种子市场调查 04.0242
seed mat 种子毯 04.0081
seed mildewing 种子霉变 04.0291
seed moisture content 种子含水量 04.0269
seed multiplication 种子扩繁 04.0185
seed neoplasm 种瘤 04.0006
seed order 种子订单 04.0225
seed physiological dormancy 草种子生理休眠 04.0121
seed pigment 种子色素 04.0045
seed preservation 种子保存 04.0664
seed price difference between regions 种子地区差价 04.0224
seed priming 种子引发 04.0268
seed product portfolio 种子产品业务包 04.0218
seed promotion 种子促销 04.0221
seed propagation 种子繁殖 04.0681
seed purchase price 种子购入价 04.0229
seed purity 种子纯净度 06.0166
seed quality 种子质量 04.0305
seed raphe 种脊 04.0009
seed rejuvenation 种子复壮 04.0272
seed respiration 种子呼吸作用 04.0274
seed retail 种子零售 04.0235
seed sample certificate 种子样品证书 04.0165
seed senescence 种子衰老 04.0256
seed sowing 种子直播 04.0763
seed storage 种子贮藏 04.0273
seed storageroom 种子贮藏库 04.0294
seed sweating phenomenon 种子出汗现象 04.0281
seed tape 种子带 04.0080
seedtime 播种时期 06.0167
seed treatment product 种子处理剂 07.0193
seed unit 种子单位 04.0072
seed viability 种子生活力 04.0685
seed viability monitoring 种子生活力监测 04.0684
seed vigor 种子活力 04.0257

seed weevils 籽象甲类 06.0109
seed weight 种子重量 04.0148
seed wing 种翅 04.0008
seed yield 种子产量 06.0087
seed yield component 种子产量构成因素 04.0173
selectable marker gene 筛选标记基因 05.0139
selected class 选择级 04.0335
selected seed 精选种子 04.0318
selection pressure 筛选压 05.0181
selective advantage 选择优势 02.0345
selective breeding 选择育种 04.0513
selective feeding 选择性采食 02.0470
selective herbicide 选择性除草剂 07.0173
selective insecticide 选择性杀虫剂 07.0156
semi-arid climate 半干旱气候 03.0534
semi-artificial pasture 半人工草地 02.0522
semi-bush rangeland 半灌木草地 03.0071
seminal root 种子根 04.0101
semi-natural seedbed 半天然型坪床 04.0756
semi-parasitic weed 半寄生型杂草 07.0375
sensible heat 感热 03.0640
sensible heat exchange in field 农田显热交换 03.0642
sensible temperature 感觉温度 03.0624
sensory evaluation method 感官评定法 06.0320
sensory identification 感官鉴定 06.0207
separating sample 分样 04.0063
separation of protoplast 原生质体分离 05.0080
serial analysis of gene expression 基因表达系列分析 05.0217
serial map of rangeland resources 草地资源系列地图 03.0089
serial mapping by remote sensing of rangeland resources 草地资源遥感系列制图 03.0090
server 服务器 03.0418
service network of resources information 资源信息服务网络 03.0360
set stocking 定牧 02.0488
settlement fixed grazing 定居定牧 02.0529
severe degradation 重度退化 02.0584
sex pheromone 性外激素 07.0245
sex ratio 性比 07.0234
sexual propagation 有性繁殖 05.0248
sexual stage 有性阶段 07.0321
shade tolerance 耐荫性 04.0486
shallow tillage 浅耕翻 02.0415
shallow tillage and stubbing 浅翻灭楂 06.0153
shattering habit 落粒性 06.0082
sheep unit 羊单位 01.0025
shoot-tip culture 茎尖培养 05.0066
short grass prairie 矮草草原 02.0601
short grass rangeland 矮禾草草地 03.0065
short-lived 少年生 06.0146
short period grazing 短周期放牧 02.0564
short sedge rangeland 小莎草草地 03.0068
short-term gene bank 短期库 04.0668
short-term grazing 短期放牧 02.0516
short vegetative branch 短营养枝 02.0535
shouzhua meat 手抓肉 08.0126
showery precipitation 阵性降水 03.0652
shrub 灌木 02.0406
shrub grassland 灌木草原 02.0604
shrub rangeland 灌木草地 03.0072
side drum-type rake 侧向滚筒式搂草机 06.0396
side ribbon-type rake 侧向带式搂草机 06.0399
signal transduction 信号转导 05.0253
silage 青贮 06.0302
silage buffer energy 青贮缓冲能 06.0316
silage facility 青贮设施 06.0424
silage feed 青贮饲料 06.0219
silage forage harvesting equipment 青贮饲草收获机 06.0421
silage harvester 青贮饲草收割机 06.0422
silage machine 青贮机 06.0420
silage microorganism 青贮微生物 06.0318
silicon carbide fiber-mediated transformation 碳化硅纤维介导转化 05.0163
silo pit 青贮窖 06.0425
simple recurrent selection 简单轮回选择 04.0426
simple sequence repeat 简单重复序列 05.0007
simulation of resources evolvement 资源演变模拟 03.0411
single cell isolation 单胞分离 07.0305
single cross hybrid 单交 04.0356
single nucleotide polymorphism 单核苷酸多态性 05.0006
single spore isolation 单孢分离 07.0304
3S integrated technology 3S 集成技术 03.0455
site of Xanadu 元上都遗址 08.0083

skin abrasion　皮肤磨损性　04.0858
sleeve type trier　双管扦样器　04.0062
slicing　划破　04.0811
slope-protecting turf　护坡草坪　04.0697
small nut　小坚果　04.0075
small-scale survey of rangeland resources　小比例尺精度草地资源调查　03.0093
small section briquetting machine　小截面压块机　06.0440
small tree rangeland　小乔木草地　03.0073
smoke agent　烟剂　07.0196
smoothing　耱地　06.0155
snow　雪　03.0668
snow cover　积雪　03.0669
snow damage　雪灾　03.0713
snow day　雪日　03.0672
snow depth　雪深　03.0671
snowfall [amount]　雪量　03.0670
SNP　单核苷酸多态性　05.0006
snuff bottle　鼻烟壶　08.0053
soaking　浸种　04.0123
social-economic information　社会经济信息　03.0469
social hierarchy　社群序位　07.0399
social impact assessment of grassland disaster　草原灾害社会影响评估　07.0068
social impact of grassland disaster　草原灾害社会影响　07.0067
sod　草皮　04.0739
sod cutting　划破草皮　02.0585
sodding　铺植草皮　04.0772
soddy podzolic soil　生草灰化土　02.0193
soddy soil　生草土　02.0194
sod farm　草皮农场　04.0742
sod production　草皮生产　04.0741
sod production period　草皮生产周期　04.0780
sod strength　草皮强度　04.0856
soil　土壤　06.0001
soil absorbability　土壤吸收性能　06.0012
soil aeration　土壤通气性　06.0009
soil alkalinity　土壤碱化度，*土壤碱度　06.0017
soil ammonium nitrogen　土壤铵态氮　03.0723
soil and water conservation turf　水土保持草坪　04.0709
soil available phosphorus　土壤速效磷　03.0725
soil available potassium　土壤有效性钾　03.0727
soil bed　土壤床　04.0119
soil belt　土壤带　02.0306
soil-borne disease　土传病害　07.0368
soil bulk density　土壤容重　03.0718
soil erosion　土壤浸蚀　03.0728
soil fertility　土壤肥力　06.0002
soil insect　地下害虫　07.0267
soil mineral　土壤矿物质　06.0003
soil moisture　土壤水分　06.0011
soil nutrient　土壤养分　03.0720
soil nutrient preserving capacity　土壤保肥性　06.0013
soil organic matter　土壤有机质　06.0004
soil organic matter content　土壤有机质含量　03.0721
soil pH　土壤 pH　06.0016
soil physical and chemical property　土壤理化性状　03.0719
soil pore space　土壤孔隙　06.0007
soil saltness　土壤含盐量　06.0018
soil sterilization　土壤消毒　07.0323
soil texture　土壤质地　06.0006
soil thermal condition　土壤热状况　06.0010
soil tillage　土壤耕作　06.0008
soil tillage of autumn raft land　秋茬地土壤耕作　06.0162
soil tillage of multiple crop　复种作物的土壤耕作　06.0161
soil tillage of summer fallow land　夏闲地土壤耕作　06.0160
soil tillage of summer raft land　夏茬地土壤耕作　06.0159
soil total nitrogen　土壤全氮　03.0722
soil total phosphorus　土壤全磷　03.0724
soil total potassium　土壤全钾　03.0726
soil treatment　土壤处理　07.0201
soil type　土壤类型　06.0014
soil type of origin　原产地土壤类型　04.0614
soil water balance　土壤水分平衡　03.0697
soil water content　土壤含水量　03.0698
soil zone　土壤带　02.0306
solar constant　太阳常数　03.0569
solar radiation　太阳辐射　03.0567
solar spectrum　太阳光谱　03.0570
solicitation　征集　04.0650
solicitation number　征集号　04.0607
solid culture　固体培养　05.0067
solid medium　固体培养基　05.0060

soluble powder　可溶性粉剂　07.0189
solvent　溶剂　07.0180
somatic embryo　体细胞胚　05.0074
somatic embryogenesis　体细胞胚胎发生　05.0052
somatic hybrid　体细胞杂种　05.0095
somatic hybridization　体细胞杂交　05.0085
somatic mutation　体细胞变异　05.0075
source identified class　源定级　04.0334
source of ignition　火源　07.0096
source of natural resources　自然资源源　03.0268
source of resources information　资源信息源　03.0315
source-sink theory　源-汇理论　02.0366
sowing date　播种期　06.0051
sowing in broad drill　宽行条播　06.0171
sowing in broad-narrow drill　宽窄行播，＊大小垄播　06.0173
sowing in narrow drill　窄行条播　06.0172
sowing in the same drill　同行条播　06.0175
sowing with fertilizer　带肥播种　06.0179
sown grassland　栽培草地　02.0367
soybean aphid　大豆蚜　06.0127
soybean pod borer　大豆食心虫　06.0125
space breeding　航天育种　04.0395
space mutation breeding　空间诱变育种　04.0457
space remote sensing　航天遥感　03.0427
sparse woodland turf　疏林草坪　04.0710
spatial analysis of resources information　资源信息空间分析　03.0405
spatial database of resources information　资源信息空间数据库　03.0321
spatial distribution of resources information　资源信息空间分布　03.0345
spatial distribution pattern　空间分布型　07.0124
spatial isolation　空间隔离　04.0456
spatialization of natural resources　自然资源空间律　03.0276
spatialization of resources information　资源信息空间化　03.0377
spatial patchiness　空间缀块性　02.0112
spatial scale　空间尺度　02.0111
special certification program　特殊认证项目　04.0337
special grazing system　特殊放牧制度　02.0559
special niche vegetation　特殊生态位植被　02.0296
species composition　物种组成　02.0325
species diversity　物种多样性　02.0322
species evenness　物种均匀度　02.0324
species invasion　物种入侵　02.0622
species redundancy　冗余种　02.0377
species richness　物种丰富度　02.0323
specific farm for forage seed production　牧草种子生产基地　04.0187
specimen　标本　04.0653
spectral characteristics　波谱特征　03.0444
spike inflorescence　穗状花序　04.0015
spikelet　小穗　04.0010
spinifex　澳洲草原　01.0045
splice acceptor　剪接受体　05.0232
sport turf　运动场草坪　04.0702
spot blotch　斑枯病　07.0312
spray irrigation　喷灌　02.0420
spray method　喷雾法　07.0199
spray seeding machine　喷播机　06.0457
sprigging　草茎栽植法　04.0771
spring and autumn pasture　春秋季牧场　01.0031
spring dead spot　春季坏死斑病　04.0802
spring pasture　春季牧场　01.0030
spring tillering　春季分蘖　02.0531
sprouts　芽菜　06.0341
square bale film-wrapping machine　方捆缠膜机　06.0409
square bale pick-up loader　方捆捡拾装载机　06.0411
square baler　方捆机　06.0401
squaring stage　现蕾期　06.0058
SSH　抑制消减杂交　05.0218
SSR　简单重复序列　05.0007
stability of renewable resources　可再生资源稳定度　03.0277
stabilization mechanism of ecosystem　生态系统稳态机制　03.0211
stabilizer　稳定剂　07.0183
stable expression　稳定表达　05.0171
stamen　雄蕊　04.0021
standard　旗瓣　04.0023
standard hay of artificial grassland　人工草地标准干草　03.0026
standard hay of nature grassland　天然草地标准干草　03.0025
standardization of resources information　资源信息标准化　03.0333

standing carrying capacity　现存载畜量　03.0165
standing crop　现存量　01.0047
standing dead yield　草地立枯产草量　03.0108
standing litter　立枯物　02.0619
starvation metabolism phage　＊饥饿代谢阶段　02.0576
state transition model　状态转换模型　02.0483
static risk assessment of grassland disaster　草原灾害静态风险评价　07.0062
3S technology for survey of rangeland resources　草地资源调查 3S 技术　03.0087
stem [stalk] segment number　茎[秆]节数　06.0046
stem and leaf quality　茎叶质地　06.0089
stem flies　秆蝇类　06.0114
stem growth habit　茎生长习性　06.0045
stem to leaf ratio　茎叶比　06.0084
steppe　欧亚大陆草原，＊斯太普　01.0041
sterilant herbicide　灭生性除莠剂　06.0182
sterile line　不育系　05.0120
sterile with thermo-photoperiod sensitivity　光温敏感性不育　04.0389
sticker　黏着剂　07.0182
stigma　柱头　04.0028
stock　原种　04.0316
stock capacity　载畜量　03.0160
stock driveway　牧道　01.0049
stocking rate　载畜率　02.0397
stockpile grazing　囤积放牧　02.0308
stockpiling forage　囤积牧草　02.0309
stomach insecticide　胃毒剂　07.0158
storage medium of resources information　资源信息存储介质　03.0383
storage microorganism　贮藏微生物　04.0287
stored nutrient　贮藏营养物质　02.0539
strain　品系，＊株系　04.0634
strategy for biodiversity protection　生物多样性保护策略　03.0238
strategy of seed different pricing　种子差别价格策略　04.0213
strategy of seed marketing　种子营销战略　04.0253
straw ammoniation　秸秆氨化　06.0326
straw bale drying equipment　草捆干燥设备　06.0455
straw feed　秸秆饲料　06.0327
straw fermentation　秸秆发酵　06.0324
straw microfermentation　秸秆微贮　06.0325
streak　条斑　07.0310
stress cultivation　逆境栽培　06.0149
stress environment　逆境　04.0489
stress physiology　逆境生理　05.0254
stress resistance　抗逆性　04.0447
stress-resistance breeding　抗逆育种　04.0449
stress-resistance evaluation　抗逆性鉴定　04.0448
stripe　条纹　07.0311
strip grazing　条区轮牧　02.0303
striping　滚压条纹　04.0827
stubble　残茬　02.0446
stubble height　留茬高度　06.0255
stubby root　短粗根　04.0103
stunt　矮化　07.0319
stunted root　残缺根　04.0104
subacute rodenticide　慢性灭鼠剂　07.0393
subalpine altoherbiprata　亚高山草甸　02.0348
subalpine meadow　亚高山草甸　02.0348
subclimax community　亚顶极群落　02.0347
submersed weed　沉水型杂草　07.0384
submitted sample　送验样品　04.0056
sub-plan of seed marketing　种子营销亚计划　04.0252
sub-sample　次级样品　04.0059
subsequent drying technology　后续干燥技术　06.0271
subshrub　半灌木　02.0409
subsidence inversion　下沉逆温　03.0609
substrate　发芽床　04.0113
subsurface drainage　地下排水　04.0793
subtropical desert grassland　亚热带荒漠草地　02.0167
subunit　亚单位　02.0346
succession　演替　02.0349
successional series　演替系列　02.0351
successional type of rangeland　草地演替类型　03.0077
succession generation　加代　04.0424
successively grazing　先后放牧　02.0500
suitability　适宜性　02.0271
suitability evaluation criteria　适宜性评价标准　02.0272
summed dominance ratio　综合算术优势度　03.0120
summer and fall tillering　夏秋分蘖　02.0533
summer patch　夏季斑枯病　04.0800
sun scald　日灼　03.0598
sunshine duration　日照时数　03.0572
super-classe of savanna　萨瓦纳草地类组　02.0173
supercomputer　巨型计算机　03.0417

superficial groundwater　浅层水　02.0419
superheated steam drying equipment　过热蒸汽干燥设备　06.0453
supplementary feeding strategy　补饲策略　02.0615
supplementary grassland　附属草地　03.0021
supplementary pasture　补充草地　02.0525
supplementary seeder　补播机　06.0459
supporting capacity of rangeland　草地资源承载力　03.0006
support plan of seed marketing　种子营销支持计划　04.0254
suppression subtractive hybridization　抑制消减杂交　05.0218
surface drainage　地表排水　04.0792
surface evenness　表面平整度　04.0867
surface friction　表面摩擦力　04.0859
surface hardness　表面硬度　04.0860
surface inversion　地面逆温　03.0606
surface temperature　地面温度　03.0601
survey of rangeland resources　草地资源调查　03.0082
survival factor　存活因子　02.0197
survival value　存活值　02.0198
survivorship curve　存活曲线　07.0239
suscept　感病体　07.0280
suspension cell line　悬浮细胞系　05.0166
suspension concentrate　浓悬浮剂　07.0190
suspicious poisonous plant　可疑有毒植物　02.0514
sustainable consumption　可持续消费　03.0259
sustainable use of rangeland resources　草地资源可持续利用　03.0184
sustainable utilization rate of grassland　草地适宜利用率　01.0021
swath　草条　06.0265
swathing before threshing　分段收获　04.0179
switchgrass　柳枝稷　04.0586
sylvosteppe　森林草原　02.0177
symbiont　共生体　05.0250
symbiosis　共生　07.0352
symmetric hybrid　对称杂种　05.0097
symptom　症状　07.0320
synergetics　协同学　02.0343
synergism　协同共生　07.0330
synergist　增效剂　07.0184
synthetical analysis of resources information　资源信息综合分析　03.0407
synthetical evaluation information system for sustainable development　可持续发展综合评价信息系统　03.0410
synthetic aperture radar　合成孔径雷达　03.0437
synthetic cultivar　综合品种　04.0552
synthetic variety　合成种　04.0396
system coupling　系统耦合　02.0328
system discordance　系统相悖　02.0329
systemic insecticide　内吸剂　07.0161
system resilience　系统弹性　02.0327

# T

tableland　高原　03.0285
tail-PCR　热不对称交错 PCR　05.0036
TALEN　转录激活因子样效应物核酸酶　05.0118
tall grass prairie　高草草原　02.0602
tall grass rangeland　高禾草草地　03.0063
tall sedge rangeland　大莎草草地　03.0067
tamed grassland　栽培草地　02.0367
tame forage resources for cultivation　栽培牧草资源　03.0028
taproots　主根类　06.0144
taproot system　直根系　06.0227
target resistance　靶标抗性　07.0220
target trait　目标性状　04.0468
taxis　趋性　07.0261
taxonomical group　分类群　04.0654
tea-horse trade　茶马贸易　08.0102
tea money　砖茶货币　08.0103
technical material　原药　07.0197
technical system for resources informatics　资源信息学技术体系　03.0310
ted　翻晒　06.0301
tee ground　发球台　04.0834
telmathium　湿草地群落　02.0259
temperate desert　温性荒漠　03.0053
temperate desert steppe　温性荒漠草原　03.0047
temperate grassland　温带草地　02.0315
temperate grassland fauna　温带草地动物群　02.0316
temperate meadow　温性草甸　03.0043

temperate meadow steppe　温性草甸草原　03.0046
temperate montane meadow　温性山地草甸　03.0060
temperate savanna　温带稀树草原　02.0317
temperate steppe　温性草原　03.0044
temperate steppe-desert　温性草原化荒漠　03.0052
temperate typical steppe　温性典型草原　03.0045
temperature-difference energy　温差能　03.0647
temperature lapse rate　气温直减率　03.0604
temperature profile　温度廓线　03.0614
temperature stress　温度胁迫　04.0507
temporal isolation　时间隔离　04.0500
temporary grassland　短期草地　03.0018
temporary grazing grassland　临时放牧地　03.0135
temporary mowing pasture　临时割草地　02.0571
temporary pasture　临时草地　02.0401
temporary turf　临时草坪　04.0708
terminator　终止子　05.0135
territory behavior　领域行为　07.0400
tested class　测试级　04.0336
test sample preparation　检测样品制备　06.0360
test-tube plantlet　试管苗　05.0070
thatch　枯草层　04.0809
thermal asymmetric interlaced PCR　热不对称交错 PCR　05.0036
thermal characteristics of forage grass　饲草热特性　06.0357
thermal effect of shelterbelt　林带热力效应　03.0646
thermal infrared remote sensing　热红外遥感　03.0433
thermonasty　感温性　03.0631
thermoperiodism　温周期现象　03.0632
thermophilic crop　喜温作物　06.0218
thinning　间苗　06.0183
three-component cropping system　三元种植结构　06.0032
three fundamental points temperature　三基点温度　03.0617
threshold　阈值　02.0515
thrips　蓟马类　06.0112
Tibetan　藏语　08.0027
Tibetan Buddhism　藏传佛教　08.0028
Tibetan cliff painting　西藏岩画　08.0113
Tibetan cloak　藏袍　08.0030
Tibetan culture　藏族文化　08.0026
Tibetan medicine　藏医　08.0029
Tibetan policy　西藏政策　08.0071
tie grazing　系留放牧　02.0558
tillage of reclamation land　垦荒地耕作　06.0165
tiller　分蘖　06.0229
tillering stage　分蘖期　06.0056
tiller number　分蘖数　06.0075
tilling and ridge　中耕培土　06.0184
timely cutting　适时刈割　06.0243
time-series analysis of resources information　资源信息时间序列分析　03.0404
time-series of resources information　资源信息时间序列　03.0346
time unit with proper stock capacity　合理载畜量时间单位　03.0163
Ti plasmid　Ti 质粒　05.0155
tissue-specific promoter　组织特异性启动子　05.0143
tolerance to insect　耐害性　07.0127
top-down control　下行控制　02.0330
top dressing　追肥　06.0186
top grazing　上层放牧　02.0187
top leaf grass　上繁草　02.0463
top of paper　纸上　04.0114
top of sand　砂上　04.0117
topsoil tillage measure　表土耕作措施　06.0152
torrential rain　暴雨　03.0662
total annual yield　总年产量　02.0393
total coverage　总覆盖度　03.0123
total digestible nutrient　总可消化养分　06.0366
total energy　总能　02.0458
total mixed ration　饲草型全混日粮　06.0346
total natural resources　自然资源总量　03.0265
total nutrient yield per unit area　单位面积营养物质总收获量　02.0572
tourism resources information　旅游资源信息　03.0470
tower silo　青贮塔　06.0427
toxin　毒素　07.0339
toxity　毒性　07.0338
tradesman　坐商　08.0106
traditional cultivar　地方品种　04.0632
traffic　践踏　04.0810
traffic tolerance　耐践踏性　04.0479
trailing weed　蔓生型杂草　07.0381
trail pheromone　示踪信息素　07.0247
trampling tolerance　耐践踏性　04.0479
transcription activator-like effector nuclease　转录激活因子

样效应物核酸酶 05.0118
transcription factor 转录因子 05.0224
transcriptomics 转录组学 05.0026
transfer DNA 转移 DNA 05.0148
transformant identification 转化体鉴定 05.0168
transformation technology 转化技术 05.0157
transgene silencing 转基因沉默 04.0547
transgenic forage 转基因牧草 04.0548
transient expression 瞬时表达 05.0170
transient transformation system 瞬时转化系统 05.0167
translocation 易位 05.0113
transmission 传播 07.0296
transpiration 蒸腾 03.0692
transpiration coefficient 蒸腾系数 06.0136
transplantating date 移栽期 06.0052
transposon tagging 转座子标记 05.0033
transverse cutting 横切 04.0132
transverse incision 横剖 04.0133
treatment of seed 种子处理 06.0039
*Triarrhena lutarioriparia* 南荻 04.0589
trimming 修边 04.0813
trophic level 营养级 03.0204
trophic linkage 营养联系 02.0358
trophic mutualism 营养互利共生 02.0356
trophic niche 营养位 02.0359
trophic structure 营养结构 02.0357
tropical grassland 热带草地 02.0164
tropical shrub tussock 热性灌草丛 03.0057
tropical tussock 热性草丛 03.0056
tropic herbage 热带牧草 02.0165
tsamba 糌粑 08.0125
tuber 块茎 06.0226
turbulence inversion 湍流逆温 03.0605
turf 草坪 04.0693
turf aeration 草坪通气 04.0822
turf aesthetics 草坪美学 04.0714
turf certification 草皮认证 04.0341
turf characteristic 坪用特性 04.0730
turf classification 草坪分类 04.0694
turf color 草坪色泽，* 草坪颜色 04.0845
turf component 草坪组成 04.0850
turf coverage 草坪盖度 04.0842
turf cultivation 草坪耕作 04.0820
turf culture 草坪文化 04.0719
turf density 草坪密度 04.0843
turf disease 草坪病害 04.0797
turf drainage 草坪排水 04.0791
turf economics 草坪经济学 04.0715
turf elasticity 草坪弹性 04.0854
turf emergence stage 草坪出苗期 04.0762
turf engineering 草坪工程 04.0748
turf engineering science 草坪工程学 01.0016
turf engineering supervision 草坪工程监理 04.0749
turf establishment 草坪建植 04.0752
turf establishment rate 成坪速度 04.0761
turf evenness 草坪平整度 04.0846
turf for golf course 高尔夫球场草坪 04.0829
turf for special usage 专用草坪 04.0696
turfgrass 草坪草 04.0722
turfgrass bed gradient 坪床坡度 04.0758
turfgrass biology 草坪草生物学 04.0716
turfgrass biotechnology 草坪草生物技术 04.0732
turfgrass breeding 草坪草育种 04.0729
turfgrass community 草坪群落 04.0736
turfgrass ecology 草坪生态 04.0734，草坪生态学 04.0713
turfgrass ecosystem 草坪生态系统 04.0735
turfgrass genetic engineering 草坪草基因工程 04.0733
turfgrass height 草坪高度 04.0844
turfgrass insect 草坪虫害 04.0804
turfgrass physiology 草坪生理学 04.0717
turfgrass seed 草坪草种子，* 草坪草籽 04.0766
turfgrass selection 草种选择 04.0765
turfgrass stress resistance 草坪草抗逆性 04.0731
turfgrass transitional zone 草坪草过渡带 04.0728
turf grass variety 草坪草品种 04.0349
turfgrass water requirement 草坪草需水量 04.0789
turf green period 草坪绿期 04.0849
turf industry 草坪业 04.0711
turf innovation 草坪更新 04.0819
turf integrated pest management 草坪有害生物防治学 01.0015
turf irrigation 草坪灌溉 04.0790
turf landscape 草坪绿地 04.0720
turf landscape design 草坪绿地设计 04.0721
turf landscape science 草坪景观学 04.0712
turf machine 草坪机械 04.0747
turf maintenance 草坪养护 04.0782

turf management machine　草坪管理机　06.0460
turf management science　草坪管理学　04.0718
turf mowing　草坪修剪　04.0783
turf pest　草坪有害生物　04.0795
turf planting belt　草坪植生带　04.0767
turf protection　草坪保护　04.0794
turf quality　草坪质量　04.0840
turf quality evaluation　草坪质量评定　04.0841
turf recuperative capacity　草坪恢复力　04.0821
turf reestablishment　草坪重建　04.0816
turf renovation　草坪复壮，*草坪改良　04.0818
turf reseeding　草坪重播，*草坪追播　04.0817
turf science　草坪学　01.0013
turf shock absorption　草坪吸震性能　04.0857
turf soil　草坪土壤　04.0743
turf soil improvement　草坪土壤改良　04.0744
turf soil nutrition science　草坪土壤营养学　01.0014
turf soil property　草坪土壤性质　04.0745
turf soil structure　草坪土壤结构　04.0746
turf sprinkler irrigation system　草坪喷灌系统　06.0462
turf texture　草坪质地　04.0848
turf type　草坪类型　04.0695
turf uniformity　草坪均一性　04.0847
turf weed　草坪杂草　04.0796
turf with flower　缀花草坪　04.0706
turfy soil　生草土　02.0194
Turkic culture　突厥文化　08.0024
tussock　草丛　02.0412
twisted structure　扭曲结构　04.0107
two-way cross　二元杂交　04.0365
type of resistance to grazing　耐牧型　02.0132
type of resources information　资源信息类型　03.0341
typical steppe　典型草原　02.0021

# U

uighur-style Mongolian　回鹘式蒙古文　08.0040
ultradry storage　超干贮藏　04.0265
ultra low temperature storage　超低温贮藏　04.0264
ultrasound assisted *Agrobacterium* mediated transformation　超声波辅助农杆菌转化　05.0152
umbel　伞形花序　04.0018
unconventional grass product　非常规草产品　06.0343
under-compensation　欠补偿　02.0510
under grazing　过轻放牧　02.0075
underground biomass of rangeland　草地地下部生物量　03.0098
unedible grass product　非饲用草产品　06.0342
unfixed mowing pasture　不固定割草地　02.0570
ungerminated seed　未发芽种子　04.0095
uniform distribution　均匀分布　07.0241
uniformity of seed lot　种子批的均匀度　04.0053
unpelleted seed　未丸化种子　04.0155
upper Xiajiadian culture　夏家店上层文化　08.0080
urine patch　尿斑　01.0067
user network of resources information　资源信息用户网络　03.0361
user of resources information　资源信息用户　03.0330
utility turf　实用型草坪　04.0698
utilizable yield of grassland　草地牧草经济产量　03.0106
utilization ratio of sunlight energy　光能利用率　06.0223
utilization unit　利用单元　02.0482
utilization way　利用方式　04.0672
utricle　胞果　04.0031

# V

vacuum counter　真空数种器　04.0112
vacuum infiltration method　真空渗透法　05.0164
variable stocking rate　可变载畜率　02.0512
variety　品种　04.0490
variety degradation　种子降级　04.0323
variety denomination　品种命名　04.0321
variety purity　品种纯度　04.0151
variety purity individual certification　品种纯度单项认证　04.0339
variety quality　品种质量　04.0307
variety release　品种释放　04.0320
variety review　品种复审　04.0322
variety strategy of seed　种子品种策略　04.0239
variety verification　品种真实性　04.0150

vector system　载体系统　05.0131
vegetation　植被　02.0371
vegetation community　植被群落　02.0375
vegetation dynamics　植被动态　02.0372
vegetation form　植被类型　02.0374
vegetation index　植被指数　03.0449
vegetation structure　植被结构　02.0373
vegetation succession　植被演替　06.0231
vegetation type　植被类型　02.0374
vegetative propagation　营养繁殖　04.0764
vegetative regeneration　营养更新　02.0536
veld　南非草原，*费尔德　01.0044
verfication of species and cultivar　种及品种鉴定　04.0149
vernalization　春化[作用]　06.0239
vertical climatic zone　垂直气候带　03.0525
vertical deformation　垂直变形　04.0866
vertical mowing　垂直修剪　04.0823
vertical resistance　垂直抗病性　07.0299
vertical resistance to insect　垂直抗虫性　07.0132
vertical zonation　垂直地带性　03.0282
vertical zone grassland　垂直带草地　03.0076
verticillium　黄萎病　06.0096
vexil　翼瓣　04.0024
vigor test　活力测定　04.0157
VIGS　病毒诱导的基因沉默　05.0199
*vir* gene　*vir* 基因　05.0154
virion　病毒粒体　07.0342
viroid　类病毒　07.0343
virtual environment for resources research　资源研究虚拟环境　03.0357
virtual modeling of resources　虚拟资源建模　03.0413
virtual reality　虚拟现实　03.0454
virtual resources research　虚拟资源研究　03.0356
virulence gene　毒性基因　07.0301
virus　病毒　07.0341
virus induced gene silencing　病毒诱导的基因沉默　05.0199
visible light remote sensing　可见光遥感　03.0431
visualization for resources information　资源信息可视化　03.0378
voluntary feed intake　随意采食量　02.0289
voluntary intake　自由采食量　02.0469
VR　虚拟现实　03.0454
vrum　奶皮子　08.0119

# W

warm-season turfgrass　暖季型草坪草，*暖地型草坪草　04.0724
warm shrub tussock　暖性灌草丛　03.0055
warm tussock　暖性草丛　03.0054
water and soil loss　水土流失　03.0301
water balance　水分平衡　03.0684
water cellar　水窖　02.0588
water deficit rangeland　缺水草地　03.0149
water point　饮水点　01.0058
water redistribution　水分再分配　04.0284
water resources information　水资源信息　03.0460
water-saving cultivation　节水栽培　06.0150
water stress　水分胁迫　04.0503
water temperature in paddy field　水田水温　03.0602
way of sharing　共享方式　04.0629
wear tolerance　耐磨损性　04.0865
weathering　风化作用　03.0283
weathering crust　风化壳　03.0284
website of resources information　资源信息网站　03.0359
weed　杂草　07.0371
weight determination　重量测定　04.0147
weight of collected seed　收集种子重量　04.0643
Western blot　蛋白质印迹　05.0175
wet damage　湿害　03.0702
wet land　湿地　02.0258
wet meadow　湿草甸　02.0260
wet spell　湿期　03.0700
wettable powder　可湿性粉剂　07.0188
wetting agent　湿润剂　07.0178
wheat phloeothrips　小麦皮蓟马　06.0116
wheat straw braid shaper　草辫成型机　06.0447
whip grazing　一条鞭放牧　02.0497
white disaster　白灾　07.0002
whole area grazing　满天星放牧　02.0498
whole working sample　全试样　04.0070
wide adaptability　广泛适应性　04.0390

wide-cross breeding　远缘杂交育种　04.0533
wild domesticated variety　野生驯化品种　04.0519
wildlife of rangeland　草地野生动物　03.0007
wildlife production of rangeland resources　草地资源的动物生产　03.0143
wild relatives　野生近缘种　04.0517
wild resources　野生资源　04.0631
wild species　野生种　04.0520
wild type　野生型　04.0518
wilt disease　萎蔫病　06.0100
wilting moisture　凋萎湿度　03.0205
wilt stage　枯黄期　06.0070
wind-chill index　风寒指数　03.0625
wind field assessment　风场评价　03.0558
wind frequency　风频率　03.0565
wind-power utilization coefficient　风能利用系数　03.0559
wind pressure　风压　03.0560
wind resistance　抗风性　04.0444
wind vibration coefficient　风振系数　03.0564
wing　翼瓣　04.0024
winter drought disaster　黑灾　07.0094
winter pasture　冬季牧场　01.0033
winter saved pasture　冬季保留草地　01.0046
winter survival rate　越冬率　06.0071
wireworms　金针虫类　06.0120
withdrawal phase of seed product　种子产品退市期　04.0212
withered　枯萎　02.0447
woodland grassland　疏林草地　02.0285
woody feed　木本饲料　06.0246
woody plant　木本植物　02.0426
woody plant browse　木本植物嫩枝叶　02.0402
working sample　试验样品　04.0057
World Conservation Strategy　世界自然资源保护大纲　03.0229
world heritage site　世界遗产地　03.0223
wound parasite　伤口寄生物　07.0297
Wulanmuqi　乌兰牧骑　08.0091
Wusun culture　乌孙文化　08.0085

# X

xenia　花粉直感　04.0402
Xianbei culture　鲜卑文化　08.0025
Xiaoheyan culture　小河沿文化　08.0079
Xinglongwa culture　兴隆洼文化　08.0075
Xixia culture　西夏文化　08.0086
X-ray test　X-射线检验　04.0168

# Y

yeast hybrid　酵母杂交　05.0211
yeast one-hybrid　酵母单杂交　05.0213
yeast three-hybrid　酵母三杂交　05.0214
yeast two-hybrid　酵母双杂交　05.0212
yellow silage　黄贮　06.0249
yellow spot　黄斑病　06.0094
yield-test quadrat　测产样方　03.0130
Yinshan cliff painting　阴山岩画　08.0110
yogurt ball　酸奶疙瘩　08.0117
yurt　蒙古包　08.0043

# Z

zero discharge　零排放　03.0253
zero grazing　零牧　02.0456
Zhalainuoer culture　扎赉诺尔文化　08.0076
Zhao Baogou culture　赵宝沟文化　08.0077
Zhaojun culture festival　昭君文化节　08.0090
zonal community　区域性群落，*显域群落　02.0331
zonal rangeland　地带性草地　03.0074
zou xikou　走西口　08.0108

# 汉 英 索 引

## A



## B

变异株　off-type　04.0152
标本　specimen　04.0653
标记基因　marker gene　05.0138
标准干草折算系数　conversion coefficient for calculation of standard hay　03.0105
表达载体　expression vector　05.0040
表观遗传学　epigenetics　05.0252
表面摩擦力　surface friction　04.0859
表面平整度　surface evenness　04.0867
表面硬度　surface hardness　04.0860
表土板结破除　get rid of topsoil hardening　06.0180
表土耕作措施　topsoil tillage measure　06.0152
表[现]型　phenotype　05.0014
表现种子产量　presentation seed yield　04.0175
表型组学　phenomics　05.0028
冰川　glacier　03.0296
冰雪资源　ice and snow resources　03.0674
并发症　complication　07.0303
病程　pathogenesis　07.0276
病程相关蛋白　pathogenesis related protein　07.0340
病虫害防治　control of disease and pest　06.0130
病毒　virus　07.0341
病毒法诱导细胞融合　method of virus induced cell fusion　05.0092
病毒粒体　virion　07.0342
病毒诱导的基因沉默　virus induced gene silencing, VIGS　05.0199
病害　disease　06.0090
病害监测　disease monitoring　07.0278
病三角　disease triangle　07.0275
病四角　disease square　07.0277
病原物　pathogen　07.0274
病原学　etiology　07.0273
波谱特征　spectral characteristics　03.0444
玻璃化状态　glass state　04.0276
播种机　seeder　06.0456
播种量　seeding rate　06.0168
播种期　sowing date　06.0051
播种深度　depth of sowing　04.0773
播种时期　seedtime　06.0167
补播　reseeding　02.0414
补播机　supplementary seeder　06.0459
补偿点　compensation point　02.0005
补偿死亡率假说　compensatory mortality hypothesis　02.0006
补偿性生长　compensatory growth　02.0508
补偿因子　compensation factor　02.0007
补充草地　supplementary pasture　02.0525
补饲策略　supplementary feeding strategy　02.0615
捕食性　predatism　07.0253
捕食者　predator　07.0137
捕食作用　predation　07.0138
不固定割草地　unfixed mowing pasture　02.0570
不可逆抑制剂　irreversible inhibitor　07.0227
不可再生资源保障度　indemnificatory of non-renewable resources　03.0278
不选择性　non-preference　07.0125
不育剂　chemosterilant　07.0165
不育系　sterile line　05.0120
不正常种苗　abnormal seedling　04.0092

# C

采集地　sample location　04.0617
采集地海拔　sample altitude　04.0618
采集地经度　sample longitude　04.0619
采集地纬度　sample latitude　04.0620
采集号　collecting number　04.0605
采集年份　sample year　04.0621
采暖度日　heating degree-day　03.0629
采食　intake, foraging　02.0008
采食量　feed intake　02.0010
采食牧草　forage harvesting　02.0009
采食时间　feeding time　02.0430
采食食谱　foraging diet　02.0611
采食速率　feeding rate　02.0434
采食行为　foraging behavior　02.0475
采食站　foraging station　02.0489
采样面　sampled surface　06.0363
残茬　stubble　02.0446
残毒　residual toxicity　07.0205
残留　residue　07.0203
残缺根　stunted root　04.0104
残效　residual effect, residual activity　07.0204
草　grass, herb　01.0001

草本草原　heraceous grassland　02.0011
草本能源植物　grass energy plant, herbaceous energy plant　04.0568
草本能源作物　grass energy crop, herbaceous energy crop　04.0569
草本群落　herbosa　02.0012
*草本植被　herbosa　02.0012
草本植物　herbaceous plant　02.0425
草辫成型机　wheat straw braid shaper　06.0447
草饼　pasture-cake　06.0334
草产品检测　grass product testing　06.0349
草产品检疫　grass product quarantine　06.0350
草产品饲用价值　feeding value of grass product　06.0364
草产品质量评价　grass product quality cvaluation　06.0365
草丛　tussock　02.0412
草的种类　grass species　05.0234
草地　grassland　02.0014
草地保护学　grassland pest management　01.0012
草地初级生产　primary production of rangeland　03.0145
草地初级生产力　primary productivity of rangeland　03.0146
草地次级生产　secondary production of rangeland　03.0147
草地次级生产力　secondary productivity of rangeland　03.0148
草地等　grassland class　03.0115
草地地上部产草量　aboveground forage yield of grassland　03.0107
草地地上部生物量　overground biomass of rangeland　03.0097
草地地下部生物量　underground biomass of rangeland　03.0098
草地多重利用　grassland multiple use　02.0623
草地多功能性　grassland multifunctionality　02.0473
草地多营养级　grassland multiple trophic level　02.0474
草地放牧利用　grazing use of grassland　03.0139
草地非检疫性有害生物　rangeland non-quarantine pest　07.0109
草地分类　grassland classification　03.0040
草地封育　grassland closing　02.0594
草地改良　grassland improvement　02.0480
草地管理　grassland management　02.0015
*草地管理学　grassland management　01.0005
草地化学除莠　chemical control of rangeland weed　03.0179
草地基况　range condition　02.0471
草地级　grassland grade　03.0116
草地检疫性有害生物　rangeland quarantine pest　07.0108
草地健康　grassland health　02.0472
草地经营　grassland management　02.0477
草地景观资源　landscape resources of rangeland　03.0009
草地可利用面积　available area of rangeland　03.0117
草地可利用性　grassland availability　01.0020
草地亏供　grassland under-supply　01.0066
草地类型　rangeland type　03.0042
草地立枯产草量　standing dead yield　03.0108
草地利用　grassland utilization　01.0019
草地利用单元　range utilization unit　02.0368
草地利用率　grassland utilization ratio　03.0132
草地螟　beet webworm　04.0807
草地牧草病害防治　disease control of rangeland plant　03.0176
草地牧草经济产量　utilizable yield of grassland　03.0106
草地年产草量　annual yield of grassland　03.0099
草地年产草量动态　dynamics of annual forage yield　03.0101
草地年可食草产量　annual yield of forage　03.0100
草地农业经济与管理　grassland agriculture economics and management　01.0018
草地培育　grassland cultivation　02.0016
草地切根机　grass root cutting machine　06.0377
草地切根施肥补播复式机　grass root cutting, fertilization and reseed compound machine　06.0378
草地沙化　rangeland sandification　03.0171
草地生产力　grassland productivity　03.0136
草地生态　grassland ecology　02.0521
草地生态评估　grassland ecological assessment　03.0188
草地生态系统　grassland ecosystem　02.0017
草地生态系统服务　ecosystem service of rangeland　03.0013
草地生态系统管理　management of grassland ecosystem　03.0192
*草地生态学　rangeland ecology　01.0004
草地适宜利用率　sustainable utilization rate of grassland　01.0021
草地水土流失　rangeland soil and water erosion　03.0181
草地水源涵养　conserve water in rangeland　03.0014

草地饲用植物资源　forage plant resources of rangeland　03.0022
＊草地碳储量　grassland carbon storage　03.0197
草地碳固定　grassland carbon fixation　03.0198
草地碳汇　grassland carbon sink　03.0195
草地碳库　grassland carbon pool　03.0196
草地碳排放　grassland carbon emission　03.0199
草地碳平衡　grassland carbon balance　03.0201
草地碳通量　grassland carbon flux　03.0200
草地碳循环　carbon cycle on rangeland　03.0012
草地碳源　grassland carbon source　03.0194
草地碳贮量　grassland carbon storage　03.0197
草地土壤　grassland soil　03.0717
草地退化　grassland degeneration　03.0185
草地外来入侵生物　rangeland alien invasive species　07.0110
草地围栏　grassland fencing　03.0150
草地畜牧业　grassland animal industry　01.0074
草地学　range science　01.0003
草地盐渍化　rangeland salification　03.0172
草地演替　grassland succession　02.0552
草地演替类型　successional type of rangeland　03.0077
草地遥感　remote sensing in grassland　03.0368
草地遥感调查　grassland remote sensing survey　03.0186
草地野生动物　wildlife of rangeland　03.0007
草地野生经济植物资源　economic plant resources of natural rangeland　03.0023
草地营养比　nutritional ratio of rangeland　03.0114
草地营养物质总量　nutritional gross of rangeland　03.0113
草地赢供　grassland over-supply　01.0065
草地游憩　rangeland recreation　03.0015
草地有偿家庭承包制　family contract system of public grassland　03.0152
草地有毒植物防治　prevention and control of poisonous plant in grassland　03.0178
草地有害生物　rangeland pest　07.0107
草地有害生物预测预报　rangeland pest forecast　07.0120
草地有害生物防治　rangeland integrated pest management　07.0114
草地植被　grassland vegetation　02.0018
草地植物保护　rangeland plant protection　07.0106
草地植物出现率　grassland plant appearing rate　02.0550
草地植物检疫　rangeland plant quarantine　07.0111
草地植物经济类群　economic group of rangeland plant　03.0027
草地植物种质资源　germplasm resources of rangeland plant　03.0005
草地植物资源　rangeland plant resources　03.0004
草地资源　rangeland resources　03.0001
草地资源保护　grassland resources protection　03.0187
草地资源常规调查　routine survey of rangeland resources　03.0083
草地资源承载力　supporting capacity of rangeland　03.0006
草地资源的动物生产　wildlife production of rangeland resources　03.0143
草地资源的植物生产　plant production of rangeland resources　03.0144
草地资源地理信息系统　geographical information system of rangeland resources　03.0094
草地资源调查　survey of rangeland resources　03.0082
草地资源调查 3S 技术　3S technology for survey of rangeland resources　03.0087
草地资源概查　general survey of rangeland resources　03.0086
草地资源功能　rangeland resources function　03.0003
草地资源合理利用　rational utilization of grassland resources　03.0138
草地资源监测　grassland resources monitoring　03.0173
草地资源经济　economy of grassland resources　03.0182
草地资源开发　exploitation of grassland resources　03.0137
草地资源可持续利用　sustainable use of rangeland resources　03.0184
草地资源评价　grassland resources evaluation　03.0159
草地资源区划　grassland resources division　03.0096
草地资源生态系统　ecosystem of rangeland resources　03.0010
草地资源生态系统动态　ecosystem dynamic of grassland resources　03.0191
草地资源生态系统功能　ecosystem function of grassland resources　03.0190
草地资源生态系统结构　ecosystem structure of grassland resources　03.0189
草地资源生态学　ecology of rangeland resources　03.0011
草地资源生物多样性　biodiversity of rangeland resources　03.0008

草地资源数据库　rangeland resources database　03.0095
草地资源图　map of grassland resources　03.0088
草地资源系列地图　serial map of rangeland resources　03.0089
草地资源详查　detailed survey of rangeland resources　03.0085
草地资源学　rangeland resources science　03.0002
草地资源遥感调查　remote sensing survey of rangeland resources　03.0084
草地资源遥感系列制图　serial mapping by remote sensing of rangeland resources　03.0090
草地资源营养评价　nutritive evaluation of grassland resources　03.0112
草地自然保护区　natural rangeland-conservation area　03.0174
草地自然灾害防治　prevention and control of grassland natural disaster　03.0177
草甸　meadow　02.0019
草甸草原　meadow steppe　02.0020
草垛　haystack　06.0298
草粉　green-hay powder　06.0335
草架干燥　hayrack drying　06.0197
草茎栽植法　sprigging　04.0771
草颗粒　pellet feed　06.0332
草坑　grass bunker　04.0835
草块　grass block　06.0339
草捆　hay bale　06.0283
草捆干燥设备　straw bale drying equipment　06.0455
草捆捡拾码垛机　bale pick-up stacker crane　06.0415
草捆捡拾装载机　bale pick-up loader　06.0410
草捆抗摔率　bale anti-throw rate　06.0275
草捆密度　bale density　06.0274
草捆抛掷器　bale kicker　06.0413
草捆青贮　bale silage　06.0305
草类植物病害　grass plant disease　04.0346
草垄　grass ridge　06.0266
草牧业　grass-animal husbandry　04.0347
草棚贮藏　hay shed storage　06.0205
草皮　sod　04.0739
草皮卷　rolled sod　04.0740
草皮农场　sod farm　04.0742
草皮强度　sod strength　04.0856
草皮认证　turf certification　04.0341
草皮生产　sod production　04.0741
草皮生产周期　sod production period　04.0780
草品种　grass variety　04.0348
草坪　turf　04.0693
草坪保护　turf protection　04.0794
草坪病害　turf disease　04.0797
草坪草　turfgrass　04.0722
草坪草过渡带　turfgrass transitional zone　04.0728
草坪草基因工程　turfgrass genetic engineering　04.0733
草坪草抗逆性　turfgrass stress resistance　04.0731
草坪草品种　turf grass variety　04.0349
草坪草区划　planting zone for turfgrass　04.0727
草坪草生物技术　turfgrass biotechnology　04.0732
草坪草生物学　turfgrass biology　04.0716
草坪草需水量　turfgrass water requirement　04.0789
草坪草育种　turfgrass breeding　04.0729
草坪草种子　turfgrass seed　04.0766
*草坪草籽　turfgrass seed　04.0766
草坪虫害　turfgrass insect　04.0804
草坪重播　turf reseeding　04.0817
草坪重建　turf reestablishment　04.0816
草坪出苗期　turf emergence stage　04.0762
草坪打孔机　lawn aerator machine　06.0466
草坪分类　turf classification　04.0694
草坪复壮　turf renovation　04.0818
草坪覆沙机　lawn topdressing machine　06.0469
*草坪改良　turf renovation　04.0818
草坪盖度　turf coverage　04.0842
草坪高度　turfgrass height　04.0844
草坪耕作　turf cultivation　04.0820
草坪更新　turf innovation　04.0819
草坪工程　turf engineering　04.0748
草坪工程监理　turf engineering supervision　04.0749
草坪工程学　turf engineering science　01.0016
草坪管理机　turf management machine　06.0460
草坪管理学　turf management science　04.0718
草坪灌溉　turf irrigation　04.0790
草坪滚压机　lawn rolling machine　06.0468
草坪花园　lawn garden　04.0705
草坪恢复力　turf recuperative capacity　04.0821
草坪机械　turf machine　04.0747
草坪建植　turf establishment　04.0752
草坪经济学　turf economics　04.0715
草坪景观学　turf landscape science　04.0712
草坪均一性　turf uniformity　04.0847

草坪类型　turf type　04.0695
草坪绿地　turf landscape　04.0720
草坪绿地设计　turf landscape design　04.0721
草坪绿期　turf green period　04.0849
草坪美学　turf aesthetics　04.0714
草坪密度　turf density　04.0843
草坪排水　turf drainage　04.0791
草坪喷灌系统　turf sprinkler irrigation system　06.0462
草坪喷药机　lawn spraying machine　06.0470
草坪平整度　turf evenness　04.0846
草坪切边机　lawn trimmer　06.0472
草坪清洁机　lawn cleaning machine　06.0471
草坪群落　turfgrass community　04.0736
草坪色泽　turf color　04.0845
草坪生理学　turfgrass physiology　04.0717
草坪生态　turfgrass ecology　04.0734
草坪生态系统　turfgrass ecosystem　04.0735
草坪生态学　turfgrass ecology　04.0713
草坪梳草切根机　lawn comb grass root cutting machine　06.0467
草坪弹性　turf elasticity　04.0854
草坪通气　turf aeration　04.0822
草坪土壤　turf soil　04.0743
草坪土壤改良　turf soil improvement　04.0744
草坪土壤结构　turf soil structure　04.0746
草坪土壤性质　turf soil property　04.0745
草坪土壤营养学　turf soil nutrition science　01.0014
草坪文化　turf culture　04.0719
草坪吸震性　turf shock absorption　04.0857
草坪修剪　turf mowing　04.0783
草坪学　turf science　01.0013
*草坪颜色　turf color　04.0845
草坪养护　turf maintenance　04.0782
草坪业　turf industry　04.0711
草坪有害生物　turf pest　04.0795
草坪有害生物防治学　turf integrated pest management　01.0015
草坪杂草　turf weed　04.0796
草坪植生带　turf planting belt　04.0767
草坪质地　turf texture　04.0848
草坪质量　turf quality　04.0840
草坪质量评定　turf quality evaluation　04.0841
草坪专用肥　fertilizer for turf　04.0788
*草坪追播　turf reseeding　04.0817
草坪组成　turf component　04.0850
草坡　grass slope　02.0527
草塞　grass plug　04.0769
草山　mountain with grass　02.0526
草食畜牧业　herbivorial animal industry　01.0078
草田系统　crop-pasture system　04.0350
草条　swath　06.0265
草屑　clipping　04.0787
草畜平衡　balance between forage supply and livestock demand　02.0013
草畜一体化　forage-livestock integration　04.0345
草学　agrostology　01.0002
草业　pratacultural industry　03.0183
*草业管理　pratacultural management　01.0017
草业经营　pratacultural management　01.0017
*草业科学　pratacultural science　01.0002
草业资源　pratacultural resources　02.0024
草业自然资源　pratacultural natural resources　02.0025
草原　rangeland　01.0040
草原暴露性　grassland exposure　07.0003
草原冰雹灾害　grassland hail disaster　07.0004
草原采集文化　grassland collecting culture　08.0015
草原产权　grassland property right　03.0151
草原虫害　grassland pest　07.0005
草原低温冷冻灾害　grassland freezing disaster　07.0025
草原地质灾害　grassland geological disaster　07.0006
草原动物疫病灾害　grassland animal epidemic disease　07.0007
草原毒饵撒播机　grassland poison bait seeding machine　06.0375
草原防火　fire control of grassland　03.0175
草原风吹雪灾害　grassland snow drifting disaster　07.0008
草原风沙灾害　grassland windy and dusty disaster　07.0009
草原改良与保护机　grassland improvement and protection machine　06.0370
草原干旱　grassland drought　07.0010
草原管理　range management　02.0520
草原管理学　rangeland management　01.0005
草原寒害　grassland chilling injury, grassland cold injury　07.0026
草原旱灾　grassland drought disaster　07.0011
草原环境污染　grassland environmental pollution　07.0012

草原荒漠化　grassland desertification　07.0013
草原蝗灾　grassland locust disaster　07.0014
草原火　grassland fire　07.0015
草原火环境　grassland fire environment　07.0017
草原火险　grassland fire danger　07.0018
草原火险区划　grassland fire danger zoning　07.0019
草原火险预测　grassland fire danger prediction　07.0020
草原火行为　grassland fire behavior　07.0016
草原火灾　grassland fire disaster　07.0021
草原火灾风险　grassland fire risk　07.0022
草原火灾模拟　grassland fire disaster simulation　07.0023
草原火灾受灾率　grassland fire disaster rate　07.0024
草原节水灌溉机　grassland water-saving irrigation machine　06.0374
* 草原科学　grassland science　01.0002
草原免耕播种机　grassland no-till planter　06.0373
草原灭蝗机　grassland extermination of locust machine　06.0376
草原农耕文化　grassland farming culture　08.0014
草原气象灾害　grassland meteorological disaster　07.0027
草原浅松机　grassland shallow loosening machine　06.0372
草原人为灾害　grassland man-made disaster　07.0028
草原沙尘暴灾害　grassland sandstorm disaster　07.0029
草原商队　grassland caravan　08.0101
草原深松机　grassland deep loosening machine　06.0371
草原生态文明　grassland eco-civilization　08.0002
草原生态学　rangeland ecology　01.0004
草原生态灾害　grassland ecological disaster　07.0030
草原生物灾害　grassland biological disaster　07.0031
草原受灾面积　grassland disaster affected area　07.0032
草原狩猎文化　grassland hunting culture　08.0016
草原鼠害　grassland rodent pest　07.0033
草原水土流失　grassland soil erosion　07.0034
草原水灾　grassland flood　07.0035
草原丝绸之路　grassland silk road　08.0100
草原外来生物入侵　grassland alien biological invasion　07.0036
草原文化　grassland culture　08.0004
草原文化产业　grassland culture industry　08.0088
草原文化传承　grassland cultural inheritance　08.0095
草原文化创造主体　creative subject of grassland culture　08.0021
草原文化节　grassland culture festival　08.0089
草原文化旅游　grassland cultural tourism　08.0092
草原文化史研究　grassland culture history research　08.0096
草原文化研究　grassland culture research　08.0094
草原文化遗产　grassland cultural heritage　08.0074
草原文明　grassland civilization　08.0001
草原畜牧文化　grassland animal husbandry culture　08.0005
* 草原学　range science　01.0003
草原雪灾　grassland snow disaster　07.0037
草原盐渍化　grassland salinization　07.0038
草原饮食文化　grassland food culture　08.0115
草原影视文化　grassland film and television culture　08.0093
草原有毒植物灾害　grassland poisonous plant disaster　07.0039
草原灾害　grassland disaster　07.0001
草原灾害保险　grassland disaster insurance　07.0040
草原灾害承灾体　hazard bearing body of grassland disaster　07.0041
草原灾害脆弱性　grassland disaster vulnerability　07.0042
草原灾害等级　grassland disaster grade　07.0043
草原灾害动态风险评价　dynamic risk assessment of grassland disaster　07.0044
草原灾害防灾减灾能力　disaster prevention and mitigation ability of grassland disaster　07.0048
草原灾害防治　grassland disaster prevention　07.0045
草原灾害风险　grassland disaster risk　07.0046
草原灾害风险辨识　grassland disaster risk identification　07.0047
草原灾害风险分析　grassland disaster risk analysis　07.0049
草原灾害风险管理　grassland disaster risk management　07.0050
草原灾害风险管理系统　grassland disaster risk management system　07.0051
草原灾害风险评估　grassland disaster risk evaluation　07.0052
草原灾害风险评价　grassland disaster risk assessment　07.0053
草原灾害风险区划　grassland disaster risk zoning　07.0054
草原灾害风险应急管理　grassland disaster risk emergency management　07.0055

草原灾害风险预警 grassland disaster risk early warning 07.0056
草原灾害风险源 grassland disaster risk source 07.0057
草原灾害管理 grassland disaster management 07.0058
草原灾害管理系统 grassland disaster management system 07.0059
草原灾害监测 grassland disaster monitor 07.0061
草原灾害间接损失 indirect loss of grassland disaster 07.0060
草原灾害静态风险评价 static risk assessment of grassland disaster 07.0062
草原灾害救援 grassland disaster relief 07.0063
草原灾害链 grassland disaster chain 07.0064
草原灾害评估 grassland disaster evaluation 07.0065
草原灾害群 grassland disaster group 07.0066
草原灾害社会影响 social impact of grassland disaster 07.0067
草原灾害社会影响评估 social impact assessment of grassland disaster 07.0068
草原灾害损失 grassland disaster loss 07.0069
草原灾害损失率 loss rate of grassland disaster 07.0070
草原灾害损失评估 grassland disaster loss evaluation 07.0071
草原灾害危险性 grassland disaster hazard 07.0072
草原灾害学 science of grassland disaster 07.0073
草原灾害应急管理 grassland disaster emergency management 07.0074
草原灾害应急管理系统 grassland disaster emergency management system 07.0075
草原灾害应急救助 grassland disaster emergency assistance 07.0076
草原灾害应急决策 grassland disaster emergency decision 07.0077
草原灾害应急抢险 grassland disaster emergency repair 07.0078
草原灾害应急搜救 grassland disaster emergency rescue 07.0079
草原灾害应急预案 grassland disaster emergency plan 07.0080
草原灾害预报 grassland disaster forecast 07.0081
草原灾害预测 grassland disaster prediction 07.0082
草原灾害预警 grassland disaster early warning 07.0083
草原灾害孕灾环境 hazard inducing environment of grassland disaster 07.0084
草原灾害灾情 grassland disaster situation 07.0085
草原灾害直接损失 direct loss of grassland disaster 07.0086
草原灾害指数 grassland disaster index 07.0087
草原灾害致灾因子 hazard factor of grassland disaster 07.0088
草原灾情区划 grassland disaster situation zoning 07.0089
草原植物病害 grassland plant disease 07.0090
草原资源学 rangeland resources science 01.0006
草原自然灾害 grassland natural disaster 07.0091
草种管理办法 forage seed administrative measures 04.0198
草种经营许可 forage seed business permit 04.0201
草种经营许可证 forage seed business license 04.0202
草种生产许可 forage seed production permit 04.0199
草种生产许可证 forage seed breeding license 04.0200
草种选择 turfgrass selection 04.0765
草种子 herbage seed 04.0170
草种子检疫 forage seed quarantine 04.0203
草种子生理休眠 seed physiological dormancy 04.0121
草砖 grass brick 06.0333
侧向带式搂草机 side ribbon-type rake 06.0399
侧向滚筒式搂草机 side drum-type rake 06.0396
侧向搂草机 lateral rake 02.0578
测产样方 yield-test quadrat 03.0130
测试级 tested class 04.0336
茬次 cut 06.0257
茶马贸易 tea-horse trade 08.0102
缠膜机 film-wrapping machine 06.0407
澶渊之盟 alliance of Chan Yuan 08.0034
产草量 grass yield 04.0351
产草量年变率 annual variation rate of forage yield 03.0104
长期保存 long-term preservation 04.0665
长期库 long-term gene bank 04.0670
长营养枝 long vegetative branch 02.0534
常温鼓风干燥 ambient blast drying 06.0202
超补偿 over-compensation 02.0511
超低温贮藏 ultra low temperature storage 04.0264
超干贮藏 ultradry storage 04.0265
超声波辅助农杆菌转化 ultrasound assisted *Agrobacterium* mediated transformation 05.0152
炒米 fried rice 08.0124

沉水型杂草　submersed weed　07.0384
成吉思汗陵　mausoleum of Genghis Khan　08.0084
成捆率　bale rate　06.0273
成苗率　seedling survival rate　04.0352
成坪速度　turf establishment rate　04.0761
成熟期　mature stage　06.0069
成熟种子　mature seed　04.0005
成型工艺　molding process　06.0248
成型饲草　molding forage grass　06.0331
成株抗病性　adult plant resistance　07.0362
持久性　persistence　02.0026
持久性病毒　persistent virus　07.0344
赤须盲蝽　akasu capsid　06.0119
翅果　key fruit, samara　04.0030
冲积平原　alluvial plain　03.0291
冲头式饲草压饼机　ramjet forage briquetting machine　06.0444
虫害　insect pest　06.0102
虫伤种子　insect-damaged seed　04.0100
重复　duplication　05.0111
重寄生　hyperparasitism　07.0143
重组克隆　recombinant cloning　05.0233
抽穗期　heading stage　06.0060
臭氧空洞　ozone hole　03.0303
出栏量　livestock sold　01.0076
出苗期　emergence stage　06.0053
出生率　natality　07.0231
初次样品　primary sample　04.0054
初花期　initial bloom stage　04.0353
初级生产　primary production　02.0553
初级生产者　primary producer　02.0027
初级消费者　primary consumer　02.0028
初侵染　primary infection　07.0288
除草剂　herbicide　07.0171
除芒　de-awning　04.0181
触杀剂　contact insecticide　07.0160
触杀灭生　killing by touch　02.0599
触杀性除草剂　contact herbicide　07.0175
传播　transmission　07.0296
闯关东　brave the journey to northeast　08.0107
垂直变形　vertical deformation　04.0866
垂直带草地　vertical zone grassland　03.0076
垂直地带性　vertical zonation　03.0282
垂直抗病性　vertical resistance　07.0299
垂直抗虫性　vertical resistance to insect　07.0132
垂直气候带　vertical climatic zone　03.0525
垂直修剪　vertical mowing　04.0823
锤片式粉碎机　hammer mill　06.0432
春化[作用]　vernalization　06.0239
春季分蘖　spring tillering　02.0531
春季坏死斑病　spring dead spot　04.0802
春季牧场　spring pasture　01.0030
春秋季牧场　spring and autumn pasture　01.0031
纯度　purity　04.0162
纯合子鉴定　homozygote identification　05.0177
纯系育种　pure line breeding　04.0354
雌蕊　pistil, gynoecia　04.0022
次级生产　secondary production　02.0554
次级样品　sub-sample　04.0059
次生草地　secondary rangeland　03.0017
刺穿　piercing　04.0130
丛生禾草　bunch grass　02.0407
粗蛋白　crude protein　06.0210
粗放放牧管理　extensive grazing management　02.0479
粗灰分　crude ash　02.0544
粗磨　coarse grinding　04.0142
粗平整　rough grading　04.0759
粗饲料　roughage　02.0616
粗饲料相对质量指数　relative quality index of roughage　06.0367
粗纤维　crude fiber　02.0543
粗脂肪　crude fat　06.0211
存活曲线　survivorship curve　07.0239
存活因子　survival factor　02.0197
存活值　survival value　02.0198
存栏量　livestock stock　01.0075

# D

打孔　coring　04.0824
打孔深度　aerating depth　04.0825
打捆　baling　06.0276
大比例尺精度草地资源调查　large-scale survey of rangeland resources　03.0091
大豆食心虫　soybean pod borer　06.0125

大豆蚜　soybean aphid　06.0127
大方草捆捡拾装载机　generous square bale pick-up loader　06.0416
大截面压块机　large section briquetting machine　06.0441
大陆性气候　continental climate　03.0529
大气本底[值]　atmospheric background　03.0545
大气成分　atmospheric composition　03.0541
大气臭氧　atmospheric ozone　03.0543
大气臭氧层　ozonosphere　03.0544
大气痕量气体　atmospheric trace gas　03.0542
大气环境评价　assessment of atmospheric environment　03.0547
大气环流　atmospheric circulation　03.0298
大气净化　atmospheric cleaning　03.0546
大气扩散　atmospheric diffusion　03.0554
大气污染　atmosphere pollution　03.0305
大气质量　atmospheric mass　03.0555
大气资源　atmospheric resources　03.0540
大莎草草地　tall sedge rangeland　03.0067
*大小垄播　sowing in broad-narrow drill　06.0173
大雨　heavy rain　03.0661
大圆草捆捡拾装载机　generous round bale pick-up loader　06.0418
代谢抗性　metabolic resistance　07.0219
代谢能　metabolizable energy　02.0457
代谢组学　metabonomics　05.0025
带病体　carrier　07.0306
带肥播种　sowing with fertilizer　06.0179
带式干燥设备　belt drying equipment　06.0450
带状补播　belt reseeding　02.0507
袋式灌装机　bag filling loader　06.0423
袋状青贮　bagged silage　06.0312
单孢分离　single spore isolation　07.0304
单胞分离　single cell isolation　07.0305
单倍体育种　haploid breeding　04.0355
单播　monostand　06.0026
*单管扦样器　Nobbe trier　04.0061
单核苷酸多态性　single nucleotide polymorphism, SNP　05.0006
单基因抗性　monogenic resistance　07.0133
单寄生　monoparasitism　07.0142
单荚粒数　number of grain per pod　06.0080
单交　single cross hybrid　04.0356
单克隆抗体　monoclonal antibody　07.0356
单口采食量　intake per bite　02.0435
单食性　monophagy　07.0256
单体　monosome　05.0104
单位面积营养物质总收获量　total nutrient yield per unit area　02.0572
单一群落　mono-community　02.0029
单优群落　monodominant community, consocion　02.0030
单优种演替群落　consocies　02.0031
单植草坪群落　monostand community　04.0737
单株选择　individual selection　04.0357
单子叶牧草　monocotyledonous forage　04.0002
单子叶杂草　monocot weed　07.0372
淡剑夜蛾　lawn grass cutworm　04.0806
蛋白质靶向定位　protein target positioning　05.0204
蛋白质印迹　Western blot　05.0175
蛋白质组学　proteomics　05.0024
氮循环　nitrogen cycle　03.0202
倒春寒　late spring coldness　03.0708
登记种子　registered seed　04.0312
等补偿　equal compensation　02.0509
等级分工　hierarchy　02.0033
低地草甸　azonal lowland meadow　03.0059
低毒牧草去毒加工　detoxication processing of forage with low toxicity　06.0247
低抗　low resistance　04.0358
低温除湿贮藏法　cooling and dehumiliting storage method　04.0298
低温烘干法　low temperature drying　04.0146
低温冷害　chilling damage　03.0710
低质牧草　inferior forage　03.0032
滴灌　drip irrigation　02.0421
底肥　base fertilizer　06.0185
地表排水　surface drainage　04.0792
地带性草地　zonal rangeland　03.0074
地方品种　traditional cultivar, landrace　04.0632
地方性降水　local precipitation　03.0663
地老虎　cutworm　06.0124
地理信息系统　geographical information system, GIS　03.0387
地理信息系统软件　GIS software　03.0422
地面堆贮　ground heap storage　06.0306
地面干燥　ground drying　06.0196
地面逆温　surface inversion　03.0606
地面温度　surface temperature　03.0601

地面遥感　ground remote sensing　03.0430
地球观测系统　earth observation system, EOS　03.0426
地球资源信息　earth resources information　03.0457
地下害虫　soil insect　07.0267
地下排水　subsurface drainage　04.0793
地形雨　orographic rain　03.0664
典型草原　typical steppe　02.0021
点播　bunch planting　06.0174
＊碘价　iodine value　04.0039
碘值　iodine value　04.0039
电击法　electroporation　05.0162
电融合技术　electrofusion technology　05.0091
电围栏　electric fence　01.0060
电泳迁移率　electrophorctic mobility　05.0225
电子克隆　*in silico* cloning　05.0034
淀粉酶　amylase　04.0044
叼羊　buzkashi　08.0066
凋落物　litter　03.0127
凋萎湿度　wilting moisture　03.0205
顶极　climax　02.0034
顶极格局假说　climax pattern hypothesis　02.0035
顶极群落　climax community　02.0036
顶极群落区　climax area　02.0037
顶极群系　climax biome　02.0038
顶极物种　climax species　02.0039
顶极优势种　climax dominant species　02.0040
顶极植被　climax vegetation　02.0041
定居定牧　settlement fixed grazing　02.0529
定居放牧　sedentary grazing　02.0528
定量遥感　quantitative remote sensing　03.0439
定牧　set stocking　02.0488
定位观测　observation of fixed station　03.0364
定向选择　directional selection　02.0042
定向演替　directional succession　02.0043
冬季保留草地　winter saved pasture　01.0046
冬季牧场　winter pasture　01.0033
动态平衡　dynamic equilibrium　02.0044
动态稳态　dynamic steady　02.0045
冻土　frozen soil　03.0297
冻雨　freezing rain　03.0657
豆荚螟　bean pod borer　06.0126
豆科草草地　legume rangeland　03.0066
豆科牧草　legume forage　05.0235
豆天蛾　bean hawk moth　06.0128
豆芜菁　bean turnip　06.0106
毒饵　poison bait　07.0202
毒素　toxin　07.0339
毒性　toxity　07.0338
毒性基因　virulence gene　07.0301
度日　degree-day　03.0628
短粗根　stubby root　04.0103
短期草地　temporary grassland　03.0018
短期放牧　short-term grazing　02.0516
短期库　short-term gene bank　04.0668
短营养枝　short vegetative branch　02.0535
短周期放牧　short period grazing　02.0564
对称杂种　symmetric hybrid　05.0097
对抗共生　antagonistic symbiosis　02.0046
对照检验　control test　04.0331
多倍体　polyploid　04.0359
多倍体育种　polyploid breeding　04.0360
多倍体育种技术　polyploid breeding technique　05.0243
多次单株选择　multiple individual selection　04.0361
多次混合选择　multiple bulk selection　04.0362
多父本杂交　multiple male-paternal cross　04.0363
多功能牧草　multifunctional forage　02.0048
多基因抗性　polygenic resistence　07.0135
多寄生　multiparasitism　07.0144
多克隆抗体　polyclonal antibody　07.0357
多年生　perennial　06.0148
多年生草地　perennial rangeland　03.0078
多年生草类产量动态　perennial grasses dynamic of production　02.0540
多年生草坪草　perennial turfgrass　04.0726
多年生牧草　perennial forage　03.0035
多年生杂草　perennial weed　07.0378
多谱段遥感　multispectral remote sensing　03.0435
多食性　polyphagy　07.0258
多系杂交　polycross　04.0364
多样性分布　diversity distribution　02.0049

## E


恶性杂草　noxious weed　07.0386
二次发酵　secondary fermentation　06.0307
二年生　biennial　06.0147
二年生杂草　biennial weed　07.0377
二氧化碳饱和点　saturation point of carbon dioxide　03.0552
二氧化碳补偿点　compensation point of carbon dioxide　03.0553
二氧化碳汇　carbon dioxide sink　03.0549
二氧化碳源　carbon dioxide source　03.0548
二元杂交　two-way cross　04.0365


## F


发根农杆菌　*Agrobacterium rhizogenes*　05.0150
发酵促进剂　fermentation accelerator　06.0308
发酵干草　fermented hay　06.0263
发酵干燥　fermentation drying　06.0198
发酵抑制剂　fermentation inhibitor　06.0309
发球台　tee ground　04.0834
发热干草　hot hay　06.0267
发生流行程度预测　forecast of emergence size　07.0122
发生期预测　forecast of emergence period　07.0121
发芽床　substrate　04.0113
发芽率　germination percentage　06.0240
发芽势　germination potential　06.0241
发芽试验　germination test　04.0087
发育　development　06.0238
翻晒　ted　06.0301
翻晒草垄　grass-ridge turn　06.0199
繁殖方式　reproduction way　04.0680
繁殖更新　regeneration　04.0690
反刍时间　ruminant time　02.0432
反射红外遥感　reflected infrared remote sensing　03.0432
反照率　albedo　03.0578
返青期　regreen stage　06.0054
返祖[现象]　atavism　02.0050
方捆缠膜机　square bale film-wrapping machine　06.0409
方捆机　square baler　06.0401
方捆捡拾装载机　square bale pick-up loader　06.0411
防霉剂　anti-mold agent　06.0278
放牧　grazing　01.0071
放牧草地　grazing grassland　03.0134
*放牧场轮换　rotation of seasonal pasture　01.0052
放牧单元　grazing unit　01.0053
放牧地　grazing land, pasture　01.0048
放牧地管理　grazing land management　01.0050
放牧地类型　grazing land type　01.0051
放牧地轮换　rotation of seasonal pasture　01.0052
放牧管理　grazing management　02.0476
放牧管理单元　grazing management unit　02.0486
放牧季　grazing season　02.0490
放牧率　grazing rate　02.0051
放牧密度　grazing density　02.0428
放牧频度　grazing frequency　03.0142
放牧期　grazing period　02.0399
放牧强度　grazing intensity　03.0140
放牧生态学　grazing ecology　02.0052
放牧时间　grazing time　02.0398
放牧系统　grazing system　02.0610
放牧小区　grazing paddock　01.0062
放牧效率　grazing efficiency　02.0612
放牧压　grazing pressure　02.0429
放牧压指数　grazing pressure index　02.0491
放牧优化假说　grazing optimization hypothesis　02.0607
*放牧制度　grazing system　02.0610
放牧周期　grazing cycle　03.0141
飞播　air seeding　02.0417
非常规草产品　unconventional grass product　06.0343
非持久性病毒　non-persistent virus　07.0345
非蛋白质含氮物　non-protein nitrogen content　02.0542
非地带性草地　azonal rangeland　03.0075
非对称竞争　asymmetric competition　02.0053
非密度制约　density independence　02.0054
非密度制约因子　density independent factor　02.0055
非胚性愈伤组织　non-embryogenic callus　05.0056

非侵染性病害　non-infectious disease　07.0270
非生物因子　abiotic factor　02.0056
非饲用草产品　unedible grass product　06.0342
非休眠牧草种子　non-dormancy forage seed　04.0047
非选择放牧　non-selective grazing　02.0502
＊费尔德　veld　01.0044
分辨率　resolution　03.0445
分布格局　distribution pattern　02.0057
分布型　distribution type　02.0058
分段收获　swathing before threshing　04.0179
分果瓣　mericarp　04.0073
分化　differentiation　02.0059
分解　decomposition　02.0448
分解者　decomposer　02.0060
分类群　taxonomical group　04.0654
分蘖　tiller　06.0229
分蘖期　tillering stage　06.0056
分蘖数　tiller number　06.0075
分散剂　dispersing agent　07.0181
分析标签　analytic label　04.0327
分析样品　analytical sample　06.0351
分形理论　fractal theory　02.0061
分样　separating sample　04.0063
分枝　branch　04.0366
分枝期　branching stage　06.0055
分枝数　branch number　06.0074
分株　ramet　04.0367
分子标记　molecular marker　05.0001
分子标记辅助育种　molecular marker assistant breeding　05.0009
分子标记技术　molecular marker technology　05.0002
分子检测　molecular detection　05.0172
分子育种　molecular breeding　05.0246
DNA 分子杂交　DNA molecular hybridization　05.0173
RNA 分子杂交　RNA molecular hybridization　05.0174
粉化率　pulverization rate　06.0337
粉剂　dustable powder　07.0192
丰度　abundance　02.0047
丰富度　richness　02.0551
风暴式放牧　mop grazing　02.0501
风场评价　wind field assessment　03.0558
风寒指数　wind-chill index　03.0625
风化壳　weathering crust　03.0284
风化作用　weathering　03.0283
风能利用系数　wind-power utilization coefficient　03.0559
风频率　wind frequency　03.0565
风压　wind pressure　03.0560
风压系数　coefficient of wind pressure　03.0561
风振系数　wind vibration coefficient　03.0564
封闭草地　closed grassland　03.0081
封闭放牧地　enclosed grazing land　01.0055
封缄　sealed　04.0060
锋面逆温　frontal inversion　03.0610
服务器　server　03.0418
浮游型杂草　free floating weed　07.0383
辐射剂量　radiation dose　04.0368
辐射抗性　radiation rcsistancc　04.0369
辐射敏感性　radiation sensitivity　04.0370
辐射逆温　radiation inversion　03.0607
辐射平衡　radiation balance　03.0579
辐射诱变　radiation induced mutation　04.0371
辐照度　irradiance　03.0576
腐霉枯萎病　pythium blight　04.0798
腐生物　saprophyte　07.0354
腐食性　saprophagy　07.0254
腐殖化　humification　06.0005
负积温　negative accumulated temperature　03.0622
负交互抗性　negative cross resistance　07.0218
负趋性　negative taxis　07.0263
附属草地　supplementary grassland　03.0021
附属器官　accessory organ　04.0076
复本证书　duplicate certificate　04.0166
复合肥料　compound fertilizer　06.0033
复合农林业　agroforestry　03.0246
复合杂交　multiple cross　04.0372
复粒种子单位　multiple seed unit　04.0094
复胚种子单位　multigerm seed unit　04.0093
复种作物土壤耕作　soil tillage of multiple crop　06.0161
复壮　rejuvenation　04.0691
富河文化　Fuhe culture　08.0078
＊覆播　overseeding　04.0778
覆盖　mulching　04.0779
覆盖类型　cover type　02.0062
覆盖逆温　capping inversion　03.0608
覆盖植物　cover plant　02.0063

# G

改良草地　improved grassland　03.0019
改良对分分样法　modified halving method　04.0066
改良混合选择　modified mass selection　04.0373
改良品种　improved variety　04.0374
*盖播　overseeding　04.0778
干草　hay　03.0024
干草产量　hay yield　06.0086
干草储备设施　hay storage facility　06.0282
干草褐变　hay browning　06.0295
干草批次　hay batch　06.0281
干草品质鉴定　hay quality identification　06.0206
干草生产　hay production　06.0279
干草调制　hay conditioning　06.0280
干草吸湿性　hay moisture absorption　06.0286
干旱　drought　03.0701
干旱气候　arid climate　03.0533
干期　dry spell　03.0699
干扰　disturbance　02.0064
RNA 干扰　RNA interference　05.0117
干扰顶极　disturbance climax　02.0065
干热风　dry hot wind　03.0714
干热稀树灌草丛　arid-tropical shrub tussock scattered with tree　03.0058
干物质　dry matter　02.0467
干物质采食量　dry matter intake　06.0215
干燥度　aridity　03.0704
干燥剂干燥　desiccant dryness　06.0269
干燥损伤　desiccation injury　04.0303
秆蝇类　stem flies　06.0114
感病　disease susceptibility　04.0375
感病体　suscept　07.0280
感病性　disease susceptibility　07.0281
感虫　insect susceptibility　04.0376
感官鉴定　sensory identification　06.0207
感官评定法　sensory evaluation method　06.0320
感光性　photonasty　03.0590
感光指数　light sensitive index　03.0591
感觉温度　sensible temperature　03.0624
感热　sensible heat　03.0640
感温性　thermonasty　03.0631
刚毛　bristle　04.0011
高草草原　tall grass prairie　02.0602
高草区　rough　04.0837
高产　high yield　04.0678
高尔夫球场草坪　turf for golf course　04.0829
高秆植物隔离　isolated with high stalk plant　04.0377
高感　high sensitivity　04.0378
高光谱分辨率遥感　hyperspectral remote sensing　03.0436
高寒草甸　alpine meadow　03.0061
高寒草甸草原　alpine meadow steppe　03.0048
高寒草原　alpine steppe　02.0023
高寒草原文化　alpine grassland culture　08.0019
高寒典型草原　alpine typical steppe　03.0049
高寒荒漠　alpine desert　03.0051
高寒荒漠草原　alpine desert steppe　03.0050
高禾草草地　tall grass rangeland　03.0063
高恒温烘干法　high constant temperature drying　04.0145
高抗　high resistance　04.0379
高密度二次压缩机　high-density secondary compressor　06.0406
高强度低频率放牧　high intesity and low frequency grazing　02.0496
高水分青贮　high moisture silage　06.0310
高温促进率　facilitation rate of high temperature in earing time　03.0633
高温快速干燥　high-temperature rapid drying　06.0203
高效表达载体构建　efficient construction of expression vector　05.0200
高原　plateau, tableland　03.0285
高原气候　plateau climate　03.0532
割草　mowing　02.0403
割草草地　mowing meadow　02.0523
割草场轮刈　rotation of mowing pasture　02.0518
割草放牧兼用草地　grassland for cutting and grazing　03.0133
割草机　lawn mower　06.0389
割手密　*Saccharum spontaneum*　04.0593
隔栏放牧　grille grazing　02.0614
隔离带　isolation belt　04.0380

个体　individual　04.0381
个体变异　individual variation　04.0382
个体发育　ontogeny, individual development　04.0383
根癌农杆菌　*Agrobacterium tumefaciens*　05.0149
根分化　root differentiation　05.0051
根腐病　root rot　06.0098
根际　rhizosphere　02.0624
根际微生物　rhizospheric microorganism　02.0625
根茎疏丛型　rhizomatous loose bunch type　06.0142
根茎禾草　rhizomatous grass　02.0408
根茎型　rhizome type　06.0139
根茎育苗　rhizome breeding　04.0384
根瘤　root nodule, rhizoma　06.0235
根瘤菌接种　rhizobium inoculation　06.0042
根瘤象甲类　nodule weevils　06.0107
根蘖型　collar tillering type　06.0140
根系　root system　06.0234
根系分蘖类型　root tiller type　06.0044
耕作制度　farming system　06.0019
工厂化育苗　industrialized seedling production　05.0069
公共放牧地　common pasture　01.0057
公园草坪　park turf　04.0707
功能分析　functional analysis　05.0209
功能规律　functional law　02.0066
功能基因　functional gene　05.0018
功能性草产品　functional grass product　06.0344
功能性花粉不育　functional pollen sterility　04.0385
共培养　co-cultivation　05.0125
*共栖　commensalism　02.0138
共栖生态型　commensalism ecotype　02.0068
共生　symbiosis　07.0352
共生鼠　commensal rodent　07.0395
共生体　symbiont　05.0250
共享方式　way of sharing　04.0629
共优势　codominance　02.0069
共优种　codominant species　02.0070
共优种群落　codominant community　02.0071
沟播　furrow drilling　04.0777
姑娘追　Kazak girl chase　08.0065
蓇葖果　follicle　04.0032
古列延　Kriyen　08.0054
谷蛋白　glutelin　04.0042
谷类干草　cereal straw　06.0284
鼓风干燥　blast drying　06.0270
固定放牧　fixed grazing　02.0505
固定割草地　fixed mowing pasture　02.0569
固定载畜率　fixed stocking rate　02.0513
固体培养　solid culture　05.0067
固体培养基　solid medium　05.0060
寡基因抗性　oligogenic resistence　07.0134
寡食性　oligophagy　07.0257
关键互利共生者　keystone mutualist　02.0072
关键竞争者　keystone competitor　02.0073
关键因子分析　key factor analysis　07.0240
关键种　key species　02.0074
观测地点　observation location　04.0626
观测年份　observation year　04.0627
观测台站网络　observing station network　03.0366
观赏草　ornamental grass　04.0386
观赏草坪　ornamental turf　04.0699
观赏期　ornamental period　04.0405
观赏性　enjoyment　04.0387
冠幅　crown width　04.0388
冠盖度　canopy coverage　03.0122
冠瘿瘤　crown gall　05.0151
灌肠式青贮　enema type silage　06.0313
灌溉　irrigation　06.0187
灌溉次数　irrigation frequency　06.0190
灌溉定额　irrigation quota　02.0591
灌溉量　irrigation volume　06.0189
灌溉时间　irrigation time　06.0188
灌木　shrub　02.0406
灌木草地　shrub rangeland　03.0072
灌木草原　shrub grassland　02.0604
光饱和点　light saturation point　03.0588
光饱和现象　light saturation　06.0221
光补偿点　light compensation point　06.0222
光电转换　photovoltaic conversion　03.0583
光合强度　photosynthetic intensity　03.0587
光合生产潜力　photosynthetic potential productivity　03.0596
光合势　photosynthetic potential　03.0592
光合有效辐射　photosynthetically active radiation　03.0571
光合作用　photosynthesis　06.0220
光合作用量子效率　quantum efficiency of photosynthesis　03.0585
光呼吸　photorespiration　03.0586

光化反应　photochemical reaction　03.0595
光化转换　photochemistry conversion　03.0584
光解作用　photolysis　03.0589
光能利用率　utilization ratio of sunlight energy　06.0223
光热转换　photothermal conversion　03.0582
光温敏感性不育　sterile with thermo-photoperiod sensitivity　04.0389
光温生产潜力　light and temperature potential productivity　03.0597
光照长度　illumination length　03.0580
[光]照度　illuminance　03.0575
光照阶段　photophase　03.0581
光周期现象　photoperiodism　06.0224
光资源　light resources　03.0566
广泛适应性　wide adaptability　04.0390
广谱性除草剂　broad-spectrum herbicide　07.0172
广谱性杀虫剂　broad-spectrum insecticide　07.0157
广义信息论　broadly informatics　03.0313
50%规则　50%-rule　04.0109
辊杠式圆捆机　roll bar style round baler　06.0404
辊筒式圆捆机　drum roll round baler　06.0403
滚动摩擦力　roll friction　04.0862
滚压　rolling　04.0826
滚压条纹　striping　04.0827
国际检疫　international quarantine　07.0113
国家公园　national park　03.0236
国内检疫　domestic quarantine　07.0112
国外引种　introduction from other country　04.0655
果草牧系统　fruit-grass-grazing system　04.0391
果岭　green　04.0830
果岭环　collar　04.0831
果岭坪床结构　putting green structure　04.0832
果岭裙　apron　04.0833
果实特征　fruit characteristic　06.0049
过度放牧　over grazing　02.0076
过火面积　burned area　07.0092
过火区　burned zone　07.0093
过敏性　hypersensitivity　07.0282
过轻放牧　under grazing　02.0075
过热蒸汽干燥设备　superheated steam drying equipment　06.0453

# H

哈达　Khata　08.0031
哈萨克文化　Kazakh culture　08.0061
哈萨克医药学　Kazakh medicine　08.0063
哈萨克语　Kazakh language　08.0062
哈萨克毡房　Kazakh yurt　08.0064
海洋性气候　marine climate　03.0530
海洋资源信息　marine resources information　03.0467
害鼠　rodent pest　07.0391
含粉率　powder content　06.0338
含氰植物　cyanide-contained plant　04.0392
含水量　moisture content　06.0209
寒潮　cold wave　03.0716
寒害　cold injury, chilling injury　04.0393
寒露风　low temperature damage in autumn　03.0709
汉族政策　Han policy　08.0072
旱害　drought injury　04.0394
航空遥感　aerial remote sensing　03.0429
航天遥感　space remote sensing　03.0427
航天育种　space breeding　04.0395
蒿类半灌木草地　sage semi-bush rangeland　03.0070
耗散结构理论　dissipative structure theory　02.0080
禾本科牧草　gramineous forage　04.0004
禾本科植物　Gramineae plant, grass　02.0404
禾草　grass　05.0237
禾谷类　cereal　06.0022
合成孔径雷达　synthetic aperture radar, SAR　03.0437
合成种　synthetic variety　04.0396
合理密植　rational close planting　06.0178
合理载畜量　proper stock capacity　03.0161
合理载畜量草地面积单位　rangeland area unit with proper stock capacity　03.0164
合理载畜量家畜单位　livestock unit with proper stock capacity　03.0162
合理载畜量时间单位　time unit with proper stock capacity　03.0163
河流阶地　river terrace　03.0289
河漫滩　floodplain　03.0292
核蛋白　nucleoprotein　04.0043
核定位序列　nuclear localization sequence　05.0137
核心种质　core germplasm　04.0637

核心种子　nucleus seed　04.0310
核型分析　karyotype analysis, karyotyping　05.0115
核转化系统　nuclear transformation system　05.0196
贺兰山岩画　Helan mountain cliff painting　08.0114
褐斑病　brown spot　06.0093
褐色中脉　brown midrib　04.0397
黑斑病　black spot　06.0095
黑霜　dark frost　03.0712
黑素　melanin　04.0398
黑灾　black calamity, winter drought disaster　07.0094
横剖　transverse incision　04.0133
横切　transverse cutting　04.0132
横向搂草机　dump rake　06.0395
烘干　drying　06.0272
烘干干草　drying hay　06.0262
红山文化　Hongshan culture　08.0082
洪积扇　proluvium fan　03.0290
洪涝　flood　03.0703
后茬　next stubble　04.0399
后代鉴定　offspring identify　04.0400
后对照小区　post-control plot　04.0333
后熟期　after-ripening period　04.0280
后续干燥技术　subsequent drying technology　06.0271
呼麦　hoomei　08.0059
呼吸毒剂　respiration poison　07.0167
呼吸强度　respiratory intensity　04.0277
互补放牧　complementary grazing　02.0613
互利共生　mutualism　02.0067
护坡草坪　slope-protecting turf　04.0697
花萼　calyx　04.0019
花粉不育性　pollen sterility　04.0401
花粉管通道法　pollen-tube pathway method　05.0160
花粉培养　pollen culture　05.0064
花粉直感　xenia　04.0402
花梗　pedicel　06.0236
花冠　corolla, chaplet　04.0020
花期不遇　flowering asynchronism　04.0403
花期调节　flowering adjustment　04.0404
花序长度　inflorescence length　04.0407
花序美感　inflorescence aesthetics　04.0406
花序特征　inflorescence characteristic　06.0048
花药培养　anther culture　05.0065
划破　slicing　04.0811
划破草皮　sod cutting　02.0585
划区轮牧　rotational grazing　02.0396
滑道式草捆输送器　chute bale conveyor　06.0412
滑坡　landslide　03.0299
化学除草　chemical weed control　07.0389
化学防治　chemical control　07.0118
化学干燥剂　chemical desiccant　06.0201
化学灭鼠　chemical control of rodent pest　07.0403
化学脱叶　chemical desiccation　04.0180
化学修剪　chemical mowing　04.0828
化学诱变　chemical mutagenesis　04.0409
化学诱导细胞融合　chemically induced cell fusion　05.0089
坏死　necrosis　04.0410
环斑　ring spot　07.0316
环境变量　environment variable　02.0081
环境污染　environmental pollution　03.0306
环境胁迫　environmental stress　04.0411
环模制粒机　hoop standard granulator　06.0436
环状结构　looped-structure　04.0108
缓释剂　controlled release formulation　07.0195
荒漠草地　desert grassland　02.0179
荒漠草原　desert steppe　02.0022
黄斑病　yellow spot　06.0094
黄化　etiolation　04.0413
黄化苗　etiolation seedling　04.0412
黄萎病　verticillium　06.0096
黄贮　yellow silage　06.0249
蝗虫　locust　04.0808
恢复度　restored degree　04.0414
恢复培养　recovery culture　05.0126
恢复生态学　restoration ecology　03.0241
恢复系　restoring line　04.0415
回鹘式蒙古文　uighur-style Mongolian　08.0040
回交　backcross　04.0416
回交转育　backcross breeding　04.0417
回弹性　resilience　02.0082
*混合播种　blending　04.0775
混合草原　mixed grass prairie　02.0603
混合放牧　mixed grazing　02.0494
混合干旱　mixed drought　04.0418
混合品种　mixed variety　04.0419
混合品种认证　hybrid variety certification　04.0340
混合青干草　mixed green hay　06.0285
混合青贮　mixture silage　06.0311

混合授粉　multiple pollination　04.0420
混合样品　composite sample　04.0055
混系繁殖　mixed line seed reproduction　04.0421
混植草坪群落　polystand community　04.0738
混作　mixed cropping　06.0029
活动积温　active accumulated temperature　03.0620
活动温度　active temperature　03.0615
活力测定　vigor test　04.0157
火管理　fire management　02.0083
火险指数　fire danger index　07.0095
火源　source of ignition　07.0096
获得抗病性　acquired resistance　07.0364
获得免疫性　acquired immunity　07.0367

# J

*饥饿代谢阶段　starvation metabolism phage　02.0576
芨芨草　*Achnatherum splendens*　04.0596
机场草坪　airport turf　04.0700
机构间认证　inter agency certification　04.0338
机能正常　properly functioning　02.0084
机械除草　mechanical weed control　07.0387
机械分样法　mechanical divider method　04.0064
机械划破种皮　mechanical scarification seed coat　04.0124
积温　accumulated temperature　06.0135
积雪　snow cover　03.0669
基本草原　basic rangeland　03.0020
基本培养基　minimal medium　05.0059
基础种子　basic seed　04.0311
基盖度　basal coverage　03.0121
*vir* 基因　*vir* gene　05.0154
基因表达谱分析　gene expression profile analysis　05.0215
基因表达系列分析　serial analysis of gene expression　05.0217
基因沉默　gene silencing　05.0210
基因定点突变　gene site-directed mutation　05.0208
基因克隆　gene cloning　05.0029
基因库保存　gene bank preservation　04.0667
基因枪转化法　microprojectile bombardment　05.0158
基因敲除　gene knock-out　05.0116
基因芯片　gene chip　05.0216
基因型　genotype　05.0013
基因诱捕技术　gene trapping technology　05.0230
基因诱捕载体　gene trapping vector　05.0231
基因转移　gene transfer　07.0361
基因组学　genomics　05.0023
激光遥感　laser remote sensing　03.0438
羁绊放牧　fetter grazing　02.0557
极度放牧　extreme grazing　02.0454
急尖　acute　04.0013
急性灭鼠剂　acute rodenticide　07.0392
3S 集成技术　3S integrated technology　03.0455
集合种群　metapopulation　02.0085
集拢　gathering　06.0299
*集群分布　aggregated distribution　07.0243
*集团选择　bulk selection　04.0422
集约放牧管理　intensive grazing management　02.0478
几丁质合成酶抑制剂　chitin-synthetase inhibitor　07.0169
计算机　computer　03.0416
计算机仿真　computer emulation　03.0453
计算机技术　computer technology　03.0419
计算机软件　computer software　03.0420
忌避剂　repellent　07.0163
季风气候特征　character of monsoon climate　03.0514
季节放牧　seasonal grazing　02.0503
季节牧场　seasonal pasture　01.0029
季节适宜性放牧　grazing for season suitability　02.0562
季节畜牧业　seasonal animal industry　01.0077
季节演替　seasonal succession　02.0086
季相演替　aspection succession　02.0087
剂量对数-机值回归线　log dosage probability line，LD-P line　07.0215
剂量反应　dose response　07.0226
剂型　formulation　07.0185
继代留种　keep generation and reserve seed for planting　04.0423
祭敖包　oboo festival　08.0048
寄生　parasitism　07.0139
寄生物　parasite　07.0349
寄生型杂草　parasitic weed　07.0374
寄生性病害　parasitic disease　07.0272

寄主　host　07.0346
系留放牧　tie grazing　02.0558
蓟马类　thrips　06.0112
加代　succession generation　04.0424
家畜　livestock　02.0088
家畜采食当量　livestock feeding equivalent　02.0459
家畜单位当量　livestock unit equivalent　01.0027
家畜单位年　livestock unit-year　02.0481
家畜单位日　livestock unit-day　03.0168
家畜单位月　livestock unit-month　03.0169
家畜日食量　daily intake for livestock　03.0167
家畜宿营法　animal night penning　01.0061
家畜行为　livestock behavior　02.0089
家庭牧场　family ranch　02.0519
荚果　pod　04.0029
假种皮　arillus　04.0033
兼性无融合生殖　facultative apomixis　04.0425
兼用草地　dual-purpose pasture　02.0524
拣拾压捆机　picker-baler　02.0579
捡球机　picking machine　06.0473
捡拾打捆　collecting and bundling　06.0287
检测样品制备　test sample preparation　06.0360
减少者　decreaser　02.0410
＊剪草机　lawn mower　06.0389
剪接受体　splice acceptor　05.0232
简单重复序列　simple sequence repeat, SSR　05.0007
简单轮回选择　simple recurrent selection　04.0426
简单引种　direct introduction　04.0427
简化检验　reduced test　04.0085
简化有限检验　reduced-limited test　04.0086
碱胁迫　alkaline stress　04.0428
间播　interseeding　04.0776
间断放牧　intermittent grazing　02.0618
间断分布　discontinuous distribution, disjunctive distribution　02.0090
间断共生　disjunctive symbiosis　02.0091
间行播种　inter-row sowing　06.0177
间接利用　indirect utilization　04.0674
间苗　thinning　06.0183
间作　interplant　06.0028
建群种　constructive species　02.0092
践踏　traffic　04.0810
鉴定　identification　04.0656
鉴定圃　evaluation nursery　04.0429
降水量　precipitation　03.0650
降水量保证率　accumulated frequency of precipitation　03.0679
降水量变率　precipitation variability　03.0680
降水临界值　critical precipitation　03.0678
降水强度　precipitation intensity　03.0651
降水资源　precipitation resources　03.0649
交播　overseeding　04.0778
交叉播种　cross sowing　06.0176
交互抗性　cross resistance　07.0217
交换率　exchange rate　05.0020
交配干扰　mating disruption　07.0249
交配系统　mating system　07.0398
交替放牧　alternate grazing　02.0493
胶体剂　colloidal formulation　07.0191
酵母单杂交　yeast one-hybrid　05.0213
酵母三杂交　yeast three-hybrid　05.0214
酵母双杂交　yeast two-hybrid　05.0212
酵母杂交　yeast hybrid　05.0211
接触传染　contagion　07.0327
接种　inoculation　07.0325
接种体　inoculum　07.0326
秸秆氨化　straw ammoniation　06.0326
秸秆发酵　straw fermentation　06.0324
秸秆饲料　straw feed　06.0327
秸秆微贮　straw microfermentation　06.0325
节水栽培　water-saving cultivation　06.0150
拮抗[作用]　antagonism　07.0360
DNA 结合蛋白　DNA binding protein　05.0226
RNA 结合蛋白　RNA binding protein　05.0227
结荚初期　early poding stage　06.0066
结荚盛期　full poding stage　06.0067
截伏流　intercepting current　02.0422
金边墙　great wall of Chin　08.0037
金龟子类　scarabs　06.0108
金针虫类　wireworms　06.0120
进化　evolution　02.0093
进化稳定性　evolutionary stability　02.0094
浸种　soaking　04.0123
禁牧　banned grazing　02.0444
禁用草地　forbidden rangeland　03.0157
茎[秆]节数　stem [stalk] segment number　06.0046
茎尖培养　shoot-tip culture　05.0066
茎生长习性　stem growth habit　06.0045

茎叶比 stem to leaf ratio 06.0084
茎叶质地 stem and leaf quality 06.0089
经度地带性 longitudinal zonation 03.0281
经济产量 economic yield 04.0430
经济价值 economic value 02.0547
经济损失允许水平 economic injury level 07.0259
经济性状 economic trait 04.0431
经济阈值 economic threshold, control index 07.0260
精饲料 concentrated feed 02.0617
精细作图 fine mapping 05.0017
精选种子 selected seed 04.0318
景观多样性 landscape diversity 03.0226
净度分析 purity analysis 04.0069
净能 net energy 02.0461
净丸粒种子 pure pellet 04.0154
竞争 competition 02.0095
竞争共存 competitive coexistence 02.0096
竞争排斥 competitive exclusion 02.0097
竞争排斥原理 competitive exclusion principle 02.0098
竞争平衡 competition equilibrium 02.0099
竞争替代 competitive displacement 02.0100
竞争系数 competition coefficient 02.0101
竞争学说 competition theory 02.0102
竞争种 competitive species 02.0103
厩肥 barnyard manure 02.0592
就地保护 *in situ* conservation 03.0231
居群 population 04.0651
菊科牧草 compositae forage 05.0236
巨型计算机 supercomputer 03.0417
拒食剂 antifeedant 07.0162
距离效应 distance effect 02.0104
聚合育种 pyramiding breeding 05.0245
聚集分布 aggregated distribution 07.0243
聚集信息素 aggregation pheromone 07.0246
聚乙二醇法 polyethylene glycol method 05.0161
决策树 decision tree 03.0448
绝对出生率 absolute natality 02.0105
绝对定量 absolute quantification 05.0219
绝对多度 absolute abundance 02.0106
绝对密度 absolute density 02.0107
绝对生长率 absolute growth rate 02.0108
绝对湿度 absolute humidity 03.0686
绝对死亡率 absolute mortality 02.0109
均匀分布 uniform distribution 07.0241
菌根 mycorrhiza 07.0328
菌核 sclerotium 07.0329
菌落 colony 07.0332

# K

喀斯特地貌 karst landform, karst physiognomy 03.0293
喀斯特平原 karst plain 03.0295
喀斯特作用 karst process 03.0294
开放牧场 open range 02.0110
开放日期 opening date 03.0158
开放授粉 open pollination 04.0432
*开放贮藏法 open storage method 04.0300
开沟培土与作垄 ditching, molding and ridging 06.0158
开花期 anthesis 06.0062
开花习性 flowering habit 04.0433
开垦草原 grassland reclamation 07.0097
坎儿井 karez 02.0589
抗病材料 disease-resistant material 04.0434
抗病毒 antivirulence 04.0435
抗病基因 disease-resistant gene 04.0436
抗病鉴定 disease-resistant evaluation 04.0437
抗病品种 disease-resistant variety 04.0438
抗病性 disease resistance 04.0439
抗虫品种 insect-resistant variety 04.0440
抗虫性 insect resistance 04.0441
抗除草剂 herbicide resistance 04.0442
抗倒伏性 lodging resistance 04.0443
抗风性 wind resistance 04.0444
抗寒性 cold resistance 04.0445
抗寒性鉴定 chilling resistance evaluation 04.0446
抗旱性 drought resistance 04.0675
*抗冷性 cold resistance 04.0445
抗逆性 stress resistance 04.0447
抗逆性鉴定 stress-resistance evaluation 04.0448
抗逆育种 stress-resistance breeding 04.0449
抗生素 antibiotic 07.0284
抗生性 antibiosis 07.0126
抗体 antibody 07.0355
抗性 resistance 07.0363

抗性锻炼 hardening 04.0450
抗性基因 resistant gene 04.0451
抗性基因频率 resistance gene frequency 07.0222
抗性苗 resistant plantlet 05.0129
抗性品种 resistant variety 04.0452
抗性筛选 resistance screening 05.0179
抗性愈伤组织 resistant callus 05.0128
抗锈性 rust resistance 04.0453
抗血清 antiserum 07.0359
抗药性 insecticide resistance 07.0216
抗药性监测 monitoring for insecticide resistance 07.0224
抗药性指数 insecticide resistance index 07.0223
抗药性治理 insecticide resistance management 07.0225
抗营养因子 antinutritional factor 04.0454
抗原 antigen 07.0358
考察搜集 investigation and collection 04.0649
考种 multiple-trait comprehensive assessment 04.0455
拷贝数 copy number 05.0169
颗粒剂 granule 07.0187
颗粒硬度 pellet hardness 06.0336
可变启动子 alternative promoter 05.0144
可变载畜率 variable stocking rate 02.0512
可持续发展评价指标体系 evaluation index system for sustainable development 03.0409
可持续发展综合评价信息系统 synthetical evaluation information system for sustainable development 03.0410
可持续消费 sustainable consumption 03.0259
可见光遥感 visible light remote sensing 03.0431
可逆性抑制剂 reversible inhibitor 07.0228
可燃物火险 combustible fire danger 07.0098
可溶性粉剂 soluble powder 07.0189
可湿性粉剂 wettable powder 07.0188
可食性 edibility 02.0549
可消化干物质 digestible dry matter 06.0214
可疑有毒植物 suspicious poisonous plant 02.0514
可再生资源地带性 renewable resources regionalization 03.0274
可再生资源非地带性 renewable resources non-regionalization 03.0275
可再生资源稳定度 stability of renewable resources 03.0277
可照时数 duration of possible sunshine 03.0573
克隆繁殖 clonal propagation 05.0247
克隆生长 clonal growth 02.0537
克隆载体 cloning vector 05.0039
客土 foreign soil 04.0781
垦荒地耕作 tillage of reclamation land 06.0165
空间尺度 spatial scale 02.0111
空间分布型 spatial distribution pattern 07.0124
空间隔离 spatial isolation 04.0456
空间诱变育种 space mutation breeding 04.0457
空间缀块性 spatial patchiness 02.0112
空种子 empty seed 04.0098
控制放牧 controlled grazing 02.0113
控制劣变 controlled deterioration 04.0263
控制论系统 cybernetic system 02.0114
枯草保存率 remaining rate of withered grass 03.0128
枯草层 thatch 04.0809
枯黄期 wilt stage 06.0070
枯萎 withered 02.0447
*枯枝落叶 litter 03.0127
块根 root tuber 06.0225
块茎 tuber 06.0226
快繁 rapid propagation 04.0458
宽行条播 sowing in broad drill 06.0171
宽窄行播 sowing in broad-narrow drill 06.0173
矿产资源信息 mineral resources information 03.0465
矿区复垦 reclamation of mining area 03.0250
昆虫病原病毒 entomopathogenic virus 07.0148
昆虫病原微生物 entomopathogenic microorganism 07.0145
昆虫病原细菌 entomopathogenic bacterium 07.0147
昆虫病原线虫 entomopathogenic nematode 07.0149
昆虫病原真菌 entomopathogenic fungus 07.0146
昆虫不育防治 insect control by sterilization 07.0119
昆虫生长调节剂 insect growth regulator 07.0168
扩繁 propagation 04.0692
扩散竞争 diffuse competition 02.0115
扩散协同进化 diffuse coevolution 02.0116
扩散性干扰 diffuse disturbance 02.0117
扩增片段长度多态性 amplified fragment length polymorphism, AFLP 05.0005

# L

蜡熟期 dough stage 06.0065
来源地 sample source 04.0616
狼尾草 *Pennisetum alopecuroides* 04.0590
老化草地 aged grassland, old grassland 02.0118
勒勒车 lele che 08.0044
类病毒 viroid 07.0343
类禾草 grasslike 02.0423
冷藏库 cold storageroom 04.0296
*冷地型草坪草 cool-season turfgrass 04.0723
冷害 cool damage 03.0707
冷季放牧草地 grazing rangeland for cold season 03.0153
冷季型草坪草 cool-season turfgrass 04.0723
冷却度日 cooling degree-day 03.0630
冷胁迫 cold stress 04.0459
离散世代 discrete generation 02.0119
离散型干扰 discrete disturbance 02.0120
离体胚测定 excised embryo test 04.0129
离体培养 *in vitro* culture 04.0460
立枯物 standing litter 02.0619
利用单元 utilization unit 02.0482
利用方式 utilization way 04.0672
连锁遗传 linkage inheritance 05.0019
连续放牧 continuous grazing 02.0495
连续回交 continuous backcross 04.0461
连续性降水 continuous precipitation 03.0653
镰刀菌枯萎病 fusarium blight 04.0803
炼苗 hardening off seedling 05.0071
链条式草捆捡拾机 chain strapping pick-up machine 06.0414
良质牧草 good forage 03.0030
粮饲兼用型 dual-purpose of grain and forage 04.0462
两年生牧草 biennial forage 03.0034
晾晒干草 dry hay 06.0261
劣质牧草 poor forage 03.0033
裂荚性 pod spliting habit 06.0081
林带热力效应 thermal effect of shelterbelt 03.0646
林业资源信息 forest resources information 03.0463
临界水分 critical moisture content 04.0278
临界贮草量 critical pasturage 01.0022
临时草地 temporary pasture 02.0401
临时草坪 temporary turf 04.0708
临时放牧地 temporary grazing grassland 03.0135
临时割草地 temporary mowing pasture 02.0571
临时证书 provisional certificate 04.0167
灵活性轮牧 flexible rotational grazing 02.0566
零牧 zero grazing 02.0456
零排放 zero discharge 03.0253
龄组 age group 02.0121
领域行为 territory behavior 07.0400
留茬高度 stubble height 06.0255
流动观测 moving observation 03.0365
流胶 gummosis 07.0331
柳枝稷 switchgrass, *Panicum virgatum* 04.0586
龙骨瓣 keel 04.0025
垄作与深松耕法 ridge culture and subsoiling tillage method 06.0163
蝼蛄类 mole crickets 06.0121
搂草 crouching grass 06.0300
搂草机 rake 06.0394
漏割带 cutting with leakage 02.0590
芦竹 *Arundo donax* 04.0595
露 dew 03.0666
露点 dew point 03.0612
露点差 depression of dew point 03.0613
露天堆垛 open-air stack 06.0288
露天贮藏 open-air storage 06.0204
旅游资源信息 tourism resources information 03.0470
绿色消费 green consumption 03.0261
绿洲草原文化 oasis grassland culture 08.0020
轮回表型选择法 recurrent phenotypic selection 04.0463
轮回亲本 recurrent parent 04.0464
轮回选择 recurrent selection 04.0465
轮牧小区 paddock 02.0487
轮牧周期 rotational grazing cycle 02.0400
*轮纹病 ring spot 07.0316
轮刈制度 mow roration system 06.0195
轮作 rotation 06.0031
落粒性 shattering habit 06.0082
落叶 defoliation 02.0450

# M


马背民族　horseback nation　08.0013
马奶酒　kumiss　08.0118
马头琴　morin khuur　08.0047
满天星放牧　whole area grazing　02.0498
满文　Manchu script　08.0068
满族文化　Manchu culture　08.0067
曼德拉山岩画　Mandela mountain rock painting　08.0111
蔓生型杂草　trailing weed　07.0381
慢性灭鼠剂　subacute rodenticide　07.0393
芒　Chinese silvergrass, *Miscanthus sinensis*　04.0587
盲蝽类　capsids　06.0110
毛毛雨　drizzle　03.0658
毛状根系统　hairy root system　05.0207
锚定 PCR　anchored PCR　05.0037
梅雨　meiyu, plum rain　03.0681
酶联免疫吸附测定　enzyme-linked immunosorbent assay, ELISA　05.0182
霉　mold　07.0317
萌芽期　germination stage　04.0466
蒙古包　ger, yurt　08.0043
蒙古袍　Mongolian gown　08.0050
蒙古文　Mongolian writing　08.0039
蒙古象棋　Mongolian chess　08.0051
蒙古族长调民歌　Mongolian long-tune folk song　08.0052
蒙古族政策　Mongolian policy　08.0070
蒙医学　Mongolian medicine　08.0049
蒙元文化　Mongol-Yuan culture　08.0038
盟旗制度　League-Banner system　08.0069
觅食对策　foraging strategy　07.0396
觅食理论　foraging theory　02.0122
泌乳净能　lactation net energy　02.0466
密丛型　dense bunch type　06.0143
密度　density　03.0126
密度比　density ratio　02.0123
密度补偿　density compensation　02.0124
密度测度　density measure　02.0125
密度效应　density effect　02.0126
密度制约　density dependence　02.0127
密度制约因子　density dependent factor　02.0128
密封贮藏法　sealed storage method　04.0299
蜜腺　nectary　04.0027
免耕法　no-tillage method　06.0164
免疫　immune　07.0365
免疫性　immunity　07.0366
描述样方　descriptive quadrat　03.0129
灭活原生质体融合　inactivated protoplast fusion　05.0087
灭生性除草剂　non-selective herbicide　07.0174
灭生性除莠剂　sterilant herbicide　06.0182
灭鼠剂　rodenticide　07.0170
模辊式饲草压饼机　mold roller forage grass briquetting machine　06.0445
模块移动式草坪　modular mobile turf　04.0839
模式植物　model plant　04.0467
磨碎　grinding　04.0141
＊蘑菇圈　fairy ring　04.0799
耱地　smoothing　06.0155
木本饲料　woody feed　06.0246
木本植物　woody plant　02.0426
木本植物嫩枝叶　woody plant browse　02.0402
目标性状　target trait　04.0468
苜蓿的秋眠性　alfalfa fall dormancy　06.0242
苜蓿荚果　alfalfa pod　04.0182
苜蓿象甲　alfalfa weevil　06.0103
苜蓿蚜　alfalfa aphid　06.0113
苜蓿夜蛾　alfalfa armyworm　06.0104
苜蓿籽蜂　alfalfa seed chalcid　06.0111
＊牧草　forage　06.0232
牧草播种机　forage seeder　06.0380
牧草槽轮式播种机　herbage sheave seeder　06.0382
牧草凋萎期　grass wilting period　02.0576
牧草风干重　air-dried weight　03.0109
牧草干燥后期　late period of hay drying　02.0577
牧草干燥机　forage dryer　06.0448
牧草耕播机　grass tillage-sowing machine　04.0192
牧草耕作机　forage cultivation machine　06.0369
牧草供给　forage supply　01.0064
牧草供给量　forage allowance　01.0068
牧草烘干重　oven-dried weight　03.0110
牧草及饲料作物育种学　pasture and forage crop breeding　04.0469
牧草捡拾损失率　collecting loss rate on forage　06.0291
牧草抗性育种　forage-resistance breeding　04.0470

牧草品质改良 forage-quality improvement 04.0471
牧草品种 forage variety 04.0472
牧草气吹式播种机 herbage blowing-type seeder 06.0383
牧草气吸式播种机 herbage suction-type seeder 06.0384
牧草青饲 forage green feeding 06.0289
牧草撒播机 herbage broadcast sower 06.0381
牧草适口性 forage palatability 03.0039
牧草收获机 forage harvesting machine 06.0388
牧草松土补播机 grassland cultivator-drill 04.0190
牧草退化 forage degeneration 02.0129
牧草学 forage science 01.0007
牧草压缩损失率 forage compression loss rate 06.0292
牧草遗传育种学 forage genetics and breeding science 01.0008
牧草营养价值 nutritive value of forage 03.0111
牧草育种 forage breeding 04.0473
牧草栽培 forage cultivation 03.0036
牧草栽培学 forage cultivation science 01.0010
牧草再生 forage reproducibility 02.0130
牧草种质资源 forage germplasm resources 04.0598
牧草种质资源库 forage germplasm resources bank 04.0297
牧草种质资源学 forage germplasm resources science 01.0009
牧草种子 forage seed 04.0001
牧草种子采集机 grass seed collecting harvester 04.0191
牧草种子产量 forage seed yield 04.0172
牧草种子除芒机 grass seed de-awner 04.0193
牧草种子公司 forage seed company 04.0194
牧草种子化学成分 chemical composition of forage seed 04.0049
牧草种子加工 processing of forage seed 04.0184
牧草种子联合收割机 herbage seed combine-harvester 06.0386
牧草种子排种器 grass seed metering device 04.0189
牧草种子生产 forage seed production 04.0171
牧草种子生产基地 specific farm for forage seed production 04.0187
牧草种子生产区划 regionalization of forage seed production 04.0177
牧草种子收获方法 harvesting method of forage seed 04.0188
牧草种子收获机 herbage seed harvesting machine 06.0385
牧草种子行政处罚 forage seed administrative penalty 04.0196
牧草种子行政复议 forage seed administrative reconsideration 04.0197
牧草种子行政监察 forage seed administrative supervision 04.0195
牧草种子站杆采集机 herbage seed rod collecting machine 06.0387
牧草总损失率 grass total loss rate 06.0353
牧场 pasture 01.0028
牧场使用者 pasture user 01.0036
牧场主 rancher 01.0038
牧道 stock driveway 01.0049
牧工 hired herdsman 01.0037
牧民 herder 01.0035
牧区减灾投入 pastoral area input for disaster mitigation 07.0099
牧区受灾人口 pastoral area disaster affected population 07.0100
牧区应灾能力 pastoral area disaster response capacity 07.0101
牧区应灾能力评估 assessment of pastoral area disaster response capacity 07.0102
牧区灾后重建 post-disaster reconstruction of pastoral area 07.0103
*牧人 herder 01.0035
牧业气候资源 animal husbandry climatic resources 03.0479

## N

那达慕 nadam 08.0046
那颜 Noyan 08.0058
纳米颗粒介导的转基因 nanoparticle-mediated transgene 05.0165
奶茶 milk tea 08.0122
奶豆腐 hurood 08.0120
奶酪 cheese 08.0123
奶皮子 vrum 08.0119

奶油　cream　08.0121
耐病性　disease tolerance　04.0474
耐低刈　lower-stem-cutting tolerance　04.0475
耐害性　tolerance to insect　07.0127
耐寒作物　hardy crop　06.0217
耐旱性　drought tolerance　04.0476
耐瘠薄　barren tolerance　04.0477
耐碱性　alkali tolerance　04.0478
耐践踏性　traffic tolerance, trampling tolerance　04.0479
耐涝性　flooding tolerance　04.0480
耐磨损性　wear tolerance　04.0865
耐牧　grazing tolerance　02.0131
耐牧型　type of resistance to grazing　02.0132
耐热性　heat resistance　04.0481
耐沙埋　sand-burial tolerance　04.0482
耐霜冻性　frost tolerance　04.0676
耐酸性　acid resistance　04.0483
耐盐碱性　salinity tolerant　04.0677
耐盐品种　salinity-tolerance cultivar　04.0484
耐盐性　salt tolerance　04.0485
耐荫性　shade tolerance　04.0486
耐贮藏能力　resistant to storage capacity　04.0160
南荻　*Triarrhena lutarioriparia*　04.0589
南非草原　veld　01.0044
南美草原　pampas　01.0043
难利用草地　hard-to-use rangeland　03.0156
内禀增长率　innate rate of increase　07.0233
内寄生　endoparasitism　07.0140
内寄生物　endoparasite　07.0351
内联网　intranet　03.0424
内生菌　endophyte　05.0256
内生真菌　endophytic fungi, endomycete　05.0178
内吸剂　systemic insecticide　07.0161
内吸性除草剂　inner absorbent herbicide　07.0176
内吸选择性除莠剂　internal selective herbicide　02.0598
能力验证　proficiency test　04.0169
能饲兼用型　dual-purpose of energy and animal feeding　04.0487
能源草　energy grass　04.0570
能源草规模化种植　large-scale cultivation of energy grass　04.0571
能源草品种　energy grass variety　04.0488
能源草生物质发电　biomass-generated electricity of energy grass　04.0572
能源植物定植　energy plant colonization　04.0585
能源资源信息　energy resources information　03.0466
泥石流　debris flow　03.0300
逆境　stress environment　04.0489
逆境生理　stress physiology　05.0254
逆境栽培　stress cultivation　06.0149
逆温层　inversion layer　03.0611
年较差　annual range　03.0537
年均温　mean annual temperature　06.0134
年龄分布　age distribution　02.0133
年龄结构　age structure　02.0134
年龄组成　age composition　02.0135
年平均　annual mean　03.0538
黏虫类　armyworms　06.0115
黏合剂　adhesive　06.0340
黏着剂　sticker　07.0182
尿斑　urine patch　01.0067
牛单位　cattle unit　01.0026
牛肉干　beef jerky　08.0127
扭曲结构　twisted structure　04.0107
农杆菌转化　*Agrobacterium*-mediated transformation　05.0146
农田辐射平衡　radiation balance in field　03.0593
农田潜热交换　latent heat exchange in field　03.0643
农田热量平衡　heat balance in field　03.0641
农田土壤热交换　heat exchange in field soil　03.0644
农田显热交换　sensible heat exchange in field　03.0642
农药　pesticide　07.0150
农业界限温度　agricultural threshold temperature　03.0619
农业气候区划　agroclimatic division　03.0518
农业气候指标　agroclimatic index　03.0528
农业气候资源　agroclimatic resources　03.0478
农业资源信息　agricultural resources information　03.0462
农艺性状　agronomic trait　06.0072
农作物遥感估产　crop yield estimation by remote sensing　03.0505
浓悬浮剂　suspension concentrate　07.0190
*暖地型草坪草　warm-season turfgrass　04.0724
暖季放牧草地　grazing rangeland for warm season　03.0155
暖季型草坪草　warm-season turfgrass　04.0724
暖性草丛　warm tussock　03.0054
暖性灌草丛　warm shrub tussock　03.0055

诺培扦样器　Nobbe trier　04.0061
女真文　Jurchen script　08.0036
女真文化　Jurchen culture　08.0035

## O

欧亚大陆草原　steppe　01.0041
偶见种　accidental species　02.0136

## P

耙地　harrowing　06.0154
耙地机　grass grader machine　06.0379
排除放牧　exclusion of grazing　02.0443
*潘帕斯　pampas　01.0043
胚分离　excision of embryo　04.0134
胚胎培养　embryo culture　05.0063
胚性愈伤组织　embryogenic callus　05.0054
胚拯救技术　embryo rescue technique　05.0077
配合饲料　compound feed　06.0345
喷播机　spray seeding machine　06.0457
喷播技术　hydroseeding technology　04.0768
喷粉法　dusting method　07.0200
喷灌　spray irrigation　02.0420
喷雾法　spray method　07.0199
盆地　basin　03.0288
皮带式圆捆机　belt-type round baler　06.0405
皮肤磨损性　skin abrasion　04.0858
偏害共生　amensalism　02.0137
偏利共生　commensalism　02.0138
偏利共生生物　commensal　02.0139
偏途顶极　deflected climax　02.0140
偏途性波动　deflected fluctuation　02.0141
偏途演替　deflected succession　02.0142
频度样方　frequency quadrat　03.0131
品系　strain　04.0634
品种　variety, cultivar　04.0490
品种纯度　variety purity　04.0151
品种纯度单项认证　variety purity individual certification　04.0339
品种复审　variety review　04.0322
品种命名　variety denomination　04.0321
品种释放　variety release　04.0320
品种真实性　variety verification　04.0150
品种质量　variety quality　04.0307
平地机　land leveler　06.0465
平模制粒机　flat die pelleter　06.0437
平台资源号　platform resources number　04.0602
平原　plain　03.0287
评价　evaluation　04.0659
坪床　seedbed　04.0753
坪床结构　seedbed structure　04.0754
坪床坡度　turfgrass bed gradient　04.0758
坪用特性　turf characteristic　04.0730
铺植草皮　sodding　04.0772
匍匐型　creeping type　06.0145
匍匐型杂草　creeping stem weed　07.0380
*普雷里　prairie　01.0042
普通青贮　ordinary silage　02.0568
普通贮藏法　regular storage method　04.0300
普通贮藏库　ordinary storageroom　04.0295

## Q

栖息地选择　habitat selection　07.0397
其他科牧草　other forage　06.0216
其他植物种子数测定　determination of other seeds by number　04.0082
骑猎文化　riding and hunting culture　08.0017
蛴螬　grub　04.0805
旗瓣　standard　04.0023
启动子　promoter　05.0134
起火点　point of origin　07.0104
气传病害　aero-borne disease　07.0369
气候　climate　03.0483
气候变化　climatic change　03.0484
气候变率　climatic variability　03.0486
气候变迁　climatic variation　03.0485

气候重建 climatic reconstruction 03.0511
气候带 climatic belt 03.0524
气候恶化 climatic deterioration 03.0512
气候非周期性变化 climatic non-periodic variation 03.0509
气候概率 climatic probability 03.0510
气候环境 climatic circumstance 03.0507
气候考察 climatological survey 03.0501
气候敏感性 climatic sensitivity 03.0487
气候模拟 climate simulation 03.0492
气候模式 climate model 03.0493
气候评价 climatological assessment 03.0491
气候情报 climatological information 03.0502
气候区划 climatic division 03.0517
气候趋势 climatic trend 03.0488
气候适应 acclimatization 03.0494
气候相似原理 climatic analogy 03.0497
气候信息 information of climate 03.0503
气候型 climatic type 03.0495
气候驯化 climatic domestication 02.0143
气候异常 climatic anomaly 03.0490
气候影响评价 climatic impact assessment 03.0516
气候预报 climatic forecast 03.0498
气候振动 climatic fluctuation 03.0489
气候指标 climatic index 03.0499
气候志 climatography 03.0496
气候周期性变化 climatic periodic variation 03.0508
气候资源 climatic resources 03.0474
气候资源保护 climatic resources protection 03.0520
气候资源调查 climatic resources survey 03.0500
气候资源分类 climatic resources classification 03.0477
气候资源分析方法 method of climatic resources analysis 03.0519
气候资源评价 climatic resources assessment 03.0481
气候资源生产潜力 climatic potential productivity 03.0539
气候资源特征 character of climatic resources 03.0482
气候资源信息 climatic resources information 03.0461
气候资源学 science of climatic resources 03.0473
气候资源要素 climatic resources element 03.0475
气流干燥设备 airflow drying equipment 06.0452
气温 air temperature 03.0600
气温直减率 temperature lapse rate 03.0604
气象火险 meteorological fire danger 07.0105
气象要素 meteorological element 03.0476
契丹文 Khitan script 08.0033
契丹文化 Khitan culture 08.0032
器械灭鼠 mechanical control of rodent pest 07.0402
千粒重 1000-grain weight 06.0088
扦插育苗 cuttage propagation 04.0491
*扦样 sampling 04.0050
迁飞 migration 07.0230
前对照小区 pre-control plot 04.0332
前进式放牧 advancing grazing 02.0499
潜伏病毒 latent virus 07.0307
潜伏侵染 latent infection 07.0291
潜热 latent heat 03.0639
潜水 phreatic water 02.0418
潜育期 incubation period 07.0308
潜在蒸发 potential evaporation 03.0690
潜在蒸散 potential evapotranspiration 03.0693
潜在种子产量 potential seed yield 04.0174
浅层水 superficial groundwater 02.0419
浅翻灭茬 shallow tillage and stubbing 06.0153
浅耕翻 shallow tillage 02.0415
欠补偿 under-compensation 02.0510
嵌合体 chimera 05.0076
切边 edging 04.0812
切割扩增多态性序列 cleaved amplified polymorphism sequence, CAPS 05.0008
切割压扁机 cutting and flattening machine 02.0573
切根 root cutting 02.0416
切叶蜂 leaf-cutter bee 04.0026
侵害 disoperation 02.0144
侵染 infection 07.0286
侵染性 infectivity 07.0287
侵染性病害 infectious disease 07.0269
侵染循环 cycle of infection 07.0292
侵入方式 mode of entry 07.0293
侵入者 invader 02.0411
青干草贮藏 green hay storage 06.0244
青绿饲料 green forage 06.0293
青刈饲料 green chop 06.0252
青贮 silage 06.0302
青贮壕 bunker silo 06.0426
青贮缓冲能 silage buffer energy 06.0316
青贮机 silage machine 06.0420
青贮窖 silo pit 06.0425

青贮设施　silage facility　06.0424
青贮饲草收割机　forage harvester, silage harvester　06.0422
青贮饲草收获机　silage forage harvesting equipment　06.0421
青贮饲料　silage feed　06.0219
青贮塔　tower silo　06.0427
青贮糖差　carbohydrate difference of silage　06.0317
青贮微生物　silage microorganism　06.0318
青贮有机酸评定方法　organic acid assessment method of silage　06.0321
青贮有氧稳定性　aerobic stability of silage　06.0319
青贮贮成率　rate of ensiling　06.0322
轻度放牧　light grazing　02.0452
轻度扭曲　loosely twisted　04.0106
轻度退化　light degradation　02.0582
轻微缺陷种苗　seedling with slight defect　04.0091
清蛋白　albumin　04.0040
秋草　autumn grass　02.0574
秋茬地土壤耕作　soil tillage of autumn raft land　06.0162
秋季牧场　autumn pasture　01.0032
球蛋白　globulin　04.0041
球道　fairway　04.0836
球反弹性　ball rebound　04.0855
球滚动距离　ball roll distance　04.0863
球痕　ball mark　04.0864
区别种　differential species　02.0145
区域性群落　zonal community　02.0331
趋光性　phototaxis　07.0265
趋化性　chemotaxis　07.0264
趋声性　phonotaxis　07.0266
趋同适应　convergent adaptation　02.0146
趋性　taxis　07.0261
趋异　divergence　02.0147
趋异进化　divergent evolution　02.0148
趋异适应　divergent adaptation　02.0149
取样　sampling　04.0050
*去芒　de-awning　04.0181
全国统一编号　accession number　04.0601
全年放牧草地　all-year grazing rangeland　03.0154
全球变暖　global warming　03.0302
全球定位系统　global positioning system, GPS　03.0452
全人工型坪床　artificial seedbed　04.0757
全试样　whole working sample　04.0070
缺失　deficiency　05.0112
缺水草地　water deficit rangeland　03.0149
缺体　nullisomic　05.0105
群落　community　02.0150
群落动态　community dynamics　02.0151
群落分类　community classification　02.0152
群落复合体　community complex　02.0153
群落交错区　ecotone　02.0154
群落结构　community structure　02.0155
群落类型　community type　02.0156
群落平衡　community equilibrium　02.0157
群落趋同　community convergence　02.0158
群落生境　biotope　02.0159
群落生态学　community ecology　02.0160
群落稳定性　community stability　02.0161
群落演替　community succession　02.0162
群落组成　community composition　02.0163
群体品种　population cultivar　04.0492
群体选择　bulk selection　04.0422

# R

染色体变异　chromosome variation　05.0244
*染色体步查　chromosome walking　05.0035
染色体步移　chromosome walking　05.0035
染色体附加　chromosome addition　05.0106
染色体加倍　chromosome doubling　04.0493
染色体结构异常　abnormal chromosome structure　05.0110
染色体取代　chromosome substitution　05.0109
染色体消减　chromosome diminution　05.0103
染色质免疫共沉淀测序　chromatin immune coprecipitation sequencing　05.0221
热不对称交错 PCR　thermal asymmetric interlaced PCR, tail-PCR　05.0036
热带草地　tropical grassland　02.0164
热带荒漠　hot desert　02.0166
热带牧草　tropic herbage　02.0165
热害　hot damage　03.0706
热红外遥感　thermal infrared remote sensing　03.0433

热汇　heat sink　03.0638
热浪　heat wave　03.0648
热量平衡　heat balance　03.0636
热量资源　heat resources　03.0599
热性草丛　tropical tussock　03.0056
热性灌草丛　tropical shrub tussock　03.0057
热源　heat source　03.0637
热增耗　heat increment　02.0168
热值　calorific value　02.0169
人工草地　artificial grassland　05.0239
人工草地标准干草　standard hay of artificial grassland　03.0026
人工防除杂草　manual weed control　06.0181
人工干燥　artificial drying　02.0581
人工加速老化　artificial accelerated aging　04.0262
人工降水　artificial precipitation　03.0676
人工气候室　phytotron　03.0523
人工小气候　artificial microclimate　03.0522
人工选择　artificial selection　04.0494
人工影响气候　climate modification　03.0521
人工诱变　artificial mutation　04.0495
人工种子　artificial seed　05.0072
人口资源信息　population resources information　03.0468
人造草坪　artificial turf　04.0750
认证标签　certified label　04.0328
认证标准及要求　certification standard and requirement　04.0319
认证二代种子　certified seed of second generation　04.0314
认证一代种子　certified seed of first generation　04.0313
日较差　diurnal range　03.0536
日粮放牧　ration grazing　02.0445
日牧草给量　daily herbage allowance　02.0170
日增重　daily gain　02.0171
日照百分率　percentage of sunshine　03.0574
日照时数　sunshine duration　03.0572
日灼　sun scald　03.0598
容许差距　admissible deviation　04.0120
溶剂　solvent　07.0180
融合子　fusant　05.0093
冗余理论　redundancy theory　02.0606
冗余种　species redundancy　02.0377
乳化剂　emulsifier　07.0179
乳熟期　milk stage　06.0064
乳油　emulsifiable concentrate　07.0186
入侵植物　invasive plant　05.0240

# S

撒播　broadcast sowing　06.0169
撒播机　broadcast sower　06.0458
萨瓦纳　savanna　02.0172
萨瓦纳草地类组　super-classe of savanna　02.0173
塞沃里放牧　savory grazing　02.0174
塞植　plugging　04.0770
三基点温度　three fundamental points temperature　03.0617
三元种植结构　three-component cropping system　06.0032
伞形花序　umbel　04.0018
散布　dispersal　02.0175
散布障碍　dispersal barrier　02.0176
散草　disperse grass　06.0264
散草捡拾运输车　scattered grass pickup truck　06.0419
森林草原　forest steppe, sylvosteppe　02.0177
森林辐射平衡　radiation balance in forest　03.0594
森林热量平衡　heat balance in forest　03.0645
森林碳循环　carbon cycle of forest　03.0550
杀虫剂　insecticide　07.0155
杀菌剂　fungicide, bactericide, germicide　07.0154
杀螨剂　acaricide, miticide　07.0153
杀线虫剂　nematocide　07.0152
沙尘暴　sandstorm　03.0307
沙地草原　sand steppe　02.0178
砂上　top of sand　04.0117
砂中　in sand　04.0118
莎草科植物　Cyperaceae plant, sedge　02.0405
筛选标记基因　selectable marker gene　05.0139
筛选培养　screening culture　05.0127
筛选压　selection pressure　05.0181
山地　mountain　03.0286
山地草地　mountain grassland　02.0180
山地草甸　mountain meadow　02.0181
山地草甸草原土　mountain meadow-steppe soil　02.0182
山地草甸土　mountain meadow soil　02.0183
山地草原　mountain steppe　02.0184

山地放牧地　mountain pasture　02.0186
山地气候　mountain climate　03.0531
山地畜牧业　animal husbandry in the mountainous region　02.0185
山区气候资源特征　character of mountain climatic resources　03.0515
膳食纤维　dietary fiber　06.0347
伤口寄生物　wound parasite　07.0297
商品种子　commercial seed　04.0315
上层放牧　top grazing　02.0187
上繁草　top leaf grass　02.0463
烧草　burning　02.0188
烧草地　burned-over land　02.0189
少年生　short-lived　06.0146
舍饲　barn feeding　02.0609
社会经济信息　social-economic information　03.0469
社群序位　social hierarchy　07.0399
射线处理　ray treatment　06.0329
X 射线检验　X-ray test　04.0168
赦免家畜　exempt stock　02.0190
神经毒素　neurotoxin　07.0166
审定种子　certified seed　04.0325
审定种子等级　certified seed class　04.0308
渗入系　introgression line　05.0119
渗透调节　osmotic condtioning　04.0267
生草表层　plaggen epipedon　02.0191
生草黑土　black turfy soil　02.0192
生草灰化土　soddy podzolic soil　02.0193
生草土　soddy soil, turfy soil　02.0194
生产工农业用酶　production of industrial and agricultural using enzyme　05.0186
生产价值　productive value　02.0546
生产力　productivity　02.0437
生产力与多样性关系　productivity-diversity relationship　02.0195
生产特殊碳水化合物　production of special carbohydrate　05.0187
生产者　producer　02.0196
生化抗虫性　biochemical insect resistance　07.0130
生活力生化测定　biochemical test for viability　04.0128
生境　habitat　02.0199
生境隔离　habitat segregation, habitat separation　02.0200
生境型　habitat type　02.0201
生理适应性　physiological adaptation　04.0496
生理小种　physiological race　07.0302
生理需水　physiological water requirement　03.0695
生命表　life table　07.0238
生态保护　ecological conservation　03.0240
生态表型　ecophenotype　02.0202
生态补偿　ecological compensation　03.0251
生态参照区　ecological reference area, ERA　02.0203
生态草　ecological grass　04.0497
生态草业　ecological grass industry　02.0204
生态场　ecological field　02.0205
生态承载力　ecological capacity　03.0215
生态赤字　ecological deficit　03.0216
生态村　ecological village　03.0255
*生态单元　biotope　02.0159
生态地境　ecological site　02.0206
生态动力学　eco-dynamics, eco-kinetics　02.0207
生态对策　ecological strategy　02.0208
生态对策矛盾　contradiction between ecological strategy　03.0208
生态反馈　ecological feedback　02.0209
生态防治　ecological prevention and treatment　02.0210
生态分布　ecological distribution　02.0211
生态分类　ecological classification　02.0212
生态幅　ecological amplitude　02.0213
生态隔离　ecological isolation　02.0214
生态工程　ecological engineering　03.0243
生态规划　ecological planning　03.0242
生态过程　ecological process　02.0215
生态环境　ecological environment　02.0216
生态恢复　ecological restoration　02.0217
生态价　ecovalue　02.0218
生态景观　ecoscape, eco-landscape　02.0219
生态流　ecological flow　02.0220
生态旅游　ecotourism　02.0620
生态模拟　ecological simulation　02.0221
生态耐性　ecological tolerance　02.0222
生态年龄　ecological age　02.0223
生态农业　ecological agriculture　03.0244
生态平衡　ecological balance　03.0210
生态气候　ecoclimate　02.0224
生态群　ecological group　02.0225
生态入侵　ecological invasion　02.0226
生态省　ecological province　03.0257
生态示范区　ecological demonstration region　03.0254

生态适应性　ecological adaptability　02.0227
生态特性　ecotype character　02.0228
生态位　niche　02.0229
生态位重叠　niche overlap　02.0231
生态位分离　niche separation　02.0230
生态系统　ecosystem　02.0232
生态系统多样性　ecosystem diversity　03.0225
生态系统发育　ecosystem development　02.0233
生态系统服务　ecosystem service　03.0213
生态系统服务价值　ecosystem service value　03.0228
生态系统功能　ecosystem function　02.0234
生态系统环境　ecosystem environment　02.0235
生态系统结构　ecosystem structure　02.0236
生态系统稳定性　ecosystem stability　02.0237
生态系统稳态机制　stabilization mechanism of ecosystem　03.0211
生态县　ecological county　03.0256
生态消费　ecological consumption　03.0260
生态效率　ecological efficiency　03.0209
生态胁迫　ecological stress　03.0212
生态型　ecotype　04.0635
生态型选择　ecotype selection　02.0238
生态需水　ecological water requirement　03.0696
生态畜牧业　ecological animal husbandry　03.0245
生态学家　ecologist　02.0239
生态演替　ecological succession　03.0207
生态盈余　ecological remainder　03.0217
生态灾害　ecological disaster　03.0219
生态治理　ecological management　07.0115
生态足迹　ecological footprint　03.0214
生物安全　bio-safety　03.0233
生物测定　bioassay　07.0206
生物除草　biological weed control　07.0388
生物地球化学循环　biogeochemical cycle　03.0193
生物多样性　biological diversity　02.0240
生物多样性保护　biodiversity conservation　03.0227
生物多样性保护策略　strategy for biodiversity protection　03.0238
生物多样性编目　biodiversity inventory　03.0239
生物反应器　bioreactor　05.0183
生物防治　biological control　07.0116
生物隔离　biological isolation　02.0241
生物固氮　biological nitrogen fixation　05.0255
生物量　biomass　02.0242
生物量动态　biomass dynamic　02.0243
生物灭鼠　biological control of rodent pest　07.0404
生物能　biotic energy　02.0244
生物农药　biological pesticide　07.0151
生物气候定律　bioclimatic law　03.0513
生物圈保护区　biosphere reserve　03.0237
生物群落　biotic community, biocoenosium　02.0245
生物入侵　biological invasion　02.0246
生物生产力　biological productivity　02.0247
生物饲料　biological feed　06.0251
生物网　biological network　02.0248
生物围栏　biological fence　02.0595
*生物小区　biotope　02.0159
生物型　biotype　02.0249
生物学零度　biological zero point　03.0618
生物因子　biotic factor　02.0250
生物质　biomass　04.0554
生物质产量　biomass production, biomass yield　04.0560
生物质储藏　biomass storage　04.0580
生物质固体成型燃料　densified solid biomass fuel　04.0575
生物质降解　biomass degradation　04.0562
生物质密度　biomass density　04.0576
生物质能源　bioenergy, biomass energy　04.0555
生物质能源产品　bioenergy product, biomass energy product　04.0556
生物质能源产业　bioenergy industry, biomass energy industry　04.0559
生物质能源密度　biomass energy density　04.0577
生物质气化　biomass gasification　04.0566
生物质热裂解　biomass thermal cracking　04.0567
生物质收获　biomass harvest　04.0578
生物质预处理　biomass pretreatment　04.0561
生物质原料　biomass feedstock　04.0557
生物质原料标准化生产技术　biomass feedstock standardization production technique　04.0581
生物质原料供应体系　biomass feedstock supply system　04.0584
生物质原料品质　biomass feedstock quality　04.0558
生物质原料生产标准化体系　biomass feedstock production standardization system　04.0582
生物质原料收储运体系　biomass feedstock logistic system　04.0583
生物质运输　biomass transportation　04.0579

生物质转化　biomass conversion　04.0563
生物质转化效率　biomass conversion efficiency　04.0564
生物资源信息　biological resources information　03.0464
生育期　growth and development period　02.0251
生育天数　reproduction days　04.0498
生长　growth　06.0237
生长大周期　grand period of growth　02.0252
生长季　growing season　02.0253
生长率　growth rate　02.0254
生长期　growing period　03.0634
生长潜力　growth potential　04.0159
生长天数　growth days　04.0499
生长习性　growth habit　04.0851
生长型　growth form　02.0255
生长植株检查　examination of growing plant　04.0139
生长指数　growth index, GI　02.0256
生殖期　breeding period　02.0257
牲畜货币　livestock money　08.0104
盛花期　full-bloom stage　06.0063
盛行风　prevailing wind　03.0563
剩余量　remainder　02.0442
施肥机　fertilizer applicator　06.0461
湿草地群落　telmathium　02.0259
湿草甸　wet meadow, moist meadow　02.0260
湿地　wet land　02.0258
湿害　wet damage　03.0702
湿期　wet spell　03.0700
湿润度　moisture index　03.0705
湿润剂　wetting agent　07.0178
湿润气候　humid climate　03.0535
时间隔离　temporal isolation　04.0500
实际生态位　realized niche　02.0261
实际种子产量　harvested seed yield　04.0176
实时 PCR　real time PCR　05.0222
实时荧光定量 PCR　real time fluorogenic quantitative PCR　05.0176
实用型草坪　utility turf　04.0698
食物当量　food equivalent unit, FEU　02.0262
食物链　food chain　02.0263
食物网　food web　02.0264
食性　food habit　07.0251
食用草　edible grass　04.0501
史诗　epic　08.0087
始花期　initial time of flowering　06.0061
始牧期　initial grazing　02.0265
示踪信息素　trail pheromone　07.0247
世纪演替　centenary succession　02.0266
世界遗产地　world heritage site　03.0223
世界自然资源保护大纲　World Conservation Strategy　03.0229
试管苗　test-tube plantlet　05.0070
试验持续时间　duration of the test　04.0110
试验样品　working sample　04.0057
试验样品最低重量　minimum weight of working sample　04.0058
适当放牧　proper grazing　02.0268
适度放牧量　proper stocking rate　02.0269
适度利用指数　proper utilization index　02.0270
适口性　palatability　06.0368
适时刈割　timely cutting　06.0243
适宜收割时期　appropriate harvest time　06.0192
适宜性　suitability　02.0271
适宜性评价标准　suitability evaluation criteria　02.0272
适应反应　adaptive reaction, adaptive response　02.0274
适应分化　adaptive differentiation　02.0275
*适应幅度　adaptive capacity　02.0277
适应力　adaptive capacity　02.0277
适应趋同　adaptive convergence　02.0278
适应趋异　adaptive divergence　02.0279
适应行为　adaptive behavior　02.0276
适应性　adaptability　02.0280
适应性管理　adaptive management　01.0039
适应性选择　adaptive selection　02.0281
适应[性]转变　adaptive shift　02.0273
适应主义　adaptationism　02.0282
室内检验　laboratory test　04.0330
室内鉴定　laboratory identification　04.0657
嗜食性　preference　02.0427
嗜食性分级　preference ranking　02.0283
嗜食性指数　preference index　02.0492
收割方式　harvest pattern　06.0194
收割强度　harvest intensity　06.0193
收割制度　harvesting system　06.0191
收获　harvest　06.0260
收获后病害　post-harvest disease　07.0271
收获期　harvest time　06.0256
收集　collection　04.0641
收集标本数量　amount of collected sample　04.0648

收集插条数量　amount of collected cutting　04.0646
收集根蘖数量　number of collected root sucker　04.0647
收集块根块茎数量　amount of collected root and tuber　04.0644
收集鳞茎数量　amount of collected bulb　04.0645
收集种子数量　amount of collected seed　04.0642
收集种子重量　weight of collected seed　04.0643
手抓肉　shouzhua meat, hand-held meat　08.0126
受损生态系统　damaged ecosystem　02.0284
受体细胞　recipient cell　05.0122
瘦果　achene, akene　04.0035
舒适气流　comfort current　03.0627
舒适温度　comfort temperature　03.0623
舒适指数　comfort index　03.0626
疏草　dethatching　04.0815
疏丛型　loose bunch type　06.0141
疏林草地　woodland grassland　02.0285
疏林草坪　sparse woodland turf　04.0710
熟性　maturity　06.0083
鼠害防治　rodent control　03.0180
鼠类的社群行为　rodent social behavior　07.0394
鼠密度　rodent density　07.0401
数据库软件　database software　03.0421
数量性状　quantitative trait　05.0016
数量性状位点　quantitative trait loci　05.0011
数种板　counting board　04.0111
数字资源信息　digital resources information　03.0347
刷草　brushing　04.0814
双分子荧光互补技术　bimolecular fluorescence complementation, BiFC　05.0228
双管扦样器　double sampler, sleeve type trier　04.0062
双交　double cross　04.0502
双向启动子　bidirectional promoter　05.0145
双元载体　binary vector　05.0133
双子叶牧草　dicotyledonous forage　04.0003
双子叶杂草　dicot weed　07.0373
霜　frost　03.0667
霜冻　frost injury　03.0711
霜黄草　frost yellow grass　02.0575
霜霉病　downy mildew　06.0092
水分测定　determination of moisture content　04.0140
水分平衡　water balance　03.0684
水分胁迫　water stress　04.0503
水分循环　hydrological cycle　03.0683
水分再分配　water redistribution　04.0284
水窖　water cellar　02.0588
水平沟　level trench　02.0586
水平抗病性　horizontal resistance　07.0298
水平抗虫性　horizontal resistance to insect　07.0131
水平旋转搂草机　horizontal vortex rotary rake　06.0398
水生杂草　aquatic weed　07.0382
水田水温　water temperature in paddy field　03.0602
水土保持草坪　soil and water conservation turf　04.0709
水土流失　water and soil loss　03.0301
水资源信息　water resources information　03.0460
顺序放牧　order grazing　02.0504
瞬时表达　transient expression　05.0170
瞬时转化系统　transient transformation system　05.0167
*斯太普　steppe　01.0041
斯太普草地类组　classification of steppe　02.0286
死亡率　mortality　07.0232
死种子　dead seed　04.0097
四分法　hand halving method　04.0068
似然竞争　apparent competition　02.0267
饲草　forage　06.0232
饲草抽样　forage grass sampling　06.0352
饲草粉碎机　forage crusher　06.0431
饲草积累　forage accumulation　01.0069
饲草加工机　forage processing machine　06.0428
饲草加工学　forage processing science　01.0011
饲草孔隙率　forage grass porosity　06.0356
饲草利用　forage utilization　01.0070
饲草粒度　forage granularity　06.0354
饲草流动性　forage fluidity　06.0358
饲草霉变　forage mildew　06.0290
饲草密度　density of forage grass　06.0355
饲草膨化　forage grass puffing　06.0328
饲草品质　forage quality　02.0287
饲草切碎机　forage chopper　06.0430
饲草热特性　thermal characteristics of forage grass　06.0357
饲草揉切机　forage cutting and kneading machine　06.0434
饲草揉碎机　forage kneading machine　06.0433
饲草生产　forage production　01.0072
饲草生产学　forage production science　06.0233
饲草生物量　forage mass　02.0288
饲草碎草加工机　chopped forage processing machine

06.0429
饲草弯曲型 bending of forage grass 06.0359
饲草型全混日粮 total mixed ration 06.0346
饲草压饼机 hay pelleter, forage briquetting machine 06.0442
饲草压块机 forage briquetting machine 06.0438
饲草制粒机 forage pellet mill 06.0435
*饲草质量 forage quality 02.0287
饲料作物 forage crop 06.0021
饲用豆类 fodder legume 06.0023
饲用瓜类 fodder melon 06.0024
饲用价值 feeding value 02.0548
饲用叶菜类 feed leafy vegetable 06.0025
*饲用作物 forage crop 06.0021
松土 loosening soil 02.0413
送检草样 sample for check 06.0361
送验样品 submitted sample 04.0056
酸马奶 koumiss 08.0116
酸奶疙瘩 yogurt ball 08.0117
酸性洗涤纤维 acid detergent fiber 06.0213
酸值 acid value 04.0038
随机杯分样法 random cup method 04.0065
随机分布 random distribution 07.0242
随机扩增多态性 DNA random amplified polymorphism DNA, RAPD 05.0004
随机引物 PCR arbitrarily primed PCR 05.0038
随意采食量 voluntary feed intake 02.0289
穗轴 rachilla 04.0034
穗状花序 spike inflorescence 04.0015

# T

薹草冻原 carex tundra 02.0290
薹草荒地草甸 carex layland meadow 02.0291
太空资源信息 outer space resources information 03.0471
太阳常数 solar constant 03.0569
太阳辐射 solar radiation 03.0567
太阳辐射总量 gross radiation intensity 03.0568
太阳光谱 solar spectrum 03.0570
弹性 resilience 02.0032
炭疽病 anthracnose 06.0097
碳储量 carbon reserve 02.0292
碳氮耦合 carbon and nitrogen coupling 03.0203
碳化硅纤维介导转化 silicon carbide fiber-mediated transformation 05.0163
碳平衡 carbon balance 02.0293
碳同化 carbon assimilation 02.0294
碳循环 carbon cycle 02.0295
糖化发酵 saccharification fermentation 06.0315
套马杆 horse pole 08.0045
套种 intercropping 06.0030
特殊放牧制度 special grazing system 02.0559
特殊认证项目 special certification program 04.0337
特殊生态位植被 special niche vegetation 02.0296
特有种 endemic species 04.0639
特征种 characteristic species 02.0297
梯度 gradient 02.0298
梯度分析 gradient analysis 02.0299
体胚诱变育种 embryo mutation breeding 05.0241
体细胞变异 somatic mutation 05.0075
体细胞胚 somatic embryo 05.0074
体细胞胚胎发生 somatic embryogenesis 05.0052
体细胞融合产物性状分析 characteristics analysis of somatic cell fusion product 05.0100
体细胞杂交 somatic hybridization 05.0085
体细胞杂种 somatic hybrid 05.0095
体细胞杂种叶绿体组分蛋白质分析 protein analysis of somatic hybrid chloroplast component 05.0101
体型分化 body-size differentiation 02.0300
天敌 natural enemy 07.0136
*天然草地 nature grassland 01.0040
天然草地标准干草 standard hay of nature grassland 03.0025
天然放牧地 natural grazing land 01.0056
天然林保护 natural forest conservation 03.0248
天然牧草 native forage 02.0301
天然型坪床 natural seedbed 04.0755
天然植被 native vegetation 02.0302
添加剂青贮 additive silage 06.0314
田间持水量 field moisture capacity 03.0103
田间干燥 field drying 06.0294
田间捡拾干草压块机 field hay pickup baler 06.0439
田间检验 field inspection 04.0329
田间鉴定 field identification 04.0658

田间微生物　field microorganism　04.0286
填充剂　filler　07.0177
条斑　streak　07.0310
条播　drill　06.0170
条带放牧　belt grazing　02.0506
条区轮牧　strip grazing　02.0303
条纹　stripe　07.0311
跳甲类　flea beetles　06.0117
庭院草坪　courtyard turf　04.0703
挺生型杂草　emersed weed　07.0385
同行条播　sowing in the same drill　06.0175
同核体　homokaryon　05.0096
同化作用　assimilation　02.0304
同生群　cohort　02.0305
同源克隆　homologous cloning　05.0031
同源染色体附加　homologous chromosome addition　05.0107
同质突变体　homogeneous mutant　05.0242
头状花序　capitulum　04.0017
突变体　mutant　04.0504
突厥文化　Turkic culture　08.0024
图位克隆　map-based cloning　05.0032
徒手分样　hand method　04.0067
土传病害　soil-borne disease　07.0368
土地资源信息　land resources information　03.0459
土壤　soil　06.0001
土壤 pH　soil pH　06.0016
土壤铵态氮　soil ammonium nitrogen　03.0723
土壤保肥性　soil nutrient preserving capacity　06.0013
土壤处理　soil treatment　07.0201
土壤床　soil bed　04.0119
土壤带　soil belt, soil zone　02.0306
土壤顶极群落　edaphic climax community　02.0307
土壤肥力　soil fertility　06.0002
土壤耕作　soil tillage　06.0008
土壤含水量　soil water content　03.0698
土壤含盐量　soil saltness　06.0018
＊土壤碱度　soil alkalinity　06.0017
土壤碱化度　soil alkalinity　06.0017
土壤浸蚀　soil erosion　03.0728
土壤绝对湿度　absolute soil moisture　03.0729
土壤孔隙　soil pore space　06.0007
土壤矿物质　soil mineral　06.0003
土壤类型　soil type　06.0014
土壤理化性状　soil physical and chemical property　03.0719
土壤全氮　soil total nitrogen　03.0722
土壤全钾　soil total potassium　03.0726
土壤全磷　soil total phosphorus　03.0724
土壤热状况　soil thermal condition　06.0010
土壤容重　soil bulk density　03.0718
土壤水分　soil moisture　06.0011
土壤水分平衡　soil water balance　03.0697
土壤速效磷　soil available phosphorus　03.0725
土壤通气性　soil aeration　06.0009
土壤吸收性能　soil absorbability　06.0012
土壤相对湿度　relative soil moisture　03.0102
土壤消毒　soil sterilization　07.0323
土壤养分　soil nutrient　03.0720
土壤有机质　soil organic matter　06.0004
土壤有机质含量　soil organic matter content　03.0721
土壤有效性钾　soil available potassium　03.0727
土壤质地　soil texture　06.0006
湍流逆温　turbulence inversion　03.0605
推土机　bulldozer　06.0463
退耕还林还草　return farmland to forestland or grassland　03.0247
退化草坪　degenerated turf　04.0751
囤积放牧　stockpile grazing　02.0308
囤积牧草　stockpiling forage　02.0309
脱分化　dedifferentiation　05.0047

# W

外寄生　ectoparasitism　07.0141
外寄生物　ectoparasite　07.0350
外来种　adventitious species, exotic species　02.0310
外来种群落　allochthonous flora　02.0311
外来种质　exotic germplasm　04.0505
外源基因　exogenous gene　05.0130
外源染色体附加　exogenous chromosome addition　05.0108
外植体　explant　05.0053
豌豆象　pea weevil　06.0129

丸粒种子 pellet seed 04.0077
丸衣种子 coated seed 02.0596
完全检验 complete test 04.0083
完熟期 full ripe stage 06.0068
完整种苗 intact seedling 04.0090
顽拗型种子 recalcitrant seed 04.0688
往复割草调制机 reciprocating mower and conditioner 06.0392
往复式割草机 reciprocation-type mower 06.0390
危害程度预测 forecast of damage 07.0123
微波遥感 microwave remote sensing 03.0434
微效基因抗病性 minor gene related to disease resistance 04.0506
微贮 microbial silage 06.0250
围封牧场 fenced pasture 01.0034
围栏 fence 01.0059
围栏草地 enclosed grassland 02.0312
维持 maintenance 02.0313
维持净能 net energy for maintenance 02.0314
纬度地带性 latitudinal zonation 03.0280
萎蔫病 wilt disease 06.0100
卫星遥感 satellite remote sensing 03.0428
未发芽种子 ungerminated seed 04.0095
未丸化种子 unpelleted seed 04.0155
胃毒剂 stomach insecticide 07.0158
温差能 temperature-difference energy 03.0647
温带草地 temperate grassland 02.0315
温带草地动物群 temperate grassland fauna 02.0316
温带稀树草原 temperate savanna 02.0317
温度廓线 temperature profile 03.0614
温度胁迫 temperature stress 04.0507
温室气体 greenhouse gas 02.0318
温室效应 greenhouse effect 03.0506
温汤浸种 hot water treatment 07.0324
温性草甸 temperate meadow 03.0043
温性草甸草原 temperate meadow steppe 03.0046
温性草原 temperate steppe 03.0044
温性草原化荒漠 temperate steppe-desert 03.0052
温性典型草原 temperate typical steppe 03.0045
温性荒漠 temperate desert 03.0053
温性荒漠草原 temperate desert steppe 03.0047
温性山地草甸 temperate montane meadow 03.0060
温周期现象 thermoperiodism 03.0632
文化冲突 cultural conflict 08.0097
文化碰撞 cultural collision 08.0098
文化融合 cultural fusion 08.0099
cDNA 文库 cDNA library 05.0030
稳定表达 stable expression 05.0171
稳定剂 stabilizer 07.0183
卧息时间 rest time 02.0433
乌兰牧骑 Wulanmuqi 08.0091
乌孙文化 Wusun culture 08.0085
污染植物 contaminated plant 04.0163
屋顶草坪 roof turf 04.0704
无氮浸出物 nitrogen-free extract 02.0545
无毒基因 avirulence gene 07.0314
无机肥 inorganic fertilizer 06.0035
无胚种子 embryoless seed 04.0099
无融合生殖 apomixis 04.0508
无生命杂质 inert matter 04.0156
无霜期 frost-free period 06.0138
无性繁殖 asexual propagation 04.0682
五节芒 *Miscanthus floridulus* 04.0588
物候期 phenophase 03.0527
物候现象 phenological phenomenon 03.0526
物理防治 physical control 07.0117
物理及机械防治 physical and mechanical control 06.0132
物理诱变 physical mutagenesis 04.0408
物理诱导细胞融合 physically induced cell fusion 05.0090
物质良性循环 element beneficial cycle 02.0319
物质流通率 ratio of material flow 02.0320
物质循环 matter cycle, material cycle 02.0321
物质与能量转化 material and energy conversion 02.0555
物种多样性 species diversity 02.0322
物种丰富度 species richness 02.0323
物种均匀度 species evenness 02.0324
物种入侵 species invasion 02.0622
物种组成 species composition 02.0325
雾 fog 03.0673

# X


西夏文化　Xixia culture　08.0086
西藏岩画　Tibetan cliff painting　08.0113
西藏政策　Tibetan policy　08.0071
吸附滞后　adsorption hysteresis　04.0285
吸引域　domain of attraction　02.0326
吸胀冷害　imbibitional chilling injury　04.0302
吸胀损伤　imbibitional injury　04.0301
吸胀种子检验　examination of imbibed seed　04.0137
*稀树草原　savanna　02.0172
洗涤物检验　examination of organisms removed by washing　04.0138
洗涤纤维　detergent fiber　06.0254
喜温作物　thermophilic crop　06.0218
系统耦合　system coupling　02.0328
系统弹性　system resilience　02.0327
系统相悖　system discordance　02.0329
系统育种　pedigree breeding　04.0509
细胞壁抗降解屏障　cell wall recalcitrance to degradation　04.0565
细胞壁再生　cell wall regeneration　05.0082
细胞全能性　cell totipotency　05.0046
细胞融合　cell fusion　05.0084
细胞融合技术　cell fusion technology　05.0088
细胞融合诱导染色体　cell fusion induced chromosome　05.0102
细胞系　cell line　05.0055
细胞悬浮培养　cell suspension culture　05.0073
细胞质遗传　cytoplasmic inheritance　04.0510
细磨　fine grinding　04.0143
细平整　fine shaping　04.0760
狭义信息论　narrowly informatics　03.0312
下沉逆温　subsidence inversion　03.0609
下垫面反照率　albedo of underlying surface　03.0577
下繁草　bottom leaf grass　02.0464
下行控制　top-down control　02.0330
夏茬地土壤耕作　soil tillage of summer raft land　06.0159
夏季斑枯病　summer patch　04.0800
夏家店上层文化　upper Xiajiadian culture　08.0080
夏家店下层文化　lower Xiajiadian culture　08.0081
夏秋分蘖　summer and fall tillering　02.0533
夏闲地土壤耕作　soil tillage of summer fallow land　06.0160
仙环病　fairy ring　04.0799
先后放牧　successively grazing　02.0500
纤维　fiber　06.0253
*纤维素酒精　cellulosic ethanol　04.0574
纤维素乙醇　cellulosic ethanol　04.0574
纤维素乙醇模式植物　cellulose-to-ethanol model plant　04.0511
鲜卑文化　Xianbei culture　08.0025
鲜草产量　fresh grass yield　06.0085
显微注射法　microinjection method　05.0159
*显域群落　zonal community　02.0331
现存量　standing crop　01.0047
现存载畜量　standing carrying capacity　03.0165
现存植被　actual vegetation　02.0332
现蕾期　squaring stage　06.0058
现实演替　actual succession　02.0333
现实载畜量　reality grazing capacity　03.0166
限制时间放牧　on-off grazing　02.0334
限制性片段长度多态性　restriction fragment length polymorphism, RFLP　05.0003
限制因素　limiting factor　02.0335
乡土草　native herbage　05.0238
相对定量　relative quantification　05.0220
相对空气湿度　relative air humidity　04.0283
相对湿度　relative humidity　03.0685
相对饲草质量　relative forage quality　02.0465
相对饲料价值　relative feed value　02.0462
*相对饲用价值　relative feed value　02.0462
相关资源　related resources　02.0336
相应优势　relatvie dominant　02.0337
向地性　geotropism　04.0105
象草　napier grass, *Pennisetum purpureum*　04.0591
消费　consumption　02.0449
消费效率　consumption effeciency, CE　02.0338
消费者　consumer　02.0339
消化率　digestibility　02.0436
消化能　digested energy　02.0340
小比例尺精度草地资源调查　small-scale survey of range-

land resources 03.0093
小河沿文化 Xiaoheyan culture 08.0079
小坚果 small nut 04.0075
小截面压块机 small section briquetting machine 06.0440
小流域治理 minor drainage basin management 03.0249
小麦皮蓟马 wheat phloeothrips 06.0116
小气候 microclimate 03.0480
小乔木草地 small tree rangeland 03.0073
小群落 assembly, microcommunity, microcoenose 02.0341
小莎草草地 short sedge rangeland 03.0068
小生境 microhabitat 02.0342
小穗 spikelet 04.0010
小雨 light rain 03.0659
协同共生 synergism 07.0330
协同学 synergetics 02.0343
新疆岩画 rock painting in Xinjian 08.0112
新蒙文 cyrillic Mongolian 08.0041
新品系 new strain 05.0249
新鲜种子 fresh seed 04.0096
新种质 new germplasm 04.0636
信号转导 signal transduction 05.0253
信息管理 information management 02.0485
信息技术 information technology 03.0415
信息流 information flow 02.0344
信息论 information theory 03.0311
信息素 pheromone 07.0244
信息素诱捕 pheromone trap 07.0250
行商 itinerant trader 08.0105
行为抗性 behavior resistance 07.0221
行为可塑性 behavioral plasticity 02.0077
行为调节 behavioral regulation 02.0078
行为选择 behavioral selection 02.0079
形态抗虫性 morphological insect resistance 07.0129
兴隆洼文化 Xinglongwa culture 08.0075
性比 sex ratio 07.0234
性外激素 sex pheromone 07.0245
匈奴文化 Hun culture 08.0023
雄蕊 stamen, androecium 04.0021
雄性不育 male sterility 04.0512
休眠 dormancy 04.0689
休眠孢子 resting spore 07.0336
休眠牧草种子 dormant forage seed 04.0046
休眠种 dormant species 04.0690
休眠状态 dormant state 04.0275
休牧 rest grazing 02.0451
休闲轮牧 rest rotational grazing 02.0561
修边 trimming 04.0813
修剪高度 mowing height 04.0785
修剪模式 mowing pattern 04.0786
修剪频率 mowing frequency 04.0784
锈病 rust disease 07.0313
锈菌 rust 07.0335
虚拟现实 virtual reality, VR 03.0454
虚拟资源建模 virtual modeling of resources 03.0413
虚拟资源研究 virtual resources research 03.0356
需水临界期 critical period of water requirement 03.0694
畜产品 livestock product 01.0023
畜产品单位 livestock product unit 01.0024
畜牧业 animal husbandry 01.0073
畜群自然施肥 herds natural fertilizing 02.0593
悬浮细胞系 suspension cell line 05.0166
旋转式割草机 rotary mower 06.0391
旋转式割草调制机 rotary mover and conditioner 06.0393
选育单位 breeding institute 04.0623
选育方法 breeding method 04.0625
选择级 selected class 04.0335
选择性采食 selective feeding 02.0470
选择性除草剂 selective herbicide 07.0173
选择性杀虫剂 selective insecticide 07.0156
选择优势 selective advantage 02.0345
选择育种 selective breeding 04.0513
*穴播 bunch planting 06.0174
雪 snow 03.0668
雪量 snowfall [amount] 03.0670
雪日 snow day 03.0672
雪深 snow depth 03.0671
雪灾 snow damage 03.0713
熏蒸剂 fumigant, fumigating insecticide 07.0159
循环经济 circular economy 03.0252
驯化 domestication 04.0514

# Y

压扁干燥 crushed dry 06.0268
压扁茎秆 pressed stem 06.0296
压捆机 baler 06.0400
压裂牧草茎秆 fracture forage stem 06.0200
压缩打捆 secondary compression bundling 06.0277
芽菜 sprouts 06.0341
芽分化 bud differentiation 05.0050
蚜虫类 aphids 06.0118
亚单位 subunit 02.0346
亚顶极群落 subclimax community 02.0347
亚高山草甸 subalpine meadow, subalpine altoherbiprata 02.0348
亚热带荒漠草地 subtropical desert grassland 02.0167
烟剂 smoke agent 07.0196
延迟放牧 defferred grazing 02.0530
延迟轮牧 deffered rotational grazing 02.0560
岩画文化 cliff painting culture 08.0109
盐碱土 saline-alkali soil 06.0015
盐生植物 halophyte 04.0515
盐胁迫 salt stress 04.0516
演替 succession 02.0349
演替群丛 associes 02.0350
演替系列 successional series 02.0351
演替早期物种 early successional species 02.0352
羊单位 sheep unit 01.0025
羊单位日食量 daily intake per sheep unit 03.0170
养分流 nutrient flow 02.0353
养分循环 nutrient cycle 02.0354
样本 sample 04.0652
样品采集 sample collection 06.0362
遥感反演 remote sensing retrieval 03.0450
遥感技术 remote sensing technology 03.0425
遥感模型 remote sensing model 03.0451
遥感气候资源信息 remote sensing information of climatic resources 03.0504
遥感器 remote sensor 03.0446
遥感数据 remote sensing data 03.0441
遥感图像 remote sensing image 03.0442
遥感图像融合 remote sensing image fusion 03.0447
遥感信息 remote sensing information 03.0440
遥感信息提取 remote sensing information extraction 03.0443
野生近缘种 wild relatives 04.0517
野生型 wild type 04.0518
野生驯化品种 wild domesticated variety 04.0519
野生种 wild species 04.0520
野生资源 wild resources 04.0631
叶斑病 leaf spot 06.0099
叶层高度 height of leaf layer 06.0076
叶蝉类 leafhoppers 06.0122
叶长 leaf length 04.0523
叶蛋白饲料 leaf protein feed 06.0348
叶宽 leaf width 04.0521
叶绿体转化系统 chloroplast transformation system 05.0197
叶面积指数 leaf area index, LAI 03.0125
叶盘法 leaf disk transformation 05.0147
叶片保存率 leaf preservation rate 06.0297
叶特征 leaf characteristic 06.0047
叶形 leaf shape 04.0522
液体培养 liquid culture 05.0068
液体培养基 liquid medium 05.0061
液体生物燃料 liquid biofuel 04.0573
一次收获 direct harvesting 04.0178
一年生草地 annual rangeland 03.0079
一年生草坪草 annual turfgrass 04.0725
一年生杂草 annual weed 07.0376
一条鞭放牧 whip grazing 02.0497
移动式草坪 mobile turf 04.0838
移栽期 transplantating date 06.0052
遗传材料 genetic stock 04.0633
遗传多样性 genetic diversity 05.0012
遗传防治 genetic control 06.0133
遗传改良 genetic improvement 04.0524
遗传距离 genetic distance 05.0021
遗传连锁图谱 genetic linkage map 05.0010
遗传转化体系 genetic transformation system 05.0121
*刈割 mowing 02.0403
刈割次数 cutting frequency 06.0259
刈割方法 mowing method 02.0567

刈割高度　cutting height　06.0258
刈割时间　cutting time　02.0517
异地保存　*ex situ* preservation　04.0663
异地基因库　*ex situ* gene bank　04.0525
异核现象　heterokaryosis　07.0322
＊异质种群　metapopulation　02.0085
抑制消减杂交　suppression subtractive hybridization, SSH　05.0218
抑制中浓度　median inhibitory concentration　07.0213
易地保护　*ex situ* conservation　03.0232
易位　translocation　05.0113
驿站制度　posthouse system　08.0060
逸生种　naturalized species　04.0638
翼瓣　wing, vexil, banner　04.0024
虉草　*Phalars arundinacea*　04.0592
因特网　Internet　03.0423
阴山岩画　Yinshan cliff painting　08.0110
引进品种　introduced species, introduced variety　04.0526
引诱剂　attractant　07.0164
引种　introduction　04.0527
引种号　introduction number　04.0606
饮水点　water point　01.0058
隐存种　cryptic species　02.0355
鹰猎文化　falconry culture　08.0018
荧光蛋白　fluorescent protein　05.0229
荧光原位杂交　fluorescent *in situ* hybridization　05.0114
营养成分鉴定　identification of nutritional component　06.0208
营养繁殖　vegetative propagation　04.0764
营养更新　vegetative regeneration　02.0536
营养互利共生　trophic mutualism　02.0356
营养级　trophic level　03.0204
营养价值　nutritional value　02.0460
营养价值动态　nutritional value dynamic　02.0541
营养结构　trophic structure　02.0357
营养联系　trophic linkage　02.0358
营养位　trophic niche　02.0359
颖包　glume, chaff　04.0037
颖果　caryopsis　04.0036
硬实种子　hard seed　06.0037
硬性轮牧　rigid rotational grazing　02.0565
永久草地　permenant grassland　01.0054
永久性　constancy　02.0360
优势度　dominance　02.0361
优势度指数　dominance index　02.0362
优势年龄组　dominant age class　02.0363
优势型　dominance type　02.0364
优势种　dominant species　03.0119
优先放牧　forward grazing, leader-follower grazing, preferred grazing　02.0365
优质　high quality　04.0679
优质牧草　excellent forage　03.0029
油剂　oil solution　07.0194
游牧　nomadic grazing　02.0608
游牧部落　nomadic tribe　08.0011
游牧民族　nomads　08.0009
游牧社会　nomadic society　08.0010
游牧生产方式　nomadic mode of production　08.0008
游牧文化　nomadic culture　08.0006
游牧文化圈　nomadic culture circle　08.0007
游牧文明　nomadic civilization　08.0003
游牧族群　nomadic ethnic group　08.0012
游憩草坪　leisure turf　04.0701
游走时间　idling time　02.0431
有毒植物　poisonous plant　02.0597
有害植物　harmful plant　02.0424
有机肥　organic fertilizer　06.0034
有机质　organic matter　02.0468
有限检验　limited test　04.0084
有效成分　effectual component　07.0198
有效风速　effective wind speed　03.0556
有效积温　effective accumulated temperature　03.0621
有效降水　effective precipitation　03.0677
有效温度　effective temperature　03.0616
有效中量　median effective dose　07.0208
有效中浓度　median effective concentration　07.0214
有性繁殖　sexual propagation　05.0248
有性阶段　sexual stage　07.0321
幼苗主要构造　essential seedling structure　04.0088
幼胚培养　immature embryo culture　04.0528
诱变育种　mutation breeding　04.0529
诱导抗虫性　induced insect resistance　07.0128
诱导融合剂　induced fusion agent　05.0094
诱导型启动子　inducible promoter　05.0142
鱼鳞坑　fish scale pit　02.0587
雨　rain　03.0654
雨季　rainy season　03.0682
雨量　rainfall [amount]　03.0656

雨日　rain day　03.0655
玉米螟　european corn borer　06.0123
育成年份　releasing year　04.0624
育成品种　bred variety　04.0530
育肥草地　fattening grassland　03.0080
育性　fertility　04.0531
育种家分离　breeder isolation　04.0309
育种目标　breeding objective　04.0532
预培养　pre-culture　05.0124
预先烘干法　predrying　04.0144
预先冷冻　prechilling　04.0122
预先洗涤　prewashing　04.0125
阈值　threshold　02.0515
愈伤组织　callus　05.0048
元上都遗址　site of Xanadu　08.0083
原产地　origin　04.0611
原产地年均降雨量　annual precipitation total in origin　04.0613
原产地年均温度　mean annual temperature in origin　04.0612
原产地环境类型　environment type of origin　04.0615
原产地土壤类型　soil type of origin　04.0614
原产国　country of origin　04.0609
原产省　province of origin　04.0610
原核表达　prokaryotic expression　05.0041
原核表达系统　prokaryotic expression system　05.0042
原生草地　primary rangeland　03.0016
原生境保存　*in situ* preservation　04.0662
原生质体纯化　purification of protoplast　05.0081
原生质体分离　separation of protoplast　05.0080
原生质体培养　protoplast culture　05.0062
原生质体融合　protoplast fusion　05.0086
原生质体再生壁鉴定　identification of protoplast regeneration wall　05.0083
*原始样品　primary sample　04.0054
原位转化　*in situ* transformation　05.0153
原药　technical material　07.0197
原原种　breeder's seed　04.0317
3R 原则　principle of 3R　03.0258
原种　stock, original seed　04.0316
圆捆缠膜机　round bale film-wrapping machine　06.0408
圆捆机　round baler　06.0402
圆捆捡拾机　round bale pick-up machine　06.0417
圆锥花序　panicle　04.0016
源定级　source identified class　04.0334
源-汇理论　source-sink theory　02.0366
远红外线干燥设备　far infrared ray drying equipment　06.0451
远缘杂交育种　wide-cross breeding　04.0533
月球资源信息　lunar resources information　03.0472
越冬　overwintering　07.0333
越冬率　winter survival rate　06.0071
云水资源　cloud water resources　03.0675
孕穗期　booting stage　06.0059
运动场草坪　sport turf　04.0702
运动质量　playing quality　04.0853

# Z

杂草　weed　07.0371
杂草率　percentage of weed　04.0852
杂草生物防治　biological control of weed　02.0600
杂交品种　hybrid variety　04.0534
杂交育种　cross breeding　04.0535
杂类草　forbs　02.0532
杂类草草地　forb rangeland　03.0069
杂食性　omnivory　07.0255
杂种细胞筛选和鉴定　screening and identification of hybrid cell　05.0099
杂种优势　heterosis　04.0536
灾害遥感　remote sensing in disaster　03.0369
栽培草地　tamed grassland, sown grassland, cultivated grassland　02.0367
栽培牧草资源　tame forage resources for cultivation　03.0028
栽培种　cultivar　04.0537
载体系统　vector system　05.0131
载畜量　stock capacity　03.0160
载畜率　stocking rate　02.0397
再次侵染　secondary infection　07.0290
再分化　redifferentiation　05.0049
再生　regeneration　02.0538
再生草产量　herbage yield of regeneration　02.0441
再生次数　regeneration times　02.0440
再生苗　regeneration seedling　05.0057

再生强度　regeneration intesity　02.0439
再生速度　regeneration rate　02.0438
再生体系　regeneration system　05.0123
糌粑　tsamba　08.0125
藏传佛教　Tibetan Buddhism　08.0028
藏袍　Tibetan cloak　08.0030
藏医　Tibetan medicine　08.0029
藏语　Tibetan　08.0027
藏族文化　Tibetan culture　08.0026
造型机　molding machine　06.0464
增强子　enhancer　05.0136
增效剂　synergist　07.0184
扎赉诺尔文化　Zhalainuoer culture　08.0076
轧辊缠绕式饲草压饼机　roller winding forage grass briquetting machine　06.0446
窄行条播　sowing in narrow drill　06.0172
昭君文化节　Zhaojun culture festival　08.0090
沼泽草地　marsh type rangeland　03.0062
赵宝沟文化　Zhao Baogou culture　08.0077
褶皱纸　pleated paper　04.0116
珍稀濒危种　rare and endangered species　04.0640
真核表达　eukaryotic expression　05.0043
真核表达系统　eukaryotic expression system　05.0044
真核表达载体　eukaryotic expression vector　05.0132
真空渗透法　vacuum infiltration method　05.0164
真空数种器　vacuum counter　04.0112
诊断　diagnosis　07.0318
阵性降水　showery precipitation　03.0652
镇压　compacting　06.0156
征集　solicitation　04.0650
征集号　solicitation number　04.0607
蒸发　evaporation　03.0689
蒸发量　evaporation capacity　06.0137
蒸散　evapotranspiration　03.0691
蒸腾　transpiration　03.0692
蒸腾系数　transpiration coefficient　06.0136
正常型种子　orthodox seed　04.0687
正常种苗　normal seedling　04.0089
正青贮糖差　positive silage sugar difference　06.0228
正趋性　positive taxis　07.0262
正向筛选　positive screening　05.0180
症状　symptom　07.0320
直根系　taproot system　06.0227
直接干涉　direct interference　02.0369
直接检验　direct examination　04.0136
直接竞争　direct competition　02.0370
直接利用　direct utilization　04.0673
*直接收获　direct harvesting　04.0178
直立型杂草　erect stem weed　07.0379
植被　vegetation　02.0371
植被动态　vegetation dynamics　02.0372
植被结构　vegetation structure　02.0373
植被类型　vegetation form, vegetation type　02.0374
植被群落　vegetation community　02.0375
植被演替　vegetation succession　06.0231
植被指数　vegetation index　03.0449
植食性　phytophagy　07.0252
$C_3$ 植物　$C_3$ plant　03.0037
$C_4$ 植物　$C_4$ plant　03.0038
植物保卫素　phytoalexin　07.0337
植物表达系统　plant expression system　05.0195
植物表达系统优势　advantage of plant expression system　05.0198
植物病毒载体系统　plant virus vector system　05.0202
植物病害　plant disease　07.0268
植物病害流行学　plant disease epidemiology　07.0279
植物病理学　plant pathology　07.0300
植物重组蛋白　plant recombinant protein　05.0203
植物检疫　plant quarantinine　06.0131
植物抗体　plantibody　05.0193
植物偏爱密码子　plant preferential codon　05.0201
植物群落　plant community　06.0230
植物生产次生代谢产物　secondary metabolite produced from plant　05.0190
植物生产生物可降解塑料　biodegradable plastic produced from plant　05.0188
植物生产药用蛋白质　medicinal protein produced from plant　05.0191
植物生产脂　lipid produced from plant　05.0189
植物生物反应器　plant bioreactor　05.0184
植物生物反应器优势　advantage of plant bioreactor　05.0185
植物生物反应器技术　plant bioreactor technology　05.0194
植物体温　plant temperature　03.0603
植物细胞悬浮培养　plant cell suspension culture　05.0206

植物学特征　botanical characteristics　06.0043
植物遗传转化体系　plant genetic transformation system　05.0205
植物疫苗　plant vaccine　05.0192
植物原生质体培养　plant protoplast culture　05.0079
植物种盖度　plant coverage　03.0124
植物组织培养　plant tissue culture　05.0045
植物组织培养技术　plant tissue culture technology　05.0058
植原体　phytoplasma　07.0315
植株高度　plant height　06.0077
纸间　between paper　04.0115
纸上　top of paper　04.0114
指轮式搂草机　finger-wheel rake　06.0397
指示植物　indicator plant　03.0118
Ri 质粒　Ri plasmid　05.0156
Ti 质粒　Ti plasmid　05.0155
质量性状　qualitative trait　05.0015
致病性　pathogenicity　07.0283
致死剂量　lethal dosage　07.0207
致死中浓度　median lethal concentration　07.0212
智能化栽培　intelligence cultivation　06.0151
滞生根　retarded root　04.0102
滞育　diapause　07.0229
中比例尺精度草地资源调查　medium-scale survey of rangeland resources　03.0092
中度放牧　moderate grazing　02.0455
中度干扰理论　moderate interference theory　02.0605
中度退化　moderate degradation　02.0583
中耕　intertillage　06.0157
中耕培土　tilling and ridge　06.0184
中国草地分类系统　range classification system of China　03.0041
中国自然保护纲要　Chinese Programme for Natural Protection　03.0230
中禾草草地　medium grass rangeland　03.0064
中华多元一体文化　Chinese pluralistic and integrative culture　08.0022
中华人民共和国自然保护区条例　Regulations of the People's Republic of China on Nature Reserves　03.0224
中期保存　medium-term preservation　04.0666
中期库　medium-term gene bank　04.0669
中生群落　mesophytia　02.0376
中性洗涤纤维　neutral detergent fiber　06.0212
中雨　moderate rain　03.0660
中质牧草　fair forage　03.0031
终止子　terminator　05.0135
种翅　seed wing　04.0008
种传病害　seed-borne disease　07.0370
种及品种鉴定　verfication of species and cultivar　04.0149
种脊　seed raphe　04.0009
种间混播　mixture seeding　04.0774
种间竞争　interspecific competition　02.0378
种瘤　seed neoplasm　04.0006
种毛　seed hair　04.0007
种苗生长势　seedling growth potential　04.0158
种内关系　intraspecific relationship　02.0379
种内混播　blending　04.0775
种内竞争　intraspecific competition　02.0380
种球　bur　04.0074
种群波动　population fluctuation　07.0237
种群动态　population dynamics　02.0381
种群结构　population structure　07.0235
种群密度　population density　02.0382
种群数量　population number　02.0383
种群增长　population growth　07.0236
种群周转　population turnover　02.0384
种用质量　planting quality　04.0306
种质　germplasm　04.0597
种质保存　germplasm conservation　04.0538
种质保存类型　germplasm preservation type　04.0628
种质材料　germplasm materials　04.0539
种质创新　germplasm innovation　04.0540
种质库编号　gene bank number　04.0603
种质类型　biological status of accession　04.0630
种质名称　accession name　04.0599
种质圃编号　nursery number　04.0604
种质外文名　alien name of germplasm　04.0600
种质资源　germplasm resources　04.0541
种质资源库　germplasm resources bank　04.0542
种质资源圃　germplasm repository　05.0251
种质资源征集　germplasm collection　04.0543
种子　seed　06.0036
种子包衣　seed coating　06.0041
种子保存　seed preservation　04.0664
种子标签　seed label　04.0326
种子差别价格策略　strategy of seed different pricing

04.0213
种子差价　price difference of seed　04.0214
种子产量　seed yield　06.0087
种子产量构成因素　seed yield component　04.0173
种子产品饱和期　saturation phase of seed product　04.0204
种子产品成熟期　maturity phase of seed product　04.0205
种子产品开发期　development phase of seed product　04.0206
种子产品目录　seed catalogue, seed brochure　04.0207
种子产品生命周期　life cycle of seed product　04.0208
种子产品生命周期管理　management of seed product life cycle　04.0209
种子产品试销期　introductory phase of seed product　04.0210
种子产品衰退期　decline phase of seed product　04.0211
种子产品退市期　withdrawal phase of seed product　04.0212
种子产品业务包　seed product portfolio　04.0218
种子产品增长期　growth phase of seed product　04.0215
种子产业　seed industry　04.0216
种子产业化　seed industrialization　04.0217
种子成本　seed cost　04.0219
种子成本加成定价　cost-plus pricing of seed product　04.0220
种子成熟期　mature period of seed　04.0183
种子出汗现象　seed sweating phenomenon　04.0281
种子处理　treatment of seed　06.0039
种子处理剂　seed treatment product　07.0193
种子纯净度　seed purity　06.0166
种子促销　seed promotion　04.0221
种子带　seed tape　04.0080
种子单位　seed unit　04.0072
种子的后熟作用　seed after-ripening　04.0279
种子低价策略　low price strategy of seed　04.0222
种子地区差价　seed price difference between regions　04.0224
种子地区定价策略　regional strategy of seed pricing　04.0223
种子订单　seed order　04.0225
种子定价　pricing of seed　04.0226
种子定价策略　pricing strategy of seed　04.0227
种子定价折让策略　discount strategy of seed pricing　04.0228
种子发芽率　seed germination rate　04.0271
种子繁殖　seed propagation　04.0681
种子复壮　seed rejuvenation　04.0272
种子干燥　seed drying　04.0686
种子根　seminal root　04.0101
种子购入价　seed purchase price　04.0229
种子购销差价　price difference between seed buying and selling　04.0230
种子管理体系　seed management system　04.0231
种子广告策略　advertising strategy of seed marketing　04.0232
种子含水量　seed moisture content　04.0269
种子呼吸作用　seed respiration　04.0274
种子活力　seed vigor　04.0257
种子健康测定　seed health testing　04.0135
种子降级　variety degradation　04.0323
种子结露　seed dewing　04.0282
种子经营决策　decision-making of seed marketing　04.0233
种子经营许可证　licence of seed selling　04.0234
种子颗粒　seed granule　04.0079
种子扩繁　seed multiplication　04.0185
种子老化　seed aging　04.0259
种子老化与劣变　seed aging and deterioration　04.0161
种子劣变　seed deterioration　04.0260
种子零售　seed retail　04.0235
种子霉变　seed mildewing　04.0291
种子萌发　seed germination　04.0048
种子批　seed lot　04.0051
种子批的大小　seed lot size　04.0052
种子批的均匀度　uniformity of seed lot　04.0053
种子批零差价　price difference between seed wholesale and retail　04.0236
种子批证书　seed lot certificate　04.0164
种子品牌　seed brand　04.0237
种子品牌策略　brand strategy of seed　04.0238
种子品种策略　variety strategy of seed　04.0239
种子企业成本　cost of seed enterprise　04.0240
种子企业流动资产　current asset of seed enterprise　04.0241
种子去芒与消毒　seed awn removing and disinfection　06.0040
种子认证　seed certification　04.0304
种子认证程序　seed certification procedure　04.0324

种子色素　seed pigment　04.0045
种子生活力　seed viability　04.0685
种子生活力监测　seed viability monitoring　04.0684
种子市场调查　seed market survey　04.0242
种子市场划分　seed market segmentation　04.0243
种子市场预测　seed market forecasting　04.0244
种子收获时间　seed harvest time　04.0186
种子寿命　seed longevity　04.0258
种子衰老　seed senescence　04.0256
种子毯　seed mat　04.0081
种子特征　seed characteristic　06.0050
种子吸胀　seed imbibition　04.0266
种子新品种定价策略　new variety strategy of seed pricing　04.0245
种子休眠　seed dormancy　06.0038
种子熏蒸　seed fumigation　04.0293
种子样品证书　seed sample certificate　04.0165
种子引发　seed priming　04.0268
种子营销　seed marketing　04.0246
种子营销计划　plan of seed marketing　04.0247
种子营销利润　profit of seed marketing　04.0248
种子营销生产观念　production concept of seed marketing　04.0249
种子营销市场观念　market concept of seed marketing　04.0250
种子营销推销观念　promotion concept of seed marketing　04.0251
种子营销亚计划　sub-plan of seed marketing　04.0252
种子营销战略　strategy of seed marketing　04.0253
种子营销支持计划　support plan of seed marketing　04.0254
种子营销组合　seed marketing mix　04.0255
种子硬实率　hard seed content　04.0683
种子直播　seed sowing　04.0763
种子质量　seed quality　04.0305
种子重量　seed weight　04.0148
种子贮藏　seed storage　04.0273
种子贮藏库　seed storageroom　04.0294
种植模式　planting pattern　06.0020
重度放牧　heavy grazing　02.0453
重度退化　severe degradation　02.0584
重量测定　weight determination　04.0147
株丛　cluster　04.0544
株丛直径　diameter of plant　06.0079
株间二氧化碳浓度　carbon dioxide concentration within canopy　03.0551
*株系　strain　04.0634
株型　plant architecture　04.0545
主导风向　predominant wind direction　03.0562
主动抗病性　active resistance　07.0289
主动免疫　active immunity　07.0294
主根类　taproots　06.0144
主效基因抗性　major gene resistance　04.0546
主要群落　major community　02.0385
主枝长度　bough length　06.0078
主枝数　bough number　06.0073
贮藏微生物　storage microorganism　04.0287
贮藏营养物质　stored nutrient　02.0539
柱塞式饲草压饼机　rolling piston forage briquetting machine　06.0443
柱头　stigma　04.0028
专家系统　expert system　02.0484
专性寄生物　obligate parasite　07.0353
专用草坪　turf for special usage　04.0696
砖茶货币　tea money　08.0103
转化技术　transformation technology　05.0157
转化体鉴定　transformant identification　05.0168
转基因沉默　transgene silencing　04.0547
转基因抗除草剂作物　herbicide-tolerant transgenic crop　07.0390
转基因牧草　transgenic forage　04.0548
转基因品种　genetically modified variety　04.0549
转录激活因子样效应物核酸酶　transcription activator-like effector nuclease, TALEN　05.0118
转录因子　transcription factor　05.0224
转录组学　transcriptomics　05.0026
转筒式干燥设备　rotating drum type drier　06.0449
转移 DNA　transfer DNA　05.0148
转主寄生　heteroecism　07.0347
转主寄主　alternate host　07.0348
转座子标记　transposon tagging　05.0033
转动阻力　rotational resistance　04.0861
状态转换模型　state transition model　02.0483
追肥　top dressing　06.0186
缀花草坪　turf with flower　04.0706
资源　resources　02.0386
资源抽样统计　resources sampling statistics　03.0372
资源地理学　resources geography　03.0262

资源地学 geo-resources science 03.0264
资源地质学 resources geology 03.0263
资源动态监测 resources dynamic monitoring 03.0370
资源短缺 resources shortage 03.0304
资源对地观测 earth observation for resources 03.0367
资源分割 resources partition 02.0387
资源利用决策支持系统 decision support system for resources utilization 03.0403
资源利用性竞争 competition of resources utilization 02.0388
资源评价模型 resources evaluation model 03.0401
资源评价指标体系 resources evaluation index framework 03.0400
资源评价专家系统 expert system of resources evaluation 03.0402
资源圃 resources nursery 04.0671
资源普查统计 resources census statistics 03.0371
资源情景 resources scenario 03.0412
资源信息编码 resources information code 03.0334
资源信息标准 resources information standard 03.0331
资源信息标准化 standardization of resources information 03.0333
资源信息仓库 resources information warehouse 03.0385
资源信息产生 formation of resources information 03.0314
资源信息处理 resources information processing 03.0322
资源信息传输 resources information transmission 03.0328
资源信息存储 resources information storage 03.0318
资源信息存储介质 storage medium of resources information 03.0383
资源信息多维分析 multi-dimension analysis for resources information 03.0406
资源信息发布 publication of resources information 03.0354
资源信息分布式管理 distributing management of resources information 03.0325
资源信息分类 classification of resources information 03.0317
资源信息服务网络 service network of resources information 03.0360
资源信息概念模型 resources information conception model 03.0397
资源信息更新 resources information update 03.0393
资源信息共享 resources information sharing 03.0352
资源信息共享规则 regulation of resources information sharing 03.0353
资源信息观测 resources information observation 03.0363
资源信息管理 resources information management 03.0323
资源信息管理系统 management system of resources information 03.0324
资源信息规范 resources information criterion 03.0332
资源信息回放 resources information replay 03.0390
资源信息获取 resources information acquisition 03.0316
资源信息集成 integration of resources information 03.0374
资源信息价值 resources information worth 03.0355
资源信息检索 resources information search 03.0392
资源信息建设 resources information construction 03.0326
资源信息结构 resources information structure 03.0340
资源信息结构模型 resources information structure model 03.0398
资源信息可视化 visualization for resources information 03.0378
资源信息空间分布 spatial distribution of resources information 03.0345
资源信息空间分析 spatial analysis of resources information 03.0405
资源信息空间化 spatialization of resources information 03.0377
资源信息空间数据库 spatial database of resources information 03.0321
资源信息类型 type of resources information 03.0341
资源信息量 resources information quantity 03.0348
资源信息录入 resources information inputting 03.0375
资源信息模型库 resources information model base 03.0414
资源信息评价 resources information evaluation 03.0350
资源信息融合 resources information fusion 03.0381
资源信息时间序列 time-series of resources information 03.0346
资源信息时间序列分析 time-series analysis of resources information 03.0404
资源信息属性数据 attributive data of resources information 03.0344
资源信息属性数据库 attribute database for resources in-

自然资源富集区　abundant region of natural resources　03.0266
自然资源汇　pool of natural resources　03.0269
自然资源空间律　spatialization of natural resources　03.0276
自然资源流　flow of natural resources　03.0270
自然资源贫乏区　lack region of natural resources　03.0267
自然资源数字地图　digital map of natural resources　03.0272
自然资源信息　natural resources information　03.0458
自然资源源　source of natural resources　03.0268
自然资源总量　total natural resources　03.0265
*自体溶解阶段　autolysis phase　02.0577
自由采食　leisurely grazing　02.0390
自由采食量　voluntary intake　02.0469
自由放牧地　free range　01.0063
综合品种　synthetic cultivar　04.0552
综合算术优势度　summed dominance ratio, SDR　03.0120
总苞　involucre　04.0012
总初级生产量　gross primary production　02.0391
总次级生产量　gross secondary production　02.0392
总覆盖度　total coverage　03.0123
总可消化养分　total digestible nutrient　06.0366
总能　total energy　02.0458
总年产量　total annual yield　02.0393
总生产量　gross production　02.0394
总状花序　raceme　04.0014
纵切　longitudinal cutting　04.0131
走西口　zou xikou　08.0108
阻抗　resistence　02.0395
组成型启动子　constitutive promoter　05.0141
组蛋白　histone　05.0223
组合干燥设备　combined drying equipment　06.0454
组合育种　combination breeding　04.0553
组学　omics　05.0022
RNA 组学　RNomics　05.0027
组织特异性启动子　tissue-specific promoter　05.0143
最大持续产量　maximum sustainable yield, MSY　03.0218
最大冻土深度　maximum depth of frozen ground　03.0635
最大设计平均风速　maximum design wind speed　03.0557
最低温度　minimum temperature　04.0288
最低有效剂量　minimum effective dose　07.0209
最低致死剂量　minimum lethal dose　07.0211
最高温度　maximum temperature　04.0289
最佳放牧场放牧　best pasture grazing　02.0563
最适含水量　optimum moisture content　04.0270
最适温度　optimum temperature　04.0290
最小可生存种群　minimum viable population, MVP　03.0234
坐商　tradesman　08.0106